"汇"园"食"单

幼儿园全天候带量食谱与创新菜

上海市徐汇区学前教育指导中心　编著

上海三联书店

主编

上海市徐汇区教育局   林　琛
上海市徐汇区学前教育指导中心   农若安

编委

上海市徐汇区学前教育指导中心   何　蔚
上海市徐汇区妇幼保健所   朱国伟
上海市徐汇区学前教育指导中心   焦彤绯
上海市徐汇区乌鲁木齐南路幼儿园   邵丽秋
上海市徐汇区科技幼儿园   付　薇
上海市徐汇区望德幼儿园   王　霞
上海市徐汇区上海幼儿园   张燕芬

序

在这个充满爱与希望的时代，儿童作为国家与民族的未来，其健康成长一直是社会各界关注的焦点。在幼儿成长的黄金时期，科学合理的饮食不仅是身体发育的基石，更是智力与情感发展的重要支撑。

如何让幼儿园的饮食，既精准契合营养需求，又巧妙融合孩子们的口味偏好，是每一位幼儿园膳食工作者的重要使命。《"汇"园"食"单——幼儿园全天候带量食谱与创新菜》一书，犹如一座灯塔，照亮了专业与实践的交融之路，为一线工作者提供了宝贵的航向标与灵感源泉。

此书之"汇"，寓意深远，它不仅是食材的荟萃——作者匠心独运，将四季食材融入每一道佳肴，让孩子们在品尝美味的同时，也能体会到季节的更迭；更是营养智慧与健康理念的汇聚——依托深厚的专业素养与丰富的实战经验，作者将科学的营养理论与精湛的烹饪技艺无缝对接，为孩子们量身打造了一系列既满足成长所需又色香味俱佳的膳食方案。

"食单"二字，则直接点明了本书作为幼儿园膳食实践指南的实用性与可操作性。作者不仅精心安排了早餐、午餐、晚餐的每一道膳食，通过严谨的计算与设计，确保每餐的能量供给与营养均衡达到最优，还细致入微地考虑了午后点心及睡前餐，力求为孩子们构建起全天候的营养保障体系。尤为难能可贵的是，作者充分考虑了不同年龄段幼儿身心发展的独特性与营养需求的差异性，将食谱精细划分为中大班与托小班两大板块，实现了膳食安排的个性化与精准化。

本书的另一大亮点，在于其独树一帜地呈现了一系列丰富多元、充满创意的幼儿园食谱，并辅以精美的图片、详尽的制作步骤与操作视频，颠覆了传统营养膳食给人的单调印象。作者深知，在追求营养均衡的同时，满足孩子们对美食的感官享受同样重要。因此，书中的每道创新菜，不但能够为孩子们提供成长所需的各种营养素，还巧妙利用色彩与形状的魔力，将菜肴幻化为生动的卡通角色、可爱的动植物造型或是绚烂多彩的艺术图案，瞬间抓住孩子们的目光，让餐桌变成了一个充满惊喜的乐园，让吃饭成为一场充满乐趣的探索之旅。

此外，本书还匠心独运地融入了丰富的图表与数据支持，为膳食计划的制定提供了坚实的科学依据。通过介绍营养分析软件的功能等内容，本书不仅为幼儿园膳食管理的精细化提供了实用工具，更为建立健全膳食管理机制、提升膳食管理水平贡献了宝贵经验。

　　《"汇"园"食"单——幼儿园全天候带量食谱与创新菜》融合了科学、实用与创新，既是幼儿营养膳食制作的科学指导手册，也是关爱孩子健康成长的具体表达。相信，在本书的引领下，幼儿园膳食将会更加营养多彩，孩子们成长的天空会更加蔚蓝。

高海薇

上海师范大学旅游学院 教授

中国食文化研究会 理事

上海市儿童膳食营养专项能力开发组专家成员

2024年7月22日

目录

第一篇　全天候带量食谱

第二篇 徐汇区托幼机构创新食谱推荐

俗话说："春吃芽，夏吃瓜。秋吃果，冬吃根。春鲢夏鲤，秋鳜冬鳊。六月苋，当鸡蛋。七月苋，金不换。"无不说明了应季而食的重要性。按气候划分方法，一般3、4、5月为春季，6、7、8月为夏季，9、10、11月为秋季，12、1、2月为冬季。

全天候带量食谱

（3～5月）

春季篇

　　春季是万物生长的季节，也是幼儿生长发育最快的季节，同时气温乍暖还寒，也是各类传染病高发季节，所以这个季节需要加强幼儿户外运动，同时保证幼儿总热量、优质蛋白质及各种营养素摄入。此时节各种食品应有尽有，时令蔬果全面上市，为幼儿园膳食的色香味形提供了丰富的物质基础。可适当多摄入"时令蔬菜"，如助长生机的葱、香椿、韭菜、香菜、莴苣、豆芽、豆苗、荠菜、竹笋等；春季后期气温逐渐升高、雨量增多，空气中的湿度逐渐加大，幼儿在饮食上建议多吃些具有健脾祛湿的食物，如荠菜、山药、薏米、赤豆、红豆、白扁豆等。

全天候带量食谱三月第一周

（中大班、托小班）

星期一

托小班

早点	牛奶	100ml
	点心	花式饼干 5-6g
午餐	主食	糙米饭 糙米5g 小班50g
	菜品	百叶包肉 夹心肉30g 薄百叶10g 荸荠5g 虎皮小蛋 鹌鹑蛋20g
		麻酱米苋 芝麻酱2g 米苋85g 杏鲍菇10g
	汤羹	白菜鱼丸粉丝虾皮汤 白菜20g 鱼丸10g 粉丝6g 虾皮2g
午点	点心	苹果枸杞西米茶 苹果15g 枸杞1g 西米5g
		烧卖 糯米20g 青豆5g 干香菇1g 肉糜5g 烧卖皮15g
	水果	圣女果 40g
晚餐	菜品	大蒜炒鸡心 大蒜5g 鸡心10g 香煎鱼排 龙利鱼排45g
		牛心菜炒胡萝卜 牛心菜70g 胡萝卜5g 蘑菇肉丝豆腐汤 蘑菇10g 豆腐10g 肉丝5g
睡前	牛奶	150-180ml

体弱加餐 红烧小肉圆

中大班

早点	牛奶	110ml-120ml
	点心	花式饼干 7-8g
午餐	主食	糙米饭 糙米5g 中班55g 大班65g
	菜品	百叶包肉 夹心肉30g 薄百叶10g 荸荠5g 虎皮小蛋 鹌鹑蛋20g
		麻酱米苋 芝麻酱2g 米苋85g 杏鲍菇10g
	汤羹	白菜鱼丸粉丝虾皮汤 白菜10g 鱼丸10g 粉丝6g 虾皮2g
午点	点心	苹果枸杞西米茶 苹果15g 枸杞1g 西米5g
		烧卖 糯米20g 青豆5g 干香菇1g 肉糜5g 烧卖皮15g
	水果	圣女果 40g
晚餐	菜品	大蒜炒鸡心 大蒜5g 鸡心10g
		香煎鱼排 龙利鱼排45g
		牛心菜炒胡萝卜 牛心菜70g 胡萝卜5g
		蘑菇肉丝豆腐汤 蘑菇10g 豆腐10g
		肉丝5g
睡前	牛奶	150-180ml

体弱加餐 红烧小肉圆

星期二

托小班

早点	牛奶	100ml
	点心	花式饼干 5-6g
午餐	主食	小米饭 小米5g 小班50g
	菜品	葱爆牛肉丝 洋葱15g 牛肉丝30g
		目鱼烧肉丁 目鱼10g 肉丁20g
		娃娃菜厚百叶 娃娃菜80g 厚百叶5g
	汤羹	油麦菜胡萝卜鸡蛋豆衣汤 油麦菜15g 胡萝卜3g 鸡蛋10g 豆腐衣5g
午点	点心	黑芝麻糊 黑芝麻糊10g
		奶酪包 奶酪10g 自发粉25g 雀巢奶粉2g
	水果	青提 45g
晚餐	菜品	盐水黑虎虾 黑虎虾30g 茄汁咕咾肉 茄汁10g 咕咾肉30g
		白灼广东菜心 青菜80g 山药乳鸽汤 鸽子10g 山药10g
睡前	牛奶	150-180ml

过敏食谱
河海鲜：百叶烧肉
体弱加餐 五香牛肉丝

中大班

过敏食谱
河海鲜：百叶烧肉
体弱加餐 五香牛肉丝

早点	牛奶	110ml-120ml
	点心	花式饼干 7-8g
午餐	主食	小米饭 小米5g 中班55g 大班65g
	菜品	葱爆牛排 洋葱15g 牛排30g
		目鱼烧肉丁 目鱼10g 肉丁20g
		娃娃菜厚百叶 娃娃菜80g 厚百叶5g
	汤羹	油麦菜胡萝卜鸡蛋豆衣汤 油麦菜15g 胡萝卜3g 鸡蛋10g 豆腐衣5g
午点	点心	黑芝麻糊 黑芝麻糊10g
		奶酪包 奶酪10g 自发粉25g 雀巢奶粉5g
	水果	青提 45g
晚餐	菜品	盐水黑虎虾 黑虎虾30g
		茄汁咕咾肉 茄汁10g 咕咾肉30g
		白灼广东菜心 青菜80g
		山药乳鸽汤 鸽子10g 山药10g
睡前	牛奶	150-180ml

星期三

托小班

早点	牛奶	100ml
	点心	花式饼干　5-6g
午餐	主食	面食　黑米糕15g　面条45g
	菜品	青菜肉丝开洋汤面　青菜75g　夹心肉35g　开洋2g
		黄金虾球　虾球15g　大蒜头2g　卤汁干　卤汁干10g
午点	点心	鸡丝蛋花粥　鸡丝6g　鸡蛋10g　大米15g　香甜山芋　山芋10g
	水果	小香蕉　50g
晚餐	菜品	咖喱素肠牛肉　咖喱粉5g　素肠10g　牛腩30g　跑马蛋　草鸡蛋20g
		莴笋炒双菇　蘑菇5g　香菇5g　莴笋70g　蛋饺粉丝汤　蛋饺10g　粉丝5g
睡前	牛奶	150-180ml

中大班

早点	牛奶	110ml-120ml
	点心	花式饼干　7-8g
午餐	主食	面食　黑米糕15g　面条55g
	菜品	青菜肉丝开洋汤面　青菜75g　夹心肉35g　开洋2g
		黄金虾球　虾球15g　大蒜头2g　卤汁干　卤汁干10g
午点	点心	鸡丝蛋花粥　鸡丝6g　鸡蛋10g　大米15g　香甜山芋　山芋10g
	水果	小香蕉　50g
晚餐	菜品	咖喱素肠牛肉　咖喱粉5g　素肠10g　牛腩30g
		跑马蛋　草鸡蛋20g
		莴笋炒双菇　蘑菇5g　香菇5g　莴笋70g
		蛋饺粉丝汤　蛋饺10g　粉丝5g
睡前	牛奶	150-180ml

星期四

托小班

早点	牛奶	100ml
	点心	花式饼干　5-6g
午餐	主食	白米饭　小班55g
	菜品	陈皮鸭　鸭胸40g　陈皮3g
		甜椒肉丝　甜椒5g　肉丝10g
		五彩西葫芦　西葫芦75g　鸡蛋5g　黑木耳1g　胡萝卜10g
	汤羹	荠菜豆腐鸡蛋汤　荠菜20g　内酯豆腐25g　鸡蛋5g
午点	点心	芡实山楂蜂蜜饮　芡实3g　山楂干2g　蜂蜜3g
		果酱卷　果酱8g　自发粉25g　雀巢奶粉5g
	水果	蓝莓　30g
晚餐	菜品	酱爆海鲜年糕　汤面条55g　蟹肉棒15g　虾仁20g　鱼丸10g
		鸡毛菜10g
		茄子炖土豆　茄子70g　土豆20g
睡前	牛奶	150-180ml

体弱加餐　小白干

体弱加餐　小白干

中大班

早点	牛奶	110ml-120ml
	点心	花式饼干　7-8g
午餐	主食	白米饭　中班60g　大班70g
	菜品	陈皮鸭腿　鸭腿45g　陈皮3g
		甜椒肉丝　甜椒5g　肉丝10g
		五彩西葫芦　西葫芦75g　鸡蛋5g　黑木耳1g　胡萝卜10g
	汤羹	荠菜豆腐鸡蛋汤　荠菜20g　内酯豆腐25g　鸡蛋5g
午点	点心	芡实山楂蜂蜜饮　芡实3g　山楂干2g　蜂蜜3g
		果酱卷　果酱8g　自发粉25g　雀巢奶粉5g
	水果	蓝莓　30g
晚餐	菜品	酱爆海鲜年糕　汤面条55g　蟹肉棒15g　虾仁20g　鱼丸10g
		鸡毛菜10g
		茄子炖土豆　茄子70g　土豆20g
睡前	牛奶	150-180ml

星期五

托小班

早点	牛奶	100ml
	点心	花式饼干　5-6g
午餐	主食	炒饭　小班45g　奶黄包　奶黄包15g
	菜品	日式蛋炒饭　莴笋55g　胡萝卜10g　里脊20g　方腿5g
		叉烧酱2g　豆腐干10g　草鸡蛋10g
	汤羹	苗苗菌菇汤　豆苗15g　鸡腿菇2g　白玉菇3g
午点	点心	粟米羹　粟米5g　菠菜8g　鸡蛋10g　大米10g
		蒸铁棍山药　山药15g
	水果	葡萄　45g
晚餐	菜品	家烧鲳鱼　鲳鱼35g　红烧狮子头　肉糜25g　荸荠5g　鸡蛋3g
		芝麻酱空心菜　芝麻酱3g　空心菜90g
		猪蹄黄豆汤　猪蹄10g　黄豆10g
睡前	牛奶	150-180ml

体弱加餐　小刀切

中大班

体弱加餐　小刀切

早点	牛奶	110ml-120ml
	点心	花式饼干　7-8g
午餐	主食	炒饭　中班50g　大班60g　奶黄包　奶黄包15g
	菜品	日式蛋炒饭　莴笋55g　胡萝卜10g　里脊20g　方腿5g　叉烧酱2g　豆腐干10g　草鸡蛋10g
	汤羹	苗苗菌菇汤　豆苗15g　鸡腿菇2g　白玉菇3g
午点	点心	粟米羹　粟米5g　菠菜8g　鸡蛋10g　大米10g　蒸铁棍山药　山药15g
	水果	葡萄　45g
晚餐	菜品	家烧鲳鱼　鲳鱼35g
		红烧狮子头　肉糜25g　荸荠5g　鸡蛋3g
		芝麻酱空心菜　芝麻酱3g　空心菜90g
		猪蹄黄豆汤　猪蹄10g　黄豆10g
睡前	牛奶	150-180ml

全天候带量食谱三月第二周

（中大班、托小班）

星期一

托小班

早点	牛奶	100ml
	点心	花式饼干　5-6g
午餐	主食	水饺　水饺皮40g
	菜品	炒饭　大米20g　　韭菜猪肉水饺　韭菜65g　鸡蛋10g　夹心肉25g　粉丝5g
		味嘟嘟咖喱饭　咖喱5g　土豆20g　鸡胸肉15g　胡萝卜10g
午点	点心	自制家乡烧卖　烧卖皮10g　糯米20g　夹心肉5g　干香菇1g　青豆2g　竹笋5g　香干3g
		南瓜甜羹　南瓜5g　冰糖2g
	水果	圣女果　40g
晚餐	菜品	目鱼烧肉　目鱼花5g　五花肉块15g　　盐水鸽蛋　鸽蛋15g
		荷塘月色　胡萝卜5g　藕10g　木耳1g　荷兰豆10g　光山药30g
		葱香萝卜小排汤　小葱2g　萝卜5g　小排10g
睡前	牛奶	150-180ml

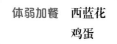

体弱加餐　西蓝花
鸡蛋

中大班

早点	牛奶	110ml-120ml
	点心	花式饼干　7-8g
午餐	主食	水饺　水饺皮40-50g
	菜品	炒饭　大米20g　　韭菜猪肉水饺　韭菜65g　鸡蛋10g　夹心肉25g　粉丝5g
		味嘟嘟咖喱饭　咖喱5g　土豆20g　鸡胸肉15g　胡萝卜10g
		自制家乡烧卖　烧卖皮10g　糯米20g　夹心肉5g　干香菇1g　青豆2g　竹笋5g　香干3g
午点	点心	南瓜甜羹　南瓜g　冰糖2g
	水果	圣女果　40g
晚餐	菜品	目鱼烧肉　目鱼花5g　五花肉块15g
		盐水鸽蛋　鸽蛋15g
		荷塘月色　胡萝卜5g　藕10g　木耳1g
		荷兰豆10g　光山药30g
		葱香萝卜小排汤　小葱2g　萝卜5g
		小排10g
睡前	牛奶	150-180ml

体弱加餐　西蓝花
鸡蛋

星期二

托小班

早点	牛奶	100ml
	点心	花式饼干　5-6g
午餐	主食	荞麦饭　荞麦5g　小班55g
	菜品	红烧芝麻带鱼（去刺）　白芝麻0.5g　带鱼40g
		松仁炒鸭丁　杂菜10g　松仁2g　鸭胸肉15g　爆炒草头　草头80g
	汤羹	菌菇蛋花汤　蘑菇5g　滑子菇5g　鸡蛋8g
午点	点心	花生红枣粥　花生2g　无核红枣2g　大米20g
		卤汁香干　香干15g
	水果	葡萄　40g
晚餐	菜品	牛肉炒河粉　牛肉丝15g　韭黄15g　银芽20g　韭菜5g　河粉60g
		培根芦笋蛋炒饭　培根10g　鸡蛋5g　芦笋10g　粟米5g　胡萝卜3g
		大米20g　海苔（干的）2g
		昆布腐衣花菇汤　昆布5g　花菇5g　豆腐衣2g
睡前	牛奶	150-180ml

过敏食谱
河海鲜：红烧芝麻肉丸
体弱加餐　叉烧包

中大班

早点	牛奶	110ml-120ml
	点心	花式饼干　7-8g
午餐	主食	荞麦饭　荞麦5g　中班55g　大班65g
	菜品	红烧芝麻带鱼　白芝麻0.5g　带鱼40g
		松仁炒鸭丁　杂菜10g　松仁2g　鸭胸肉15g
		爆炒草头　草头80g
	汤羹	菌菇蛋花汤　蘑菇5g　滑子菇5g　鸡蛋8g
午点	点心	花生红枣粥　花生2g　无核红枣2g　大米20g
		卤汁香干　香干15g
	水果	葡萄　40g
晚餐	菜品	牛肉炒河粉　牛肉丝15g　韭黄15g　银芽20g　韭菜5g　河粉60g
		培根芦笋蛋炒饭　培根10g　鸡蛋5g　芦笋10g　粟米5g　胡萝卜3g
		大米20g　海苔（干的）2g
		昆布腐衣花菇汤　昆布5g　花菇5g　豆腐衣2g
睡前	牛奶	150-180ml

过敏食谱
河海鲜：红烧芝麻肉丸
体弱加餐　叉烧包

星期三

托小班

早点	牛奶	100ml
	点心	花式饼干　5-6g
午餐	主食	软米饭　小班55g
	菜品	香干红烧肉　香干10g　梅肉30g　　酱鸽蛋　鸽蛋25g
		双色花菜　花菜50g　西蓝花25g
	汤羹	萝卜牛腩汤　小葱2g　白萝卜15g　牛腩10g
午点	点心	自制红糖开花馒头　自发粉30g　红糖5g　红枣3g　雀巢奶粉5g
		油豆腐粉丝汤　娃娃菜5g　油豆腐3g　粉丝3g
	水果	金桔　50g
晚餐	菜品	清炒虾仁　河虾仁15g　　盐水门腔　门腔15g
		刀豆土豆　刀豆30g　土豆30g　　草菇红枣乳鸽汤　草菇5g　红枣2g　乳鸽10g
睡前	牛奶	150-180ml

体弱加餐　鸭胗

中大班

早点	牛奶	110ml-120ml
	点心	花式饼干　7-8g
午餐	主食	软米饭　中班60g　大班70g
	菜品	香干红烧肉　香干10g　梅肉30g　　酱鸽蛋　鸽蛋25g　　双色花菜　花菜50g　西蓝花25g
	汤羹	萝卜牛腩汤　小葱2g　白萝卜15g　牛腩10g
午点	点心	自制红糖开花馒头　自发粉30g　红糖5g　红枣3g　雀巢奶粉5g
		油豆腐粉丝汤　娃娃菜5g　油豆腐3g　粉丝3g
	水果	金桔　50g
晚餐	菜品	清炒虾仁　河虾仁15g
		盐水门腔　门腔15g
		刀豆土豆　刀豆30g　土豆30g
		草菇红枣乳鸽汤　草菇5g　红枣2g
		乳鸽10g
睡前	牛奶	150-180ml

体弱加餐　鸭胗

星期四

托小班

早点　牛奶　100ml

　　　点心　花式饼干　5-6g

午餐　主食　燕麦饭　燕麦3g　托班大米47g　小班大米52g

　　　菜品　洋葱牛肉丝　洋葱8g　牛肉丝30g　蟹粉蛋　鸭蛋15g

　　　　　　金针菇炒菠菜　金针菇5g　菠菜80g

　　　汤羹　娃娃菜菌菇豆腐汤　娃娃菜10g　海鲜菇5g　内酯豆腐20g　方腿5g

午点　点心　茄汁鸡肉面　番茄10g　鸡胸肉5g　面条15g

　　　　　　自制蔓越莓曲奇　低筋粉10g　黄油6.5g　糖粉2.5g　草鸡蛋2g　蔓越莓2g　雀巢奶粉5g

　　　水果　砂糖橘　50g

晚餐　菜品　葱油蛏子　蛏子30g　三杯鸡　蚝油2g　青甜椒10g　鸡腿15g

　　　　　　芹菜炒百叶　芹菜50g　百叶丝5g

　　　　　　营养黑鱼汤　松茸菇5g　黑鱼10g　竹荪1g

睡前　牛奶　150-180ml

体弱加餐　小白干

中大班

早点　牛奶　110ml-120ml

　　　点心　花式饼干　7-8g

午餐　主食　燕麦饭　燕麦3g　中班大米57g　大班大米67g

　　　菜品　洋葱牛肉丝　洋葱8g　牛肉丝30g

　　　　　　蟹粉蛋　鸭蛋15g

　　　　　　金针菇炒菠菜　金针菇5g　菠菜80g

　　　汤羹　娃娃菜菌菇豆腐汤　娃娃菜10g　海鲜菇5g　内酯豆腐20g　方腿5g

午点　点心　茄汁鸡肉面　番茄10g　鸡胸肉5g　面条15g

　　　　　　自制蔓越莓曲奇　低筋粉10g　黄油6.5g　糖粉2.5g　草鸡蛋2g

　　　　　　蔓越莓2g　雀巢奶粉5g

　　　水果　砂糖橘　50g

晚餐　菜品　葱油蛏子　蛏子30g　三杯鸡　蚝油2g　青甜椒10g　鸡腿15g

　　　　　　芹菜炒百叶　芹菜50g　百叶丝5g

　　　　　　营养黑鱼汤　松茸菇5g　黑鱼10g　竹荪1g

睡前　牛奶　150-180ml

体弱加餐　小白干

星期五

托小班

早点	牛奶	100ml
	点心	花式饼干　5-6g
午餐	主食	炒饭　托小班大米55g
	菜品	酱爆鹅肝　鹅肝15g
		日式海鲜拌饭　黄瓜55g　杂菜5g　洋葱5g　虾仁20g
		蟹肉棒5g　蟹腿肉5g
		素香糕　素香糕15g
	汤羹	番茄玉米小排汤　番茄10g　玉米棒15g　小排10g
午点	点心	葡萄干面包　葡萄干面包30g
		白菊枸杞芦根水　白菊1g　枸杞1g　芦根2g　冰糖2g
	水果	黑提　50g
晚餐	菜品	豆豉肋排　肋排35g　豆豉2g　苦瓜炒蛋　苦瓜5g　鸡蛋10g
		清炒芥蓝　芥蓝50g
		荠菜蘑菇豆腐羹　荠菜10g　开洋2g　蘑菇5g　绢豆腐10g
睡前	牛奶	150-180ml

过敏食谱
河海鲜：日式鸡肉炒饭
体弱加餐　地瓜丸

中大班

过敏食谱
河海鲜：日式鸡肉炒饭
体弱加餐　地瓜丸

早点	牛奶	110ml-120ml
	点心	花式饼干　7-8g
午餐	主食	炒饭　中班大米60g　大班大米70g
	菜品	酱爆鹅肝　鹅肝15g
		日式海鲜拌饭　黄瓜55g　杂菜5g　洋葱5g　虾仁20g
		蟹肉棒5g　蟹腿肉5g
		素香糕　素香糕15g
	汤羹	番茄玉米小排汤　番茄10g　玉米棒15g　小排10g
午点	点心	葡萄干面包　葡萄干面包30g
		白菊枸杞芦根水　白菊1g　枸杞1g　芦根2g　冰糖2g
	水果	黑提　50g
晚餐	菜品	豆豉肋排　肋排35g　豆豉2g　苦瓜炒蛋　苦瓜5g　鸡蛋10g
		清炒芥蓝　芥蓝50g
		荠菜蘑菇豆腐羹　荠菜10g　开洋2g　蘑菇5g　绢豆腐10g
睡前	牛奶	150-180ml

全天候带量食谱三月第三周

（中大班、托小班）

星期一

托小班

早点	牛奶	100ml
	点心	花式饼干 5-6g
午餐	主食	玉米饭 玉米5g 托班大米45g 小班大米50g
	菜品	话梅鸭肉脯 话梅0.2g 鸭脯35g 小豌豆蒸鳕鱼 银鳕鱼35g 豌豆3g
		黄瓜腐竹胡萝卜 黄瓜80g 胡萝卜4g 腐竹4g
	汤羹	草头莲藕汤 草头5g 莲藕8g
午点	点心	核桃枣泥蜂糕 核桃仁6g 枣泥10g 自发粉25g 雀巢奶粉5g
		番茄山药汤 番茄6g 山药6g
	水果	蓝莓 35g
晚餐	菜品	黄油香烤肋排 黄油3g 肋排20g 五彩蛋丁 鸡蛋20g 杂菜10g
		麻酱油麦菜 麻酱4g 油麦菜50g 百叶结蹄膀汤 百叶结6g 蹄膀8g
睡前	牛奶	150-180ml

过敏食谱

河海鲜：洋葱牛排

体弱加餐 鹅味肝

中大班

早点	牛奶	110ml-120ml
	点心	花式饼干 7-8g
午餐	主食	玉米饭 玉米5g 中班大米55g 大班大米65g
	菜品	话梅鸭块 话梅0.2g 鸭块45g 小豌豆蒸鳕鱼 银鳕鱼35g 豌豆3g
		黄瓜腐竹胡萝卜 黄瓜80g 胡萝卜4g 腐竹4g
		草头莲藕汤 草头5g 莲藕8g
	汤羹	核桃枣泥蜂糕 核桃仁6g 枣泥10g 自发粉25g 雀巢奶粉5g
午点	点心	番茄山药汤 番茄6g 山药6g
		蓝莓 35g
	水果	黄油香烤肋排 黄油3g 肋排20g
晚餐	菜品	五彩蛋丁 鸡蛋20g 杂菜10g
		麻酱油麦菜 麻酱4g 油麦菜50g
		百叶结蹄膀汤 百叶结6g
		蹄膀8g
睡前	牛奶	150-180ml

过敏食谱

河海鲜：洋葱牛排

体弱加餐 鹅味肝

星期二

托小班

早点	牛奶	100ml
	点心	花式饼干　5-6g
午餐	主食	肉酱通心粉　意面　小班35g
		黑米糕　糯米糕30g
	菜品	肉酱通心粉　西红柿30g　夹心肉30g　卷心菜50g　香芹15g
		鹌鹑蛋　鹌鹑蛋20g
	汤羹	奶油蘑菇浓汤　土豆8g　培根4g　蘑菇6g　奶油2g
午点	点心	三色杂粮粥　赤豆2g　薏米4g　黑米4g　大米10g　冰糖3g
		五香千页豆腐　千页豆腐25g
	水果	红提　40g
晚餐	菜品	港式豉油鸭　麻鸭30g　红糖2g
		茄汁蛋酪　番茄沙司5g　杂菜4g　鸭蛋20g
		地三鲜　茄子10g　土豆20g　茭白20g
		裙带菜豆腐味噌汤　裙带菜1g　豆腐15g　虾仁4g　味噌酱3g
睡前	牛奶	150-180ml

体弱加餐　红糖发糕

中大班

早点	牛奶	110ml-120ml
	点心	花式饼干　7-8g
午餐	主食	肉酱通心粉　意面　中班40-45g
	菜品	黑米糕　糯米糕30g
		肉酱通心粉　西红柿30g　夹心肉30g　卷心菜50g　香芹15g
		鹌鹑蛋　鹌鹑蛋20g
	汤羹	奶油蘑菇浓汤　土豆8g　培根4g　蘑菇6g　奶油2g
午点	点心	三色杂粮粥　赤豆2g　薏米4g　黑米4g　大米10g　冰糖3g
		五香千页豆腐　千页豆腐25g
	水果	红提　40g
晚餐	菜品	港式豉油鸭　麻鸭30g　红糖2g
		茄汁蛋酪　番茄沙司5g　杂菜4g　鸭蛋20g
		地三鲜　茄子10g　土豆20g　茭白20g
		裙带菜豆腐味噌汤　裙带菜1g　豆腐15g　虾仁4g　味噌酱3g
睡前	牛奶	150-180ml

体弱加餐　红糖发糕

星期三

托小班

过敏食谱

河海鲜：酱鹌鹑蛋

体弱加餐 五香素鸡

早点	牛奶	100ml
	点心	花式饼干 5-6g
午餐	主食	米饭 托班大米50g 小班大米55g
	菜品	洋葱牛肉丝 洋葱4g 牛肉25g 三色虾仁 玉米笋3g 红椒3g 青虾仁20g
		山药黑木耳莴笋 山药65g 黑木耳0.1g 莴笋15g
	汤羹	香菜鸭血豆腐汤 香菜2g 内酯豆腐25g 鸭血3g
午点	点心	桂花芝麻糊 芝麻糊10g 自制烧卖 烧卖皮15g 糯米15g 夹心肉4g 香菇1g
	水果	灯笼果 40g
晚餐	菜品	马兰头春笋炒鸡丁 马兰头4g 春笋净4g 鸡胸15g 红烧鸦片鱼 鸦片鱼25g
		上汤奶白菜 奶白菜55g 鱼面筋5g 羊肚菌板栗鸡汤 羊肚菌6g 板栗仁5g 草鸡5g
睡前	牛奶	150-180ml

中大班

过敏食谱

河海鲜：酱鹌鹑蛋

体弱加餐 五香素鸡

早点	牛奶	110ml-120ml
	点心	花式饼干 7-8g
午餐	主食	米饭 中班60g 大班70g
	菜品	洋葱牛肉 洋葱4g 牛肉25g 三色虾仁 玉米笋3g 红椒3g 青虾仁20g
		山药黑木耳莴笋 山药65g 黑木耳0.1g 莴笋15g
	汤羹	香菜鸭血豆腐汤 香菜2g 内酯豆腐25g 鸭血3g
午点	点心	桂花芝麻糊 芝麻糊10g 自制烧卖 烧卖皮15g 糯米15g 夹心肉4g 香菇1g
	水果	灯笼果 40g
晚餐	菜品	马兰头春笋炒鸡丁 马兰头4g 春笋净4g 鸡胸15g
		红烧鸦片鱼 鸦片鱼25g
		上汤奶白菜 奶白菜55g 鱼面筋5g
		羊肚菌板栗鸡汤 羊肚菌6g 板栗仁5g
		草鸡5g
睡前	牛奶	150-180ml

星期四

托小班

早点	牛奶	100ml
	点心	花式饼干　5-6g
午餐	主食	糙米饭　糙米3g　托班大米47g　小班大米52g
	菜品	培根炒蛋　培根5g　鸭蛋25g　可乐鸡翅　杂菜2g　鸡中翅40g
		干丝炒菠菜　干丝8g　菠菜85g
	汤羹	雪菜毛豆粉皮汤　雪菜4g　毛豆肉4g　粉皮10g
午点	点心	荠菜肉丝汤年糕　荠菜4g　腿肉4g　年糕15g
		甜糯山芋　山芋20g
	水果	沙糖橘　50g
晚餐	菜品	牛肉玉米水饺　白菜50g　玉米粒10g　牛肉30g　香菇2g　水饺皮40g
		拇指生煎　拇指生煎20g
睡前	牛奶	150-180ml

体弱加餐　小烧卖

体弱加餐　小烧卖

中大班

早点	牛奶	110ml-120ml
	点心	花式饼干　7-8g
午餐	主食	糙米饭　糙米3g　中班大米57g　大班大米67g
	菜品	培根炒蛋　培根5g　鸭蛋25g
		可乐鸡翅　杂菜2g　鸡中翅40g
		干丝炒菠菜　干丝8g　菠菜85g
	汤羹	雪菜毛豆粉皮汤　雪菜4g　毛豆肉4g　粉皮10g
午点	点心	荠菜肉丝汤年糕　荠菜4g　腿肉4g　年糕15g
		甜糯山芋　山芋20g
	水果	沙糖橘　50g
晚餐	菜品	牛肉玉米水饺　白菜50g　玉米粒10g　牛肉30g　香菇2g　水饺皮40g
		拇指生煎　拇指生煎20g
睡前	牛奶	150-180ml

星期五

托小班

早点　牛奶　100ml

　　　　点心　花式饼干　5-6g

午餐　主食　小米饭　小米5g　托班大米45g　小班大米50g

　　　　菜品　外婆红烧肉　五花肉35g　青椒鸡心　鸡心20g　青椒4g

　　　　　　　胡萝卜草菇菜心　广东菜心80g　胡萝卜4g　草菇4g

　　　　汤羹　西葫芦蛋花开洋汤　西葫芦8g　鸡蛋10g　开洋2g

午点　点心　春日健脾饮　冰糖3g　桑椹5g　茯苓2g　玫瑰3g　　小菠萝面包　菠萝包30g

　　　　水果　小芭蕉　50g

晚餐　菜品　泰式菠萝大虾炒饭　菠萝肉4g　黑虎虾35g　青椒4g　西芹50g　胡萝卜5g

　　　　　　　斑斓千层糕　斑斓糕30g

　　　　　　　冬阴功汤　青口5g　鲍鱼5g　菌菇5g

睡前　牛奶　150-180ml

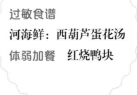

过敏食谱

河海鲜：西葫芦蛋花汤

体弱加餐　红烧鸭块

中大班

早点　牛奶　110ml-120ml

　　　　点心　花式饼干　7-8g

午餐　主食　小米饭　小米5g　中班大米55g　大班大米65g

　　　　菜品　外婆红烧肉　五花肉35g　青椒鸡心　鸡心20g　青椒4g

　　　　　　　胡萝卜草菇菜心　广东菜心80g　胡萝卜4g　草菇4g

　　　　汤羹　西葫芦蛋花开洋汤　西葫芦8g　鸡蛋10g　开洋2g

午点　点心　春日健脾饮　冰糖3g　桑椹5g　茯苓2g　玫瑰3g　　小菠萝面包　菠萝包30g

　　　　水果　小芭蕉　50g

晚餐　菜品　泰式菠萝大虾炒饭　菠萝肉4g　黑虎虾35g　青椒4g

　　　　　　　西芹50g　胡萝卜5g

　　　　　　　斑斓千层糕　斑斓糕30g

　　　　　　　冬阴功汤　青口5g　鲍鱼5g　菌菇5g

睡前　牛奶　150-180ml

过敏食谱

河海鲜：西葫芦蛋花汤

体弱加餐　红烧鸭块

全天候带量食谱三月第四周

（中大班、托小班）

星期一

托小班

过敏食谱

河海鲜：葱油鸡翅

体弱加餐　五香鹌鹑蛋

早点	牛奶	100ml
	点心	花式饼干　5-6g
午餐	主食	血糯米饭　血糯米5g　托班大米45g　小班大米50g
	菜品	芦笋虾仁　虾仁35g　茨菇烧肉　茨菇4g　梅肉25g　麻酱腐竹生菜　腐竹4g　生菜90g
	汤羹	金针菇莲藕汤　金针菇6g　莲藕8g
午点	点心	艾草红豆卷　艾草粉0.5g　蜜红豆4g　自发粉25g　雀巢奶粉5g
		西蓝花豆腐汤　西蓝花8g　内酯豆腐25g
	水果	金桔　50g
晚餐	菜品	三文鱼菌菇炒饭　三文鱼35g　鸡枞菌4g　洋葱12g　黄瓜40g　胡萝卜8g　海苔碎2g
		苗苗百叶结肋排汤　豆苗4g　百叶结5g　肋排6g
睡前	牛奶	150-180ml

中大班

过敏食谱

河海鲜：葱油鸡翅

体弱加餐　五香鹌鹑蛋

早点	牛奶	110ml-120ml
	点心	花式饼干　7-8g
午餐	主食	血糯米饭　血糯米5g　中班大米60g　大班大米65g
	菜品	盐水虾　基围虾45g　茨菇烧肉　茨菇4g　梅肉25g
		麻酱腐竹生菜　腐竹4g　生菜90g
	汤羹	金针菇莲藕汤　金针菇6g　莲藕8g
午点	点心	艾草红豆卷　艾草粉0.5g　蜜红豆4g　自发粉25g　雀巢奶粉5g
		西蓝花豆腐汤　西蓝花8g　内酯豆腐25g
	水果	金桔　50g
晚餐	菜品	三文鱼菌菇炒饭　三文鱼35g　鸡枞菌4g　洋葱12g
		黄瓜40g　胡萝卜8g
		海苔碎2g
		苗苗百叶结肋排汤　豆苗4g　百叶结5g
		肋排6g
睡前	牛奶	150-180ml

星期二

托小班

早点	牛奶	100ml
	点心	花式饼干 5-6g
午餐	主食	河粉 河粉50g
	菜品	黄金糕 黄金糕20g
		牛肉炒河粉 银芽80g 韭菜10g 胡萝卜8g 牛肉30g 鸭蛋25g 蘑菇5g
	汤羹	毛菜芋艿鸽子汤 毛菜6g 芋艿9g 鸽子10g
午点	点心	鸡汁小白干 小白干20g 芸豆小米粥 芸豆2g 小米4g 糙米4g 大米15g
	水果	灯笼果 40g
晚餐	菜品	红烧鹅肉 鹅肉30g 蛤蜊炖蛋 蛤蜊5g 鸡蛋20g
		刀豆土豆 刀豆70g 土豆20g
		番茄菌菇汤 番茄10g 蘑菇5g 金针菇5g
睡前	牛奶	150-180ml

体弱加餐 蒸蛋糕

中大班

体弱加餐 蒸蛋糕

早点	牛奶	110ml-120ml
	点心	花式饼干 7-8g
午餐	主食	河粉 河粉60-70g
	菜品	黄金糕 黄金糕20g
		牛肉炒河粉 银芽80g 韭菜10g 胡萝卜8g 牛肉30g
		鸭蛋25g 蘑菇5g
	汤羹	毛菜芋艿鸽子汤 毛菜6g 芋艿9g 鸽子10g
午点	点心	鸡汁小白干 小白干20g
		芸豆小米粥 芸豆2g 小米4g 糙米4g 大米15g
	水果	灯笼果 40g
晚餐	菜品	红烧鹅肉 鹅肉30g
		蛤蜊炖蛋 蛤蜊5g 鸡蛋20g
		刀豆土豆 刀豆70g 土豆20g
		番茄菌菇汤 番茄10g 蘑菇5g 金针菇5g
睡前	牛奶	150-180ml

星期三

托小班

早点	牛奶	100ml
	点心	花式饼干　5-6g
午餐	主食	白米饭　托班大米50g　小班大米55g
	菜品	茶树菇鸭丁　茶树菇4g　鸭胸25g　　洋葱炒鸡蛋　洋葱4g　鸡蛋30g
		西芹百合　西芹85g　百合4g
	汤羹	茼蒿粉丝油豆腐汤　茼蒿8g　粉丝3g　油豆腐6g
午点	点心	玉米棒　玉米25g　　白菜香菇鸡肉疙瘩汤　白菜15g　香菇2g　鸡肉4g　剪刀面25g
	水果	蓝莓　30g
晚餐	菜品	香煎鲳鱼　鲳鱼30g　　蒜苗牛肉丝　蒜苗10g　牛肉丝20g
		清炒菜心　菜心85g　　冬瓜扁尖汤　冬瓜10g　扁尖5g
睡前	牛奶	150-180ml

体弱加餐　酱牛肉

中大班

早点	牛奶	110ml-120ml
	点心	花式饼干　7-8g
午餐	主食	白米饭　中班大米65g　大班大米70g
	菜品	茶树菇鸭块　茶树菇4g　鸭块35g　　洋葱炒鸡蛋　洋葱4g　鸡蛋30g
		西芹百合　西芹85g　百合4g
	汤羹	茼蒿粉丝油豆腐汤　茼蒿8g　粉丝3g　油豆腐6g
午点	点心	玉米棒　玉米25g　　白菜香菇鸡肉疙瘩汤　白菜15g　香菇2g　鸡肉4g　剪刀面25g
	水果	蓝莓　30g
晚餐	菜品	香煎鲳鱼　鲳鱼30g　　蒜苗牛肉丝　蒜苗10g　牛肉丝20g
		清炒菜心　菜心85g
		冬瓜扁尖汤　冬瓜10g　扁尖5g
睡前	牛奶	150-180ml

体弱加餐　酱牛肉

星期四

托小班

早点	牛奶	100ml
	点心	花式饼干　5-6g
午餐	主食	高粱米饭　高粱米3g　托班大米47g　小班大米52g
	菜品	茄汁巴沙鱼柳　巴沙鱼柳35g　蒜苗炒鸭胗　鸭胗20g　蒜苗6g
		清炒空心菜　空心菜85g
	汤羹	番茄土豆牛尾汤　番茄4g　土豆8g　牛尾10g
午点	点心	香橙麦芬　低筋面粉30g　黄油3g　鸡蛋5g
		竹蔗雪梨水　雪梨15g　甘蔗10g
	水果	帝王蕉　50g
晚餐	菜品	黄豆猪角　黄豆5g　猪脚30g　莴笋炒蛋　莴笋15g　鸡蛋20g
		马兰头豆干　马兰头75g　豆干15g
		香菜鱼头粉皮汤　鱼头10g　粉皮10g　香菜5g
睡前	牛奶	150-180ml

过敏食谱
河海鲜：茄汁肉圆
体弱加餐　小方干

中大班

过敏食谱
河海鲜：茄汁肉圆
体弱加餐　小方干

早点	牛奶	110ml-120ml
	点心	花式饼干　7-8g
午餐	主食	高粱米饭　高粱米3g　中班大米62g　大班大米67g
	菜品	茄汁巴沙鱼柳　巴沙鱼柳35g
		蒜苗炒鸭胗　鸭胗20g　蒜苗6g
		清炒空心菜　空心菜85g
	汤羹	番茄土豆牛尾汤　番茄4g　土豆8g　牛尾10g
午点	点心	香橙麦芬　低筋面粉30g　黄油3g　鸡蛋5g
		竹蔗雪梨水　雪梨15g　甘蔗10g
	水果	帝王蕉　50g
晚餐	菜品	黄豆猪角　黄豆5g　猪脚30g
		莴笋炒蛋　莴笋15g　鸡蛋20g
		马兰头豆干　马兰头75g　豆干15g
		香菜鱼头粉皮汤　鱼头10g　粉皮10g　香菜5g
睡前	牛奶	150-180ml

星期五

托小班

早点	牛奶	100ml
	点心	花式饼干 5-6g
午餐	主食	烩饭 托小班大米55g
		慕斯包
	菜品	黑椒鸡肉烩饭 去骨鸡腿肉35g 土豆30g 西蓝花40g 胡萝卜6g
		奶香慕斯包 奶香慕斯包15g
	汤羹	芙蓉羹 枸杞头5g 芋艿8g 夹心肉5g 开洋3g
午点	点心	南瓜饼 南瓜饼30g
		百香果甜橙水 百香果4g 甜橙20g 冰糖3g
	水果	红提 40g
晚餐	菜品	奶油培根意大利面 培根35g 蘑菇5g 奶油3g
		罗宋汤 番茄酱6g 牛心菜30g 土豆5g 卷心菜5g 红肠15g
睡前	牛奶	150-180ml

体弱加餐 小米糕

中大班

体弱加餐 小米糕

早点	牛奶	110ml-120ml
	点心	花式饼干 7-8g
午餐	主食	烩饭 中班大米65g 大班大米70g
		慕斯包
	菜品	黑椒鸡肉烩饭 去骨鸡腿肉35g 土豆30g 西蓝花40g 胡萝卜6g
		奶香慕斯包 奶香慕斯包15g
	汤羹	芙蓉羹 枸杞头5g 芋艿8g 夹心肉5g 开洋3g
午点	点心	南瓜饼 南瓜饼30g
		百香果甜橙水 百香果4g 甜橙20g 冰糖3g
	水果	红提 40g
晚餐	菜品	奶油培根意大利面 培根35g 蘑菇5g 奶油3g
		罗宋汤 番茄酱6g 牛心菜30g 土豆5g 卷心菜5g
		红肠15g
睡前	牛奶	150-180ml

三月份膳食营养分析及小结

（记账法膳食调查评价）

平衡膳食五项标准：

1 热量摄入量占供给量85%—90%为中等，90%以上为好。蛋白质占供给量80%以上。

蛋白质

平均每人摄入量：**48.61**
占平均供给量(%)：**102.77%**

0%　　　　　80%

热量

平均每人摄入量：**1403.83**
占平均供给量(%)：**93.59%**

0%　　　　　85%　90%

2 蛋白质、脂肪、碳水化合物重量比值为1：1：4-5

3 三大营养素产热量占总热量：蛋白质12-15%，脂肪25-30%，碳水化合物50%-60%：

④ 动物蛋白+豆类蛋白质的摄入量>50%

⑤ 动物食品的热量+豆类食品的热量摄入量>20%

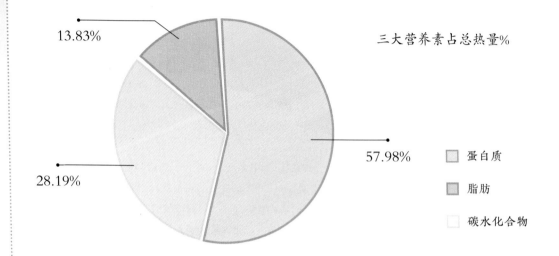

三大营养素占总热量%

13.83%

28.19%

57.98%

蛋白质

脂肪

碳水化合物

	蛋白质	脂肪	碳水化合物
平均每人每日摄入量(克)	48.61	44.03	203.77
比值	1	0.91	4.19
三大营养素产热量(千卡)	194.44	396.27	815.08

动物蛋白+豆类蛋白

摄入量：**28.7**
占总蛋白%：**59.04%**

0%　　　　50%

动物热量+豆类热量

摄入量：**380**
占总热量%：**27.07%**

0%　　　　20%

全天候带量食谱四月第一周

（中大班、托小班）

星期一

托小班

早点	牛奶	100ml
	点心	花式饼干 5-6g
午餐	主食	软米饭 托班大米50g 小班大米55g
	菜品	茄汁肉块 夹心肉35g 番茄酱6g 蒜苗牛肉 蒜苗10g 牛肉10g
		上汤豌豆米苗 豌豆苗70g 火腿丝1g 皮蛋2g 方腿2g
	汤羹	芙蓉鲜蔬羹 莼菜4g 鲜香菇5g 胡萝卜5g 鸡蛋5g
午点	点心	蜜汁香干 清美蜜汁干20g 黄金粥 山芋10g 小米5g 玉米糁2g 大米15g
	水果	沃柑 50g
晚餐	菜品	软米饭 大米55g
		油焖大虾 基围虾20g
		蜜汁叉烧 梅肉10g 叉烧酱2g
		莴笋炒蛋 莴笋50g 鸡蛋20g
		山药小排汤 肋排5g 山药3g
睡前	牛奶	150-180ml

过敏食谱 红烧牛柳
体弱加餐
营养不良：叉烧包
贫血：樱桃番茄

中大班

早点	牛奶	110ml-120ml
	点心	花式饼干 7-8g
午餐	主食	软米饭 中班大米60g 大班大米70g
	菜品	茄汁肉块 夹心肉40g 番茄酱6g
		蒜苗牛肉 蒜苗10g 牛肉10g 上汤豌豆米苗 豌豆苗80g 火腿丝1g 皮蛋2g 方腿2g
	汤羹	芙蓉鲜蔬羹 莼菜4g 鲜香菇5g 胡萝卜5g 鸡蛋5g
午点	点心	蜜汁香干 清美蜜汁干20g
		黄金粥 山芋10g 小米4g 玉米糁2g 大米25g
	水果	沃柑 50g
晚餐	菜品	软米饭 大米60g 油焖大虾 基围虾20g
		蜜汁叉烧 梅肉10g 叉烧酱2g
		莴笋炒蛋 莴笋50g 鸡蛋20g 山药小排汤 肋排5g 山药3g
睡前	牛奶	150-180ml

过敏食谱 红烧牛柳
体弱加餐
营养不良：叉烧包
贫血：樱桃番茄

星期二

托小班

早点	牛奶	100ml
	点心	花式饼干　5-6g
午餐	主食	藜麦饭　荞麦5g　托班大米45g　小班大米50g
	菜品	响油鳝糊　光茭白5g　净鳝丝30g　番茄炒蛋　番茄15g　鸡蛋20g
		牛心菜木耳炒面筋　牛心菜80g　木耳1g　油面筋4g
	汤羹	奶白菜玉米笋肉圆汤　奶白菜6g　玉米笋5g　夹心肉糜5g
午点	点心	芋艿饼　芋艿饼25g
		白菊枸杞芦根水　杭白菊1g　干芦根8g　枸杞0.5g
	水果	樱桃番茄　50g
晚餐	菜品	台式肉燥饭　肉糜20g　香干6g　香菇6g
		鸡蛋20g　大米55g
		韭黄炒蛤蜊　韭黄15g　蛤蜊肉5g
		全家福汤　蛋饺10g　肉皮3g
		大白菜30g
睡前	牛奶	150-180ml

过敏食谱　五香牛肉
体弱加餐
营养不良：卤水鸡心

中大班

早点	牛奶	110ml-120ml
	点心	花式饼干　7-8g
午餐	主食	藜麦饭　荞麦5g　中班大米55g　大班大米65g
	菜品	响油鳝筒　光茭白5g　净鳝筒35g
		番茄炒蛋　番茄15g　鸡蛋20g
		牛心菜木耳炒面筋　牛心菜80g　木耳1g　油面筋4g
	汤羹	奶白菜玉米笋肉圆汤　奶白菜6g　玉米笋5g　夹心肉糜5g
午点	点心	芋艿饼　芋艿饼30g
		白菊枸杞芦根水　杭白菊1g　干芦根8g　枸杞0.5g
	水果	樱桃番茄　50g
晚餐	菜品	台式肉燥饭　肉糜20　香干6g　香菇6g　鸡蛋20g　大米60g
		韭黄炒蛤蜊　韭黄15g　蛤蜊肉5g
		全家福汤　蛋饺10g　肉皮3g　大白菜30g
睡前	牛奶	150-180ml

过敏食谱　五香牛肉
体弱加餐
营养不良：卤水鸡心

星期三

托小班

早点	牛奶	100ml				
	点心	花式饼干 5-6g				
午餐	主食	花色炒饭	大米55g	火腿5g	鸡蛋20g	胡萝卜5g
			粟米10g	青豆5g	黄瓜60g	
	菜品	蜜汁鸡丁	鸡丁30g			
	汤羹	咖喱香菜油豆腐粉丝汤	油咖喱3g	香菜3g	油豆腐10g	粉丝5g
午点	点心	蓬蒿菜肉丝年糕粒	蓬蒿菜20g	肉丝15g	年糕20g	
	水果	猕猴桃 50g				
晚餐	菜品	软米饭	大米55g	美味鸡块	鸡腿35g	
		青椒肉丝	青椒20g	猪里脊10g		
		荷塘月色	荷兰豆30g	胡萝卜10g	木耳1g	莲藕10g
		番茄土豆汤	番茄10g	土豆5g		
睡前	牛奶	150-180ml				

体弱加餐
营养不良：苏锡豆腐干
贫血：苏锡豆腐干

中大班

早点	牛奶	110ml-120ml				
	点心	花式饼干 7-8g				
午餐	主食	花色炒饭	大米65g	火腿5g	鸡蛋20g	胡萝卜5g
			粟米10g	青豆5g	黄瓜60g	
	菜品	蜜汁鸡翅	鸡翅30g			
	汤羹	咖喱香菜油豆腐粉丝汤	油咖喱3g	香菜3g	油豆腐10g	粉丝5g
午点	点心	蓬蒿菜肉丝年糕粒	蓬蒿菜20g	肉丝15g	年糕20g	
	水果	猕猴桃 50g				
晚餐	菜品	软米饭	大米60g			
		美味鸡块	鸡腿35g			
		青椒肉丝	青椒20g	猪里脊10g		
		荷塘月色	荷兰豆30g	胡萝卜10g	木耳1g	莲藕10g
		番茄土豆汤	番茄10g	土豆5g		
睡前	牛奶	150-180ml				

体弱加餐
营养不良：苏锡豆腐干
贫血：苏锡豆腐干

星期四

托小班

早点　牛奶　100ml

　　　点心　花式饼干　5-6g

午餐　主食　软米饭　托班大米50g　小班大米55g

　　　菜品　荸荠鸭丝　光荸荠5g　鸭胸30g

　　　　　　莴笋烧肉　夹心肉20g　光莴笋20g

　　　　　　蒜泥米苋　米苋70g　蒜头2g

　　　汤羹　葱香黑鱼枸杞豆腐汤　小葱2g　枸杞0.4g　黑鱼4g　豆腐2g

午点　点心　自制草头饼　糯米粉15g　粘米粉10g　草头10g　肉糜8g　鸡蛋5g

　　　　　　缤纷水果茶　苹果15g　橙15g　生梨15g

晚餐　菜品　红烧肉蛋面　五花肉15g　鸡蛋30g　奶白菜20g　面条55g

　　　　　　鲜蔬烩鱼丸　龙利鱼15g　黄瓜10g　胡萝卜5g　木耳2g

　　　　　　马兰头拌香干　马兰头25g

　　　　　　　　　　　　　豆腐干8g

睡前　牛奶　150-180ml

中大班

早点　牛奶　110ml-120ml

　　　点心　花式饼干　7-8g

午餐　主食　软米饭　中班大米60g　大班大米70g

　　　菜品　荸荠鸭丝　光荸荠5g

　　　　　　　　　　　鸭胸35g

　　　　　　莴笋烧肉　夹心肉20g　光莴笋20g

　　　　　　蒜泥米苋　米苋80g　蒜头2g

　　　汤羹　葱香黑鱼枸杞豆腐汤　小葱2g　枸杞0.4g　黑鱼4g　豆腐2g

午点　点心　自制草头饼　糯米粉15g　粘米粉10g　草头10g　肉糜8g　鸡蛋5g

　　　　　　缤纷水果茶　苹果15g　橙15g　生梨15g

晚餐　菜品　红烧肉蛋面　五花肉15g　鸡蛋30g　奶白菜20g　面条60g

　　　　　　鲜蔬烩鱼丸　龙利鱼15g　黄瓜10g　胡萝卜5g　木耳2g

　　　　　　马兰头拌香干　马兰头25g　豆腐干8g

睡前　牛奶　150-180ml

星期五

托小班

早点	牛奶	100ml
	点心	花式饼干　5-6g
午餐	主食	布丁蛋糕　布丁蛋糕10g
	菜品	意大利面　意大利面40g　番茄35g　蘑菇35g
		洋葱10g　大蒜1g　培根25g　梅肉20g　番茄酱6g
		卤汁鹌鹑蛋　净鹌鹑蛋15g
	汤羹	黄豆芽鲜豆皮肥牛汤　黄豆芽10g　肥牛3g　鲜豆皮10g
午点	点心	盐水小素鸡　小素鸡20g
		青菜虾皮面片汤　青菜5g　虾皮2g　面片20g
	水果	苹果　50g
晚餐	菜品	小米饭　大米50g　小米5g　酱汁乳鸽　鸽子20g
		豌豆牛肉粒　豌豆粒10g　牛腩10g
		蟹味菇炒茄子　蟹味菇10g　茄子50g
		冬瓜木耳肉丸汤　冬瓜10g　木耳1g　肉糜5g
睡前	牛奶	150-180ml

过敏食谱
青菜鸡丝面片汤
体弱加餐
营养不良：小酥肉
贫血：麻油鸡肝

过敏食谱
青菜鸡丝面片汤
体弱加餐
营养不良：小酥肉
贫血：麻油鸡肝

中大班

早点	牛奶	110ml-120ml
	点心	花式饼干　7-8g
午餐	主食	布丁蛋糕　布丁蛋糕10g
	菜品	意大利面　意大利面50g　番茄35g　蘑菇35g　洋葱10g
		大蒜1g　培根25g　梅肉20g　番茄酱6g
		卤汁鹌鹑蛋　净鹌鹑蛋15g
	汤羹	黄豆芽鲜豆皮肥牛汤　黄豆芽10g　肥牛3g　鲜豆皮10g
午点	点心	盐水小素鸡　小素鸡20g
		青菜虾皮面片汤　青菜5g　虾皮2g　面片20g
	水果	苹果　50g
晚餐	菜品	小米饭　大米55g　小米5g　酱汁乳鸽　鸽子20g
		豌豆牛肉粒　豌豆粒10g　牛腩10g
		蟹味菇炒茄子　蟹味菇10g　茄子50g
		冬瓜木耳肉丸汤　冬瓜10g　木耳1g　肉糜5g
睡前	牛奶	150-180ml

全天候带量食谱四月第二周

（中大班、托小班）

星期一

托小班

早点	牛奶	100ml
	点心	花式饼干　5-6g
午餐	主食	荞麦饭　荞麦5g　托班大米45g　小班大米50g
	菜品	百叶包肉　肉糜30g　百叶10g　洋葱胡萝卜炒蛋　洋葱3g　胡萝卜15g　鸡蛋25g
		蒜泥蓬蒿菜　紫皮大蒜2g　蓬蒿菜80g
	汤羹	油豆腐粉丝汤　油豆腐3g　粉丝2g
午点	点心	酱汁鸡心　鸡心10g　芡实双豆粥　芡实3g　红豆3g　黑豆3g　大米20g
	水果	青提　50g
晚餐	菜品	软米饭　大米55g
		清蒸鲈鱼　鲈鱼25g　小葱1g
		双花炒肉　西蓝花10g　花菜10g
		里脊肉片8g
		蚝油生菜　蚝油5g　生菜40g
		罗宋汤　番茄酱5g　方腿5g　土豆5g
		卷心菜5g　洋葱3g
睡前	牛奶	150-180ml

中大班

早点	牛奶	110ml-120ml
	点心	花式饼干　7-8g
午餐	主食	荞麦饭　荞麦5g　中班大米55g　大班大米65g
	菜品	百叶包肉　肉糜35g　百叶10g　洋葱胡萝卜炒蛋　洋葱3g　胡萝卜15g　鸡蛋25g
		蒜泥蓬蒿菜　紫皮大蒜2g　蓬蒿菜80g
	汤羹	油豆腐粉丝汤　油豆腐3g　粉丝2g
午点	点心	酱汁鸡心　鸡心10g　芡实双豆粥　芡实3g　红豆3g　黑豆3g　大米25g
	水果	青提　50g
晚餐	菜品	软米饭　大米60g　清蒸鲈鱼　鲈鱼25g　小葱1g
		双花炒肉　西蓝花10g　花菜10g　里脊肉片8g　蚝油生菜　蚝油5g　生菜40g
		罗宋汤　番茄酱5g　方腿5g　土豆5g　卷心菜5g　洋葱3g
睡前	牛奶	150-180ml

星期二

托小班

早点	牛奶	100ml
	点心	花式饼干　5-6g
午餐	主食	黑芝麻白米饭　黑芝麻1g　托班大米50g
		小班大米55g
	菜品	葱油鱼丸　香葱1g　鲈鱼40g
		肉末豆腐　肉末5g　老豆腐60g
		素肠培根炒包菜　素肠10g　培根10g　卷心菜20g
	汤羹	番茄冬瓜扁尖汤　番茄4g　冬瓜10g　扁尖1g
午点	点心	自制花卷　香葱3g　自发粉20g
		红枣莲子银耳羹　无核红枣2g　莲子1g　银耳1g
	水果	樱桃番茄　50g
晚餐	菜品	软米饭　大米55g　咖喱鸡翅　鸡翅30g　咖喱5g
		青椒炒蛋　青椒10g　鸡蛋30g　清炒地瓜叶　地瓜叶40g
		火腿菌菇汤　平菇5g　白玉菇5g　火腿2g
睡前	牛奶	150-180ml

过敏食谱　葱香牛肉丝
体弱加餐
营养不良：汉堡排条

中大班

过敏食谱　葱香牛肉丝
体弱加餐
营养不良：汉堡排条

早点	牛奶	110ml-120ml
	点心	花式饼干　7-8g
午餐	主食	黑芝麻白米饭　黑芝麻1g　中班大米60g　大班大米70g
	菜品	葱油鱼丸　香葱1g　鲈鱼40g
		肉末豆腐　肉末5g　老豆腐60g
		素肠培根炒包菜　素肠10g　培根10g　卷心菜20g
	汤羹	番茄冬瓜扁尖汤　番茄4g　冬瓜10g　扁尖1g
午点	点心	自制花卷　香葱3g　自发粉25g
		红枣莲子银耳羹　无核红枣2g　莲子1g　银耳1g
	水果	樱桃番茄　50g
晚餐	菜品	软米饭　大米60g
		咖喱鸡翅　鸡翅30g　咖喱5g
		青椒炒蛋　青椒10g　鸡蛋30g
		清炒地瓜叶　地瓜叶40g
		火腿菌菇汤　平菇5g　白玉菇5g　火腿2g
睡前	牛奶	150-180ml

星期三

托小班

早点	牛奶	100ml
	点心	花式饼干　5-6g
午餐	主食	**红糖发糕**　红糖发糕10g　大米40g
	菜品	**芹菜拌饭**　肉糜15g　鸡蛋20g　粟米5g　胡萝卜5g　芹菜60g
		彩椒牛肉丝　青椒5g　红椒5g　黄椒5g　牛里脊20g
	汤羹	**菠菜虾皮蛋汤**　菠菜5g　胡萝卜3g　鸡蛋10g　虾皮2g
午点	点心	**自制黑洋酥包**　自发粉20g　黑洋酥5g
		草头白玉菇枸杞汤　草头5g　白玉菇5g　枸杞1g
	水果	香蕉　50g
晚餐	菜品	**乌米饭**　大米50g　乌米5g
		响油鳝丝　光鳝丝25g
		土豆炒肉丝　土豆10g　肉丝5g
		油麦菜炒胡萝卜　油麦菜40g　胡萝卜10g
		猪肝枸杞叶汤　猪肝5g　姜1g　枸杞叶6g
睡前	牛奶	150-180ml

过敏食谱　菠菜肉糜蛋汤
体弱加餐
营养不良：鲜汁小方干
贫血：鲜汁小方干

中大班

过敏食谱　菠菜肉糜蛋汤
体弱加餐
营养不良：鲜汁小方干
贫血：鲜汁小方干

早点	牛奶	中班110ml　大班120ml
	点心	花式饼干　7-8g
午餐	主食	**红糖发糕**　红糖发糕10g　大米45g
	菜品	**芹菜拌饭**　肉糜15g　鸡蛋25g　粟米5g　胡萝卜5g　芹菜60g
		彩椒牛柳　青椒5g　红椒5g　黄椒5g　牛里脊20g
	汤羹	**菠菜虾皮蛋汤**　菠菜5g　胡萝卜2g　鸡蛋10g　虾皮2g
午点	点心	**自制黑洋酥包**　自发粉25g　黑洋酥5g
		草头白玉菇枸杞汤　草头5g　白玉菇5g　枸杞1g
	水果	香蕉　50g
晚餐	菜品	**乌米饭**　大米55g　乌米5g　**响油鳝丝**　光鳝丝25g
		土豆炒肉丝　土豆10g　肉丝5g
		油麦菜炒胡萝卜　油麦菜40g　胡萝卜10g
		猪肝枸杞叶汤　猪肝5g　姜1g　枸杞叶6g
睡前	牛奶	150-180ml

星期四

托小班

早点	牛奶	100ml
	点心	花式饼干 5-6g
午餐	主食	糙米饭 糙米5g 托班大米45g
		小班大米50g
	菜品	茄汁菠萝鸡丝 番茄酱5g
		菠萝10g 鸡胸肉30g
		蒜苔炒肉 蒜苔25g 五花肉片15g
		西葫芦炒胡萝卜 西葫芦60g 胡萝卜5g
	汤羹	黄豆芽腐竹汤 黄豆芽5g 腐竹2g
午点	点心	自制葡萄干蜂糕 葡萄干1g 鸡蛋3g 自发粉10g
		芦笋疙瘩汤 芦笋5g 胡萝卜5g 肉糜10g 面疙瘩10g
	水果	蓝莓 50g
晚餐	菜品	六顺水饺 虾仁10g 肉糜20g 番茄4g 青菜60g
		木耳0.2g 粟米4g 香菇3g 饺子皮50g
		蒸南瓜 南瓜20g
睡前	牛奶	150-180ml

体弱加餐
营养不良：小米糕

中大班

早点	牛奶	110ml-120ml
	点心	花式饼干 7-8g
午餐	主食	糙米饭 糙米5g 中班大米55g 大班大米65g
	菜品	茄汁菠萝鸡丝 番茄酱5g 菠萝10g 鸡胸肉35g
		蒜苔炒肉 蒜苔25g 五花肉片15g
		西葫芦炒胡萝卜 西葫芦60g 胡萝卜5g
	汤羹	黄豆芽腐竹汤 黄豆芽5g 腐竹2g
午点	点心	自制葡萄干蜂糕 葡萄干1g 鸡蛋3g 自发粉15g
		芦笋疙瘩汤 芦笋5g 胡萝卜5g 肉糜10g 面疙瘩10g
	水果	蓝莓 50g
晚餐	菜品	六顺水饺 虾仁10g 肉糜20g 番茄4g 青菜60g
		木耳0.2g 粟米4g 香菇3g 饺子皮55g
		蒸南瓜 南瓜20g
睡前	牛奶	150-180ml

体弱加餐
营养不良：小米糕

星期五

托小班

早点	牛奶	100ml
	点心	花式饼干　5-6g
午餐	主食	黑米糕　黑米糕10g　面条45g
	菜品	什锦捞面　杭白菜70g　番茄5g　火腿2g　开洋3g　鸡蛋10g
		夹心肉丝40g　金针菇15g　胡萝卜5g
		蜜汁豆腐干　蜜汁豆腐干10g
午点	点心	黄金糕　黄金糕20g
		生梨枸杞罗汉果茶　生梨20g　罗汉果1g
		枸杞1g　黄冰糖5g
晚餐	菜品	软米饭　大米55g
		豆豉排骨　肋排30g　豆豉5g
		黄芽菜炒肉皮　黄芽菜20g　肉皮6g
		蒜泥空心菜　空心菜35g　大蒜头3g
		山药玉米枸杞汤　山药6g　玉米棒10g
		枸杞0.5g
睡前	牛奶	150-180ml

过敏食谱　什锦捞面
体弱加餐
营养不良：葱油小肉圆
贫血：葱油小肉圆

过敏食谱　什锦捞面
体弱加餐
营养不良：葱油小肉圆
贫血：葱油小肉圆

中大班

早点	牛奶	中班110ml　大班120ml
	点心	花式饼干　7-8g
午餐	主食	黑米糕　黑米糕10g　面条50g
	菜品	什锦捞面　杭白菜70g　番茄5g　火腿2g　开洋3g　鸡蛋10g
		夹心肉丝40g　金针菇15g　胡萝卜5g
		蜜汁豆腐干　蜜汁豆腐干10g
午点	点心	黄金糕　黄金糕25g
		生梨枸杞罗汉果茶　生梨20g　罗汉果1g　枸杞1g　黄冰糖5g
晚餐	菜品	软米饭　大米60g
		豆豉排骨　肋排30g　豆豉5g
		黄芽菜炒肉皮　黄芽菜20g　肉皮6g
		蒜泥空心菜　空心菜35g　大蒜头3g
		山药玉米枸杞汤　山药6g　玉米棒10g　枸杞0.5g
睡前	牛奶	150-180ml

全天候带量食谱四月第三周

（中大班、托小班）

星期一

托小班

早点	牛奶	100ml
	点心	花式饼干　5-6g
午餐	主食	胚芽米饭　胚芽米5g　托班大米45g　小班大米50g
	菜品	百叶结肉丁　肉丁25g　百叶结15g　　黄瓜鸡蛋　黄瓜15g　鸡蛋15g
		蚝油生菜虾皮　虾皮5g　生菜75g　蚝油2g
	汤羹	豆腐海带蛤蜊汤　豆腐20g　海带丝10g　蛤蜊3g
午点	点心	果珍　果珍10g
		熊猫派派　熊猫派派20g
	水果	圣女果　50g
晚餐	菜品	什锦印尼炒饭　牛里脊35g　肉丁15g
		葡萄干3g　蘑菇10g
		黑松露2g　洋葱10g
		黄瓜70g　胡萝卜5g
		大米55g
		老妈蹄花汤　猪蹄3g　黄豆3g
睡前	牛奶	150-180ml

过敏食谱　豆腐鸡蛋木耳汤
体弱加餐　基围虾

中大班

早点	牛奶	110ml-120ml
	点心	花式饼干　7-8g
午餐	主食	胚芽米饭　胚芽米5g　中班大米55g　大班大米65g
	菜品	百叶结肉丁　肉丁25g　百叶结15g　　黄瓜鸡蛋　黄瓜15g　鸡蛋15g
		蚝油生菜虾皮　虾皮5g　生菜75g　蚝油2g
	汤羹	豆腐海带蛤蜊汤　豆腐20g　海带丝10g　蛤蜊3g
午点	点心	果珍　果珍10g
		熊猫派派　熊猫派派20g
	水果	圣女果　50g
晚餐	菜品	什锦印尼炒饭　牛里脊35g　肉丁15g　葡萄干3g　蘑菇10g　黑松露2g　洋葱10g　黄瓜70g
		胡萝卜5g　大米60g
		老妈蹄花汤　猪蹄3g　黄豆3g
睡前	牛奶	150-180ml

过敏食谱　豆腐鸡蛋木耳汤
体弱加餐　基围虾

星期二

托小班

早点	牛奶	100ml
	点心	花式饼干　5-6g
午餐	主食	玉米饭　玉米糁5g　托班大米45g　小班大米50g
	菜品	红椒鳝粒　红椒12g　鳝丝35g　咸蛋黄焗南瓜　咸蛋黄5g　南瓜12g
		菠菜松仁　菠菜65g　松仁1g
	汤羹	豆苗蘑菇虾皮汤　豆苗10g　蘑菇5g　虾皮5g
午点	点心	番茄肉土豆粉　肉糜10g　番茄3g　土豆粉20g　卤汁干　卤汁干15g
	水果	玫瑰葡萄　50g
晚餐	菜品	洋葱牛肉　洋葱10g　牛肉丝40g
		清炒芦笋　芦笋80g
		玉米小排汤　玉米棒10g　小排10g
		软米饭　大米55g
睡前	牛奶	150-180ml

过敏食谱　红椒肉丝
体弱加餐　绿豆糕

中大班

早点	牛奶	中班110ml　大班120ml
	点心	花式饼干　7-8g
午餐	主食	玉米饭　玉米糁5g　中班大米55g　大班大米65g
	菜品	红椒鳝丝　红椒12g　鳝丝40g　咸蛋黄焗南瓜　咸蛋黄5g　南瓜12g　菠菜松仁　菠菜65g　松仁1g
	汤羹	豆苗蘑菇虾皮汤　豆苗10g　蘑菇5g　虾皮5g
午点	点心	番茄肉土豆粉　肉糜10g　番茄3g　土豆粉25g　卤汁干　卤汁干15g
	水果	玫瑰葡萄　50g
晚餐	菜品	洋葱牛肉　洋葱10g　牛肉丝40g　清炒芦笋　芦笋80g
		玉米小排汤　玉米棒10g　小排10g
		软米饭　大米60g
睡前	牛奶	150-180ml

过敏食谱　红椒肉丝
体弱加餐　绿豆糕

星期三

托小班

早点	牛奶	100ml
	点心	花式饼干　5-6g
午餐	主食	面食　乌冬面45g
	菜品	什锦乌冬面　鸡蛋15g　肉丁25g　青豆10g　松柳菜60g
		胡萝卜10g　草菇10g　干丝15g
午点	点心	黄金糕　黄金糕10g
	水果	五香素鸡　五香素鸡10g　香菇粟米鸡肉粥　干香菇3g　鸡丁10g　粟米5g　大米20g
晚餐	菜品	蓝莓　50g
		五彩虾仁　虾仁40g　胡萝卜10g
		荷塘小炒　荷兰豆10g　山药60g
		玉米笋5g　黑木耳5g
		萝卜肉丸汤　萝卜10g　肉丸10g
		软米饭　大米55g
睡前	牛奶	150-180ml

过敏食谱　五彩鸡丁
体弱加餐
营养不良：酱汁牛肉

中大班

早点	牛奶	110ml-120ml
	点心	花式饼干　7-8g
午餐	主食	面食　乌冬面55g
	菜品	什锦乌冬面　鸡蛋15g　肉丁25g　青豆10g　松柳菜60g　胡萝卜10g　草菇10g　干丝15g
		黄金糕　黄金糕10g
		五香素鸡　五香素鸡10g
午点	点心	香菇粟米鸡肉粥　干香菇3g　鸡丁10g　粟米5g　大米25g
		蓝莓　50g
	水果	五彩虾仁　虾仁40g　胡萝卜10g
晚餐	菜品	荷塘小炒　荷兰豆10g　山药60g　玉米笋5g　黑木耳5g
		萝卜肉丸汤　萝卜10g　肉丸10g
		软米饭　大米60g
睡前	牛奶	150-180ml

过敏食谱　五彩鸡丁
体弱加餐
营养不良：酱汁牛肉

星期四

托小班

早点	牛奶	100ml
	点心	花式饼干　5-6g
午餐	主食	白米饭　托班大米50g　小班大米55g
	菜品	四宝鸭丁　鸭胸肉35g　蟹味菇10g　胡萝卜10g　牛油果15g
		茭白青椒　青椒10g　茭白60g　粉蒸肉　腿肉10g
	汤羹	菜心豆腐衣肋排汤　菜心10g　豆腐衣4g　肋排7g
午点	点心	花生鸡蛋卷　花生酱3g　鸡蛋8g　自发粉20g
		枸杞百合银耳羹　枸杞1g　百合3g　银耳2g
	水果	红提　50g
晚餐	菜品	鲜汁蛋卷　鸡蛋25g　肉糜25g　软米饭　大米55g
		上汤娃娃菜　娃娃菜70g
		番茄木耳冬瓜汤　番茄20g　冬瓜10g　木耳2g
睡前	牛奶	150-180ml

体弱加餐　奶酪

中大班

体弱加餐　奶酪

早点	牛奶	中班110ml　大班120ml
	点心	花式饼干　7-8g
午餐	主食	白米饭　中班大米60g　大班大米70g
	菜品	四宝鸭腿　鸭腿40g　蟹味菇10g　胡萝卜10g　牛油果15g
		茭白青椒　青椒10g　茭白60g
		粉蒸肉　腿肉10g
	汤羹	菜心豆腐衣肋排汤　菜心10g　豆腐衣4g　肋排7g
午点	点心	花生鸡蛋卷　花生酱3g　鸡蛋8g　自发粉25g
		枸杞百合银耳羹　枸杞1g　百合3g　银耳2g
	水果	红提　50g
晚餐	菜品	鲜汁蛋卷　鸡蛋25g　肉糜25g　软米饭　大米60g
		上汤娃娃菜　娃娃菜70g
		番茄木耳冬瓜汤　番茄20g　冬瓜10g　木耳2g
睡前	牛奶	150-180ml

星期五

托小班

早点	牛奶	100ml
	点心	花式饼干　5-6g
午餐	主食	农家菜饭（咸肉　鲜肉　青菜　粟米　海鲜菇）
		大米55g　咸肉6g　夹心肉25g　青菜55g　粟米10g　海鲜菇10g
	菜品	韭黄炒蛋　韭黄15g　鸭蛋15g
	汤羹	山药枸杞鸽子厚百叶汤　山药10g　枸杞1g　鸽子10g　厚百叶6g
午点	点心	冰糖红枣小米羹　冰糖2g　红枣2g　小米5g
		香蕉春卷　春卷皮10g　香蕉15g　芝士3g
	水果	帝王蕉　50g
晚餐	菜品	杏鲍菇炒鸡片　杏鲍菇10g　鸡胸肉40g　上汤米苋　米苋90g　皮蛋5g
		鱼片粉皮汤　青鱼片10g　粉皮5g　软米饭　大米55g
睡前	牛奶	150-180ml

体弱加餐　小素鸡

中大班

早点	牛奶	110ml-120ml
	点心	花式饼干　7-8g
午餐	主食	农家菜饭（咸肉　鲜肉　青菜　粟米　海鲜菇）
		大米65g　咸肉6g　夹心肉25g　青菜55g　粟米10g　海鲜菇10g
	菜品	韭黄炒蛋　韭黄15g　鸭蛋15g
	汤羹	山药枸杞鸽子厚百叶汤　山药10g　枸杞1g　鸽子10g　厚百叶6g
午点	点心	冰糖红枣小米羹　冰糖2g　红枣2g　小米5g
		香蕉春卷　春卷皮10g　香蕉15g　芝士3g
	水果	帝王蕉　50g
晚餐	菜品	杏鲍菇炒鸡片　杏鲍菇10g　鸡胸肉40g　上汤米苋　米苋90g　皮蛋5g
		鱼片粉皮汤　青鱼片10g　粉皮5g　软米饭　大米60g
睡前	牛奶	150-180ml

体弱加餐　小素鸡

全天候带量食谱四月第四周

（中大班、托小班）

星期一

托小班

过敏食谱　芹菜猪肉馄饨
体弱加餐　小刀切

早点	牛奶	100ml
	点心	花式饼干　5-6g
午餐	主食	馄饨　馄饨皮40g
	菜品	双糯甜饭　糯米5g　血糯米5g　大米5g　杏花楼豆沙8g
		芹菜猪肉馄饨　香芹30g　青菜40g　夹心肉30g　胡萝卜10g　鸡蛋5g　开洋1g　干香菇1g
午点	点心	荠菜牛肉粥　荠菜10g　牛肉丝8g　大米10g
		蔓越莓曲奇　蔓越莓曲奇10g
	水果	金桔　50g
晚餐	菜品	菠萝饭　菠萝10g　蟹肉5g　草鸡蛋20g　青豆5g　黄甜椒5g　胡萝卜5g　大米55g
		蒜苗鸡心　鸡心10g　蒜苗15g
		虾皮生菜　虾皮1g　生菜35g
		山药乳鸽腐竹汤　山药10g　乳鸽10g
		腐竹5g
睡前	牛奶	150-180ml

中大班

早点	牛奶	110ml-120ml
	点心	花式饼干　7-8g
午餐	主食	馄饨　馄饨皮45g
	菜品	双糯甜饭　糯米5g　血糯米5g　大米5g　杏花楼豆沙8g
		芹菜猪肉馄饨　香芹30g　青菜40g　夹心肉35g　胡萝卜10g　鸡蛋5g　开洋1g　干香菇1g
午点	点心	荠菜牛肉粥　荠菜10g　牛肉丝8g　大米15g
		蔓越莓曲奇　蔓越莓曲奇10g
	水果	金桔　50g
晚餐	菜品	菠萝饭　菠萝10g　蟹肉5g　草鸡蛋20g　青豆5g
		黄甜椒5g　胡萝卜5g　大米60g
		蒜苗鸡心　鸡心10g　蒜苗15g　虾皮生菜　虾皮1g　生菜35g
		山药乳鸽腐竹汤　山药10g　乳鸽10g　腐竹5g
睡前	牛奶	150-180ml

过敏食谱　芹菜猪肉馄饨
体弱加餐　小刀切

星期二

托小班

早点	牛奶	100ml
	点心	花式饼干　5-6g
午餐	主食	小米饭　小米5g　托班大米45g
		小班大米50g
	菜品	松仁笋壳鱼　松子仁5g
		笋壳鱼50g
		番茄炒蛋　番茄20g　草鸡蛋25g　蒜泥紫角叶　大蒜头2g　紫角叶65g
	汤羹	金针肥牛粉丝汤　香菜5g　金针菇8g　肥牛5g　粉丝2g
午点	点心	双色蝴蝶卷　面粉20g　菠菜2g　紫甘蓝2g
		奶香玉米浓汤　玉米粒10g　洋葱2g　黄油2g　奶酪5g　淡奶油5g
	水果	蓝莓　50g
晚餐	菜品	多彩鸡块　鸡腿20g　干香菇3g　胡萝卜5g　莴笋5g
		南瓜蛋皮卷　南瓜10g　草鸡蛋15g　清炒豆苗　豆苗20g
		素罗宋汤　卷心菜5g　洋葱5g　番茄5g　番茄酱10g
		软米饭　大米55g
睡前	牛奶	150-180ml

过敏食谱　松仁鸭丁
体弱加餐　小白干

中大班

过敏食谱　松仁鸭丁
体弱加餐　小白干

早点	牛奶	110ml-120ml
	点心	花式饼干　7-8g
午餐	主食	小米饭　小米5g　中班大米55g　大班大米65g
	菜品	松仁笋壳鱼　松子仁5g　笋壳鱼50g
		番茄炒蛋　番茄20g　草鸡蛋25g
		蒜泥紫角叶　大蒜头2g　紫角叶65g
	汤羹	金针肥牛粉丝汤　香菜5g　金针菇8g　肥牛5g　粉丝2g
午点	点心	双色蝴蝶卷　面粉25g　菠菜2g　紫甘蓝2g
		奶香玉米浓汤　玉米粒10g　洋葱2g　黄油2g　奶酪5g　淡奶油5g
	水果	蓝莓　50g
晚餐	菜品	多彩鸡块　鸡腿20g　干香菇3g　胡萝卜5g　莴笋5g
		南瓜蛋皮卷　南瓜10g　草鸡蛋15g　清炒豆苗　豆苗20g
		素罗宋汤　卷心菜5g　洋葱5g　番茄5g　番茄酱10g
		软米饭　大米60g
睡前	牛奶	150-180ml

星期三

托小班

早点	牛奶	100ml
	点心	花式饼干　5-6g
午餐	主食	软米饭　托班大米50g　小班大米55g
	菜品	板栗鸡丁　板栗肉10g　鸡丁40g　红米苋豆腐衣　红米苋45g　豆腐衣5g
		培根花菜　培根10g　花菜50g
	汤羹	丝瓜蟹味菇蛋花汤　丝瓜10g　蟹味菇5g　鸭蛋5g
午点	点心	自制香菇笋丁烧卖　烧卖皮10g　糯米15g　夹心肉糜5g　干香菇1g　青豆5g　竹笋5g
		红豆薏仁汤　红豆5g　薏米仁5g　冰糖2g
	水果	海南千禧　50g
晚餐	菜品	盐水虾　草虾15g
		茶树菇烧仔排　茶树菇5g　肋排20g
		上汤菜心　广东菜心35g　培根2g
		菠菜鱼丸粉丝汤　菠菜10g　鱼丸5g
		粉丝10g
		软米饭　大米55g
睡前	牛奶	150-180ml

体弱加餐　鸭蛋

中大班

早点	牛奶	中班110ml　大班120ml
	点心	花式饼干　7-8g
午餐	主食	软米饭　中班大米60g　大班大米70g
	菜品	板栗鸡翅　板栗肉10g　鸡翅45g　红米苋豆腐衣　红米苋45g　豆腐衣5g
		培根花菜　培根10g　花菜50g
	汤羹	丝瓜蟹味菇蛋花汤　丝瓜10g　蟹味菇5g　鸭蛋5g
午点	点心	自制香菇笋丁烧卖　烧卖皮10g　糯米15g　夹心肉糜5g
		干香菇1g　青豆5g　竹笋5g
		红豆薏仁汤　红豆5g　薏米仁5g　冰糖2g
	水果	海南千禧　50g
晚餐	菜品	盐水虾　草虾15g
		茶树菇烧仔排　茶树菇5g　肋排20g
		上汤菜心　广东菜心35g　培根2g
		菠菜鱼丸粉丝汤　菠菜10g　鱼丸5g　粉丝10g
		软米饭　大米60g
睡前	牛奶	150-180ml

体弱加餐　鸭蛋

星期四

托小班

早点　牛奶　100ml

　　　点心　花式饼干　5-6g

午餐　主食　燕麦饭　燕麦米5g　托班大米45g　小班大米50g

　　　菜品　香椿炒蛋　香椿10g　草鸡蛋30g

　　　　　　鱼香肉丝　茭白10g　胡萝卜5g　梅肉15g

　　　　　　芦笋炒山药　芦笋45g　山药20g

　　　汤羹　娃娃菜虾仁豆腐汤　娃娃菜15g　青虾仁5g　绢豆腐20g

午点　点心　桂花酒酿小圆子　酒酿5g　糖桂花2g　小汤圆10g　山芋5g

　　　　　　自制韭菜蒸饺　饺子皮10g　韭菜10g　肉糜5g　豆腐干5g

　　　水果　小蜜柑　50g

晚餐　菜品　五香鸡胗肝　鸡胗10g　老豆腐烩牛肉末　老豆腐5g　草鸡蛋10g　夹心牛肉15g

　　　　　　蒜泥胡萝卜炒黄瓜　大蒜头0.5g　胡萝卜5g　黄瓜30g

　　　　　　黑木耳山药筒骨汤　木耳3g　山药10g　筒骨10g

　　　　　　软米饭　大米55g

睡前　牛奶　150-180ml

过敏食谱　娃娃菜豆腐汤
体弱加餐　花卷

中大班

早点　牛奶　110ml-120ml

　　　点心　花式饼干　7-8g

午餐　主食　燕麦饭　燕麦米5g　大班大米55g

　　　　　　　　　　大班大米65g

　　　菜品　香椿炒蛋　香椿10g　草鸡蛋30g

　　　　　　鱼香肉丝　茭白10g　胡萝卜5g　梅肉20g

　　　　　　芦笋炒山药　芦笋45g　山药20g

　　　汤羹　娃娃菜虾仁豆腐汤　娃娃菜15g　青虾仁5g　绢豆腐20g

午点　点心　桂花酒酿小圆子　酒酿5g　糖桂花2g　小汤圆15g　山芋5g

　　　　　　自制韭菜蒸饺　饺子皮10g　韭菜10g　肉糜5g　豆腐干5g

　　　水果　小蜜柑　50g

晚餐　菜品　五香鸡胗肝　鸡胗10g

　　　　　　老豆腐烩牛肉末　老豆腐5g　草鸡蛋10g　夹心牛肉15g

　　　　　　蒜泥胡萝卜炒黄瓜　大蒜头0.5g　胡萝卜5g　黄瓜30g

　　　　　　黑木耳山药筒骨汤　木耳3g　山药10g　筒骨10g

　　　　　　软米饭　大米60g

睡前　牛奶　150-180ml

过敏食谱　娃娃菜豆腐汤
体弱加餐　花卷

星期五

托小班

早点	牛奶	100ml
	点心	花式饼干 5-6g
午餐	主食	炒饭 大米55g
	菜品	风味牛肉炒饭 牛腱子25g 土豆15g 牛心菜40g 杂菜10g
		茄汁鹌鹑蛋 番茄酱8g 鹌鹑蛋10g
	汤羹	红枣菌菇鸡汤 无核红枣2g 虫草花2g 香菇8g 草鸡20g
午点	点心	热狗包 热狗包20g
		柠檬蜂蜜水 柠檬8g 蜂蜜5g
	水果	葡萄 50g
晚餐	菜品	清蒸鱼丸 鲈鱼35g
		京酱肉丝 胡萝卜5g 黄瓜5g
		京葱2g 肉丝10g
		地三鲜 茄子30g 土豆15g
		薄皮椒10g
		油菜豆腐衣蛋花汤 油菜10g
		草鸡蛋10g
		豆腐衣3g
		软米饭 大米55g
睡前	牛奶	150-180ml

过敏食谱 清蒸肉丸
体弱加餐 龙利鱼

中大班

过敏食谱 清蒸肉丸
体弱加餐 龙利鱼

早点	牛奶	中班110ml 大班120ml
	点心	花式饼干 7-8g
午餐	主食	炒饭 大米65g
	菜品	风味牛肉炒饭 牛腱子30g 土豆15g 牛心菜40g 杂菜10g
		茄汁鹌鹑蛋 番茄酱8g 鹌鹑蛋10g
	汤羹	红枣菌菇鸡汤 无核红枣2g 虫草花2g 香菇8g 草鸡20g
午点	点心	热狗包 热狗包30g 柠檬蜂蜜水 柠檬8g 蜂蜜5g
	水果	葡萄 50g
晚餐	菜品	清蒸带鱼 东海带鱼35g
		京酱肉丝 胡萝卜5g 黄瓜5g 京葱2g 肉丝10g
		地三鲜 茄子30g 土豆15g 薄皮椒10g
		油菜豆腐衣蛋花汤 油菜10g 草鸡蛋10g 豆腐衣3g
		软米饭 大米60g
睡前	牛奶	150-180ml

 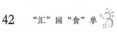

四月份膳食营养分析及小结

（记账法膳食调查评价）

平衡膳食五项标准：

1 热量摄入量占供给量85%—90%为中等，90%以上为好。蛋白质占供给量80%以上。

蛋白质
平均每人摄入量：**50.68**
占平均供给量(%)：**106.92%**

0%　　　　80%

热量
平均每人摄入量：**1377.06**
占平均供给量(%)：**91.68%**

0%　　　　85%　90%

2 蛋白质、脂肪、碳水化合物重量比值为1：1：4-5

3 三大营养素产热量占总热量：蛋白质12-15%，脂肪25-30%，碳水化合物50%-60%：

④ 动物蛋白+豆类蛋白质的摄入量>50%

⑤ 动物食品的热量+豆类食品的热量摄入量>20%

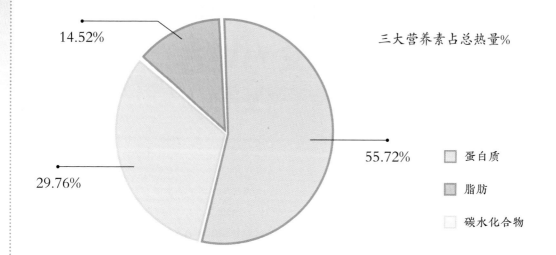

三大营养素占总热量%

14.52%

55.72%

29.76%

- 蛋白质
- 脂肪
- 碳水化合物

	蛋白质	脂肪	碳水化合物
平均每人每日摄入量(克)	50.68	46.17	194.46
比值	1	0.91	3.84
三大营养素产热量(千卡)	202.72	415.53	777.84

动物蛋白+豆类蛋白

摄入量: **30.1**
占总蛋白%: **59.39%**

0%　　　　50%

动物热量+豆类热量

摄入量: **403.16**
占总热量%: **29.28%**

0%　　　　20%

全天候带量食谱五月第一周

（中大班、托小班）

星期一

过敏食谱　小肉丸
　　　　　白玉菇炒方腿
　　　　　番茄鸡蛋冬瓜汤
体弱加餐　盐水牛肉

托小班

早点	牛奶	100ml
	点心	花式饼干　5-6g
午餐	主食	芝麻饭　黑芝麻2g　托班大米50g　小班大米55g
	菜品	肉糜蒸蛋　番茄酱2g　鸡蛋20g　夹心肉25g　卷心菜胡萝卜　卷心菜65g　胡萝卜5g
		家常豆腐（木耳、白玉菇、方腿）　内酯豆腐20g　白玉菇5g　黑木耳1g　方腿5g
	汤羹	番茄海带冬瓜汤　番茄15g　海带2g　冬瓜10g
午点	点心	黑糯米糕　黑糯米糕20g　冰糖陈皮菊花水　干菊花0.5g　冰糖2g　陈皮干0.5g
	水果	青提　50g
晚餐	菜品	红烧羊肉面（胡萝卜、青菜、洋葱、大蒜叶）
		羊肉30g　胡萝卜5g　洋葱白皮5g　青菜42g
		大蒜叶5g　面条50g
		小香干　小香干10g
睡前	牛奶	150-180ml

中大班

早点	牛奶	110ml-120ml
	点心	花式饼干　7-8g
午餐	主食	芝麻饭　黑芝麻2g　中班大米60g　大班大米70g
	菜品	鸳鸯蛋　番茄酱2g　鸡蛋25g　夹心肉25g　卷心菜胡萝卜　卷心菜65g　胡萝卜5g
		家常豆腐（木耳、白玉菇、方腿）　内酯豆腐20g　白玉菇5g　黑木耳1g　方腿2g
	汤羹	番茄海带冬瓜汤　番茄15g　海带2g　冬瓜10g
午点	点心	黑糯米糕　黑糯米糕25g
		冰糖陈皮菊花水　干菊花0.5g　冰糖2g　陈皮干0.5g
	水果	青提　50g
晚餐	菜品	红烧羊肉面（胡萝卜、青菜、洋葱、大蒜叶）
		羊肉30g　胡萝卜5g　洋葱白皮5g　青菜42g　大蒜叶5g　面条55g
		小香干　小香干10g
睡前	牛奶	150-180ml

过敏食谱　小肉丸
　　　　　白玉菇炒方腿
　　　　　番茄鸡蛋冬瓜汤
体弱加餐　盐水牛肉

星期二

托小班

早点	牛奶	100ml
	点心	花式饼干　5-6g
午餐	主食	山芋饭　山芋5g　托班大米45g
		小班大米50g
	菜品	茄汁虾仁　番茄酱5g　虾仁20g
		菜心蘑菇　青菜60g　蘑菇5g
		腐竹烧小肉　腐竹8g　夹心肉20g
	汤羹	草头粟米竹荪汤　粟米10g　草头8g　竹荪1g
午点	点心	鲜汤小馄饨（荠菜、猪肉、蛋皮、紫菜、虾皮）
		荠菜10g　馄饨皮20g　肉糜8g　草鸡蛋3g　紫菜0.5g　虾皮1g
	水果	玫瑰葡萄　50g
晚餐	菜品	糖醋肉排　肋排25g
		西蓝花胡萝卜炒蛋　西蓝花50g　胡萝卜5g　鸡蛋15g
		鲫鱼豆腐汤　鲫鱼5g　豆腐10g
		海苔拌饭　海苔拌饭碎3g　大米52g
睡前	牛奶	150-180ml

> **过敏食谱**　茄汁鸡丁
> 红烧小肉
> 丝瓜粟米汤
> 荠菜肉小馄饨
> **体弱加餐**　酱爆鸭血

中大班

> **过敏食谱**　茄汁鸡丁
> 红烧小肉
> 丝瓜粟米汤
> 荠菜肉小馄饨
> **体弱加餐**　酱爆鸭血

早点	牛奶	110ml-120ml
	点心	花式饼干　7-8g
午餐	主食	山芋饭　山芋5g　中班大米55g　大班大米65g
	菜品	茄汁大虾　番茄酱5g　草虾30g
		菜心蘑菇　青菜60g　蘑菇5g
		腐竹烧小肉　腐竹8g　夹心肉20g
	汤羹	草头粟米竹荪汤　粟米10g　草头8g　竹荪1g
午点	点心	鲜汤小馄饨（荠菜、猪肉、蛋皮、紫菜、虾皮）
		荠菜10g　馄饨皮20g　肉糜8g　草鸡蛋3g　紫菜0.5g　虾皮1g
	水果	玫瑰葡萄　50g
晚餐	菜品	糖醋肉排　肋排25g
		西蓝花胡萝卜炒蛋　西蓝花50g　胡萝卜5g　鸡蛋15g
		鲫鱼豆腐汤　鲫鱼5g　豆腐10g
		海苔拌饭　海苔拌饭碎3g　大米57g
睡前	牛奶	150-180ml

星期三

托小班

早点	牛奶	100ml
	点心	花式饼干　5-6g
午餐	主食	面食　河粉40g
	菜品	干炒河粉　韭菜30g　腿肉25g　绿豆芽10g　蘑菇10g　鸭蛋15g
		黑木耳1g　豆腐干15g
		豆沙馒头　豆沙包10g
	汤羹	咖喱土豆方腿青豆汤　咖喱粉2g　土豆10g　方腿5g　青豆10g
		蔬菜山药饼　粟米5g　山药15g　胡萝卜5g
午点	点心	菠菜牛肉粥　菠菜5g　牛肉丝10g　大米20g
	水果	猕猴桃　50g
晚餐	菜品	清蒸带鱼　带鱼25g
		蒜香茄子煲　茄子40g　肉糜5g
		娃娃菜鱼圆粉丝汤　娃娃菜5g
		鱼丸5g
		粉丝5g
		米饭　大米55g
睡前	牛奶	150-180ml

过敏食谱　银芽肉丝河粉
体弱加餐　椰丝球

中大班

早点	牛奶	110ml-120ml
	点心	花式饼干　7-8g
午餐	主食	面食　河粉50g
	菜品	干炒河粉　韭菜25g　腿肉30g　绿豆芽15g　蘑菇10g
		鸭蛋15g　黑木耳1g　豆腐干15g
		豆沙馒头　豆沙包10g
	汤羹	咖喱土豆方腿青豆汤　咖喱粉2g　土豆10g　方腿5g　青豆10g
午点	点心	蔬菜山药饼　粟米5g　山药15g　胡萝卜5g
		菠菜牛肉粥　菠菜5g　牛肉丝10g　大米25g
	水果	猕猴桃　50g
晚餐	菜品	清蒸带鱼　带鱼25g
		蒜香茄子煲　茄子40g　肉糜5g
		娃娃菜鱼圆粉丝汤　娃娃菜5g　鱼丸5g　粉丝5g
		米饭　大米60g
睡前	牛奶	150-180ml

过敏食谱　银芽肉丝河粉
体弱加餐　椰丝球

星期四

托小班

早点	牛奶	100ml
	点心	花式饼干　5-6g
午餐	主食	荞麦饭　荞麦5g　托班大米45g　小班大米50g
	菜品	宫保鸡丁　黄瓜10g　鸡丁35g　胡萝卜5g　白豆干10g
		鲍汁香菇　干香菇10g　蚝油1g　鲍鱼汁1g　肉糜5g
		花菜木耳　花菜60g　黑木耳1g
	汤羹	香菜昂剌鱼豆腐汤　香菜2g　昂剌鱼10g　内酯豆腐15g
午点	点心	巧克力奶酪花卷　巧克力粉3g　奶酪5g　自发粉20g
		薏米百合水　薏米10g　百合干2g
	水果	小香蕉　50g
晚餐	菜品	梅干菜烧肉　梅干菜10g　五花肉25g
		丝瓜油面筋炒海鲜菇　丝瓜45g　油面筋5g　海鲜菇5g
		毛菜蹄膀汤　鸡毛菜5g　蹄膀5g
		米饭　大米55g
睡前	牛奶	150-180ml

过敏食谱　香菜木耳豆腐汤
体弱加餐　旺旺仙贝

中大班

早点	牛奶	110ml-120ml
	点心	花式饼干　7-8g
午餐	主食	荞麦饭　荞麦5g　中班大米55g　大班大米65g
	菜品	宫爆鸡翅　黄瓜10g　鸡翅40g　胡萝卜5g　白豆干10g　花菜木耳　花菜60g　黑木耳1g
	汤羹	香菜昂剌鱼豆腐汤　香菜2g　昂剌鱼10g　内酯豆腐15g
午点	点心	巧克力奶酪花卷　巧克力粉3g　奶酪5g　自发粉20g　薏米百合水　薏米10g　百合干2g
	水果	小香蕉　50g
晚餐	菜品	梅干菜烧肉　梅干菜10g　五花肉25g　丝瓜油面筋炒海鲜菇　丝瓜45g　油面筋5g　海鲜菇5g
		毛菜蹄膀汤　鸡毛菜5g　蹄膀5g　米饭　大米60g
睡前	牛奶	150-180ml

过敏食谱　香菜木耳豆腐汤
体弱加餐　旺旺仙贝

鲍汁香菇　干香菇10g　蚝油1g　鲍鱼汁1g　肉糜5g

星期五

托小班

早点	牛奶	100ml
	点心	花式饼干　5-6g
午餐	主食	炒饭　大米55g
	菜品	海鲜炒饭（鲜贝、青豆、目鱼、莴笋、彩椒、海鲜酱、洋葱、胡萝卜）
		鲜贝15g　目鱼15g　肉丝10g　莴笋45g　洋葱白皮15g　红椒8g　黄椒8g　青豆10g　海鲜酱2g　胡萝卜10g
	汤羹	蓬蒿菜干丝骨头汤　蓬蒿菜10g　扬州干丝10g　骨头10g
午点	点心	蔓越莓核桃蜂糕　自发粉20g　核桃粉5g　蔓越莓干3g
		黄桃蜜瓜枸杞桃胶羹　冰糖1g　枸杞1g　黄桃10g　羊角蜜瓜25g　桃胶1.5g
	水果	圣女果　50g
晚餐	菜品	茶树菇炒牛柳　茶树菇5g　牛柳25g　　米苋炒百叶　米苋46g　百叶5g
		土豆蛋汤　土豆5g　鸡蛋10g　米饭　大米55g
睡前	牛奶	150-180ml

过敏食谱　肉丝莴笋炒饭
体弱加餐　卤豆卷

中大班

过敏食谱　肉丝莴笋炒饭
体弱加餐　卤豆卷

早点	牛奶	110ml-120ml
	点心	花式饼干　7-8g
午餐	主食	炒饭　大米60g
	菜品	海鲜炒饭（鲜贝、青豆、目鱼、莴笋、彩椒、海鲜酱、洋葱、胡萝卜）
		鲜贝15g　目鱼15g　肉丝10g　莴笋45g　洋葱白皮15g　红椒8g
		黄椒8g　青豆10g　海鲜酱2g　胡萝卜10g
	汤羹	蓬蒿菜干丝骨头汤　蓬蒿菜10g　扬州干丝10g　骨头10g
午点	点心	蔓越莓核桃蜂糕　自发粉20g　核桃粉5g　蔓越莓干3g
		黄桃蜜瓜枸杞桃胶羹　冰糖1g　枸杞1g　黄桃10g　羊角蜜瓜25g
		桃胶1.5g
	水果	圣女果　50g
晚餐	菜品	茶树菇炒牛柳　茶树菇5g　牛柳25g
		米苋炒百叶　米苋46g　百叶5g
		土豆蛋汤　土豆5g　鸡蛋10g
		米饭　大米60g
睡前	牛奶	150-180ml

全天候带量食谱五月第二周

（中大班、托小班）

星期一

托小班

早点	牛奶	100ml
	点心	花式饼干　5-6g
午餐	主食	软米饭　托班大米50g　小班大米55g
	菜品	洋葱鳝丝　白皮洋葱10g　鳝丝30g　　盐水鹌鹑蛋　鹌鹑蛋12g　　空心菜炒豆干　空心菜70g　香干5g
	汤羹	荠菜肉糜豆腐羹　荠菜10g　肉糜5g　绢豆腐20g
午点	点心	自制蛋挞　蛋挞皮10g　牛奶4g　淡奶油3g　炼乳0.5g　鸡蛋3g
		什锦疙瘩汤　鸡胸肉5g　杂菜5g　面疙瘩15g
	水果	海南千禧　50g
晚餐	菜品	多彩鸡丝　鸡胸肉15g　草鸡蛋30g
		胡萝卜5g　红甜椒10g
		莴笋10g　干香菇2g
		芥蓝炒木耳　黑木耳1g　芥蓝45g
		冬瓜干贝汤　冬瓜10g　干贝2.5g
		软米饭　大米55g
睡前	牛奶	150-180ml

中大班

早点	牛奶	110ml-120ml
	点心	花式饼干　7-8g
午餐	主食	软米饭　中班大米60g　大班大米70g
	菜品	洋葱鳝丝　白皮洋葱10g　鳝丝30g　　盐水鹌鹑蛋　鹌鹑蛋12g　　空心菜炒豆干　空心菜70g　香干5g
	汤羹	荠菜肉糜豆腐羹　荠菜10g　肉糜5g　绢豆腐20g
午点	点心	自制蛋挞　蛋挞皮10g　牛奶4g　淡奶油3g　炼乳0.5g　鸡蛋3g
		什锦疙瘩汤　鸡胸肉5g　杂菜5g　面疙瘩15g
	水果	海南千禧　50g
晚餐	菜品	多彩鸡丝　鸡胸肉15g　草鸡蛋30g　胡萝卜5g　红甜椒10g
		莴笋10g　干香菇2g
		芥蓝炒木耳　黑木耳1g　芥蓝45g　　冬瓜干贝汤　冬瓜10g　干贝2.5g
		软米饭　大米60g
睡前	牛奶	150-180ml

星期二

托小班

早点　牛奶　100ml

　　　点心　花式饼干　5-6g

午餐　主食　小米饭　小米5g　托班大米45g　小班大米50g

　　　菜品　目鱼烧肉丁　目鱼10g　腿肉25g　娃娃菜厚百叶　娃娃菜70g　厚百叶10g

　　　　　　葱爆牛肉丝　洋葱白皮15g　五香牛肉丝9g

　　　汤羹　油麦菜胡萝卜鸡蛋汤　油麦菜10g　胡萝卜3g　鸡蛋6g

午点　点心　黑芝麻糊　黑芝麻2g　黑芝麻糊13g

　　　　　　豆沙包　豆沙10g　自发粉20g

　　　水果　青提　50g

晚餐　菜品　清蒸龙利鱼　龙利鱼40g

　　　　　　豇豆茄条肉末　豇豆25g　茄子20g　夹心肉糜5g

　　　　　　菠菜贡丸汤　菠菜15g　贡丸15g　软米饭　大米55g

睡前　牛奶　150-180ml

过敏食谱　鹌鹑蛋烧肉
体弱加餐　糖醋肉圆

中大班

早点　牛奶　110ml-120ml

　　　点心　花式饼干　7-8g

午餐　主食　小米饭　小米5g　中班大米55g　大班大米65g

　　　菜品　目鱼烧肉　目鱼10g　腿肉25g

　　　　　　娃娃菜厚百叶　娃娃菜70g　厚百叶10g

　　　　　　葱爆牛肉丝　洋葱白皮15g　五香牛肉丝9g

　　　汤羹　油麦菜胡萝卜鸡蛋汤　油麦菜10g　胡萝卜3g　鸡蛋6g

午点　点心　黑芝麻糊　黑芝麻2g　黑芝麻糊13g

　　　　　　豆沙包　豆沙10g　自发粉25g

　　　水果　青提　50g

晚餐　菜品　清蒸带鱼　东海带鱼40g

　　　　　　豇豆茄条肉末　豇豆25g　茄子20g　夹心肉糜5g

　　　　　　菠菜贡丸汤　菠菜15g　贡丸15g　软米饭　大米60g

睡前　牛奶　150-180ml

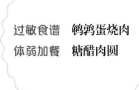

过敏食谱　鹌鹑蛋烧肉
体弱加餐　糖醋肉圆

星期三

托小班

早点	牛奶	100ml
点心	花式饼干 5-6g
午餐	主食	面食 紫米糕10g 面条40g
	菜品	青菜肉丝开洋面 青菜68g 胡萝卜10g 粟米10g 白玉菇6g 木耳1g 鸡蛋7g 肉丝15g 开洋3g
		黄金虾球 虾球15g
午点	点心	豆苗鸡丝蛋花粥 豆苗5g 鸡丝6g 鸡蛋15g 大米20g
		卤汁干 白豆干15g
	水果	小香蕉 50g
晚餐	菜品	五福水饺 芹菜50g 粟米10g 夹心肉糜10g 虾仁10g
		胡萝卜10g 水饺皮40g
		鸡肝5g 草鸡蛋10g
		扬州粽子饭 肋条肉5g 青豆10g
		糯米15g
睡前	牛奶	150-180ml

过敏食谱 青菜肉丝蛋花面
体弱加餐 刀切馒头

中大班

早点	牛奶	110ml-120ml
点心	花式饼干 7-8g
午餐	主食	面食 紫米糕10g 面条45g
	菜品	青菜肉丝开洋面 青菜68g 胡萝卜10g 粟米10g
		白玉菇6g 木耳1g 鸡蛋7g
		肉丝15g 开洋3g
		黄金虾球 虾球15g
午点	点心	豆苗鸡丝蛋花粥 豆苗5g 鸡丝6g 鸡蛋15g 大米20g
		卤汁干 白豆干15g
	水果	小香蕉 50g
晚餐	菜品	五福水饺 芹菜50g 粟米10g 夹心肉糜10g
		虾仁10g 胡萝卜10g 水饺皮40g
		鸡肝5g 草鸡蛋10g
		扬州粽子饭 肋条肉5g 青豆10g 糯米20g
睡前	牛奶	150-180ml

过敏食谱 青菜肉丝蛋花面
体弱加餐 刀切馒头

星期四

托小班

早点　牛奶　100ml

　　　点心　花式饼干　5-6g

午餐　主食　燕麦饭　燕麦片5g　托班大米45g　小班大米50g

　　　菜品　陈皮鸭肉丝　鸭胸脯35g　陈皮干2g

　　　　　　五彩西葫芦　西葫芦50g　豆腐皮5g　黑木耳1g　胡萝卜10g　橙味肉丝　脐橙10g　夹心肉10g

　　　汤羹　草头豆腐鸡蛋汤　草头10g　内酯豆腐25g　鸡蛋5g

午点　点心　芡实山楂蜂蜜饮　芡实6g　山楂干2g　蜂蜜3g

　　　　　　果酱卷　果酱8g　自发粉20g

　　　水果　蓝莓　35g

晚餐　菜品　红枣炖乳鸽　乳鸽35g　红枣2.5g

　　　　　　青椒土豆丝　青甜椒10g　土豆50g

　　　　　　菌菇蛤蜊汤　海鲜菇5g　香菇5g

　　　　　　　　　　　　肉丝5g　蛤蜊15g

　　　　　　软米饭　大米55g

睡前　牛奶　150-180ml

过敏食谱

河海鲜：杨梅肉圆

体弱加餐　小白干

中大班

早点　牛奶　110ml-120ml

　　　点心　花式饼干　7-8g

午餐　主食　燕麦饭　燕麦片5g　中班大米55g　大班大米65g

　　　菜品　陈皮鸭腿　鸭腿45g　陈皮干2g

　　　　　　五彩西葫芦　西葫芦50g　豆腐皮5g　黑木耳1g　胡萝卜10g

　　　　　　橙味肉丝　脐橙10g　夹心肉10g

　　　汤羹　草头豆腐鸡蛋汤　草头10g　内酯豆腐25g　鸡蛋5g

午点　点心　芡实山楂蜂蜜饮　芡实6g　山楂干2g　蜂蜜3g

　　　　　　果酱卷　果酱8g　自发粉25g

　　　水果　蓝莓　35g

晚餐　菜品　红枣炖乳鸽　乳鸽35g　红枣2.5g　青椒土豆丝　青甜椒10g　土豆50g

　　　　　　菌菇蛤蜊汤　海鲜菇5g　香菇5g　肉丝5g　蛤蜊15g

　　　　　　软米饭　大米60g

睡前　牛奶　150-180ml

过敏食谱

河海鲜：杨梅肉圆

体弱加餐　小白干

星期五

托小班

早点	牛奶	100ml
	点心	花式饼干　5-6g
午餐	主食	软米饭　托班大米50g
		小班大米55g
	菜品	咖喱牛肉饭　咖喱5g　胡萝卜10g　白皮洋葱10g　土豆15g　西蓝花25g　牛肉25g
		丝瓜炒蛋　丝瓜20g　鸡蛋10g
	汤羹	山药玉米草鸡汤　红枣2g　山药10g　玉米15g　草鸡10g
午点	点心	羊角包　羊角包30g
		冬瓜柠檬百香果茶　冬瓜10g　柠檬3g　百香果7g　红糖2g
	水果	黑提　35g
晚餐	菜品	话梅小肉　话梅糖2g　肉丁35g　虾皮生菜　虾皮1g　生菜50g
		鲫鱼白萝卜汤　白萝卜10g　鲫鱼15g　香菜1g
		软米饭　大米55g
睡前	牛奶	150-180ml

过敏食谱　牛肉白萝卜汤
体弱加餐　瓜子酥

过敏食谱　牛肉白萝卜汤
体弱加餐　瓜子酥

中大班

早点	牛奶	110ml-120ml
	点心	花式饼干　7-8g
午餐	主食	软米饭　中班大米60g　大班大米70g
	菜品	咖喱牛肉饭　咖喱5g　胡萝卜10g　白皮洋葱10g
		土豆15g　西蓝花25g　牛肉25g
		丝瓜炒蛋　丝瓜20g　鸡蛋10g
	汤羹	山药玉米草鸡汤　红枣2g　山药10g　玉米15g　草鸡10g
午点	点心	羊角包　羊角包30g
		冬瓜柠檬百香果茶　冬瓜10g　柠檬3g　百香果7g　红糖2g
	水果	黑提　35g
晚餐	菜品	话梅小肉　话梅糖2g　肉丁35g　虾皮生菜　虾皮1g　生菜50g
		鲫鱼白萝卜汤　白萝卜10g　鲫鱼15g　香菜1g
		软米饭　大米60g
睡前	牛奶	150-180ml

全天候带量食谱五月第三周

（中大班、托小班）

星期一

托小班

体弱加餐　小白干

早点	牛奶	100ml
	点心	花式饼干　5-6g
午餐	主食	荞麦饭　荞麦5g　托班大米45g　小班大米50g
	菜品	糖醋肉丝　猪里脊35g　卷心菜炒油豆腐　卷心菜75g　油豆腐7g
		清蒸鱼丸　鱼丸15g
	汤羹	番茄土豆蛋花汤　番茄15g　土豆10g　草鸡蛋6g
午点	点心	水果茶　金桔5g　苹果10g　生梨10g
		香菇菜包　香菇菜包25g
	水果	帝王蕉　50g
晚餐	菜品	三色鸭块　鸭腿35g　炒青菜　青菜40g
		芙蓉鲜蔬汤　胡萝卜10g　鸡蛋5g
		玉米粒5g
		软米饭　大米55g
睡前	牛奶	150-180ml

中大班

体弱加餐　小白干

早点	牛奶	110ml-120ml
	点心	花式饼干　7-8g
午餐	主食	荞麦饭　荞麦5g　中班大米55g　大班大米65g
	菜品	糖醋肉丝　猪里脊35g　卷心菜炒油豆腐　卷心菜75g　油豆腐7g
		清蒸鱼丸　鱼丸15g
	汤羹	番茄土豆蛋花汤　番茄15g　土豆10g　草鸡蛋6g
午点	点心	水果茶　金桔5g　苹果10g　生梨10g
		香菇菜包　香菇菜包25g
	水果	帝王蕉　50g
晚餐	菜品	三色鸭块　鸭腿35g　炒青菜　青菜40g
		芙蓉鲜蔬汤　胡萝卜10g　鸡蛋5g　玉米粒5g
		软米饭　大米60g
睡前	牛奶	150-180ml

星期二

托小班

早点	牛奶	100ml
	点心	花式饼干　5-6g
午餐	主食	红枣饭　红枣5g　托班大米45g　小班大米50g
	菜品	鳕鱼蒸蛋　鳕鱼15g　玉米粒2g　鸡蛋20g　　平菇炒菜秸　平菇5g　菜秸80g
		腐乳肉丁　肉丁20g　腐乳汁1g
	汤羹	香菜粉皮豆腐汤　香菜5g　粉皮3g　豆腐25g
午点	点心	罗汉果薏米水　罗汉果2g　薏米2g
		葡萄干芝麻卷　葡萄干2g　自发粉20g　芝麻酱7g
	水果	圣女果　50g
晚餐	菜品	咖喱鸡块　咖喱粉2g　鸡翅40g
		芹菜炒香干　芹菜40g　豆腐干5g
		萝卜骨头汤　萝卜5g　骨头5g
		软米饭　大米55g
睡前	牛奶	150-180ml

过敏食谱　肉糜蒸蛋
体弱加餐　葱油小素鸡

中大班

早点	牛奶	110ml-120ml
	点心	花式饼干　7-8g
午餐	主食	红枣饭　红枣5g　中班大米55g　大班大米65g
	菜品	鳕鱼蒸蛋　鳕鱼15g　玉米粒2g　鸡蛋20g
		平菇炒菜秸　平菇5g　菜秸80g
		腐乳肉丁　肉丁20g　腐乳汁1g
	汤羹	香菜粉皮豆腐汤　香菜5g　粉皮3g　豆腐25g
午点	点心	罗汉果薏米水　罗汉果2g　薏米2g
		葡萄干芝麻卷　葡萄干2g　自发粉25g　芝麻酱7g
	水果	圣女果　50g
晚餐	菜品	咖喱鸡块　咖喱粉2g　鸡翅40g
		芹菜炒香干　芹菜40g　豆腐干5g
		萝卜骨头汤　萝卜5g　骨头5g
		软米饭　大米60g
睡前	牛奶	150-180ml

过敏食谱　肉糜蒸蛋
体弱加餐　葱油小素鸡

星期三

托小班

早点	牛奶	100ml
	点心	花式饼干　5-6g
午餐	主食	面食　面疙瘩40g
	菜品	糯米甜饭　血糯米5g　糯米5g
		胡萝鸡蛋面疙瘩（蘑菇、洋葱、肉糜、西蓝花）
		蘑菇5g　胡萝卜10g　洋葱5g　鸡蛋20g　肉糜30g　西蓝花65g
午点	点心	蔬菜干贝粥　草头10g　香菇2g　黑木耳1g　干贝5g　米10g
		素鸭　素鸭15g
	水果	橘子　50g
晚餐	菜品	银鱼炒蛋　银鱼25g　鸡蛋20g
		莴笋炒双菇　莴笋40g　香菇5g　蘑菇5g
		蛋饺粉丝汤　蛋饺3g　粉丝5g　软米饭　大米55g
睡前	牛奶	150-180ml

体弱加餐　奶香馒头

中大班

早点	牛奶	110ml-120ml
	点心	花式饼干　7-8g
午餐	主食	面食　面疙瘩45g
	菜品	糯米甜饭　血糯米5g　糯米5g
		胡萝鸡蛋面疙瘩（蘑菇、洋葱、肉糜、西蓝花）
		蘑菇5g　胡萝卜10g　洋葱5g　鸡蛋20g　肉糜30g
		西蓝花65g
午点	点心	蔬菜干贝粥　草头10g　香菇2g　黑木耳1g　干贝5g　米10g
		素鸭　素鸭15g
	水果	橘子　50g
晚餐	菜品	银鱼炒蛋　银鱼25g　鸡蛋20g
		莴笋炒双菇　莴笋40g　香菇5g　蘑菇5g
		蛋饺粉丝汤　蛋饺3g　粉丝5g　软米饭　大米60g
睡前	牛奶	150-180ml

体弱加餐　奶香馒头

星期四

托小班

早点　牛奶　100ml

　　　点心　花式饼干　5-6g

午餐　主食　玉米糁饭　玉米糁5g　托班大米45g　小班大米50g

　　　菜品　照烧鸡丁　鸡丁30g　照烧酱5g　　韭菜炒百叶丝　韭菜70g　厚百叶10g

　　　　　　虾仁芦笋　虾仁15g　芦笋20g

　　　汤羹　金针菇鸡蛋生菜汤　金针菇3g　鸡蛋6g　生菜7g

午点　点心　奶香杏仁西米露　奶粉10g　小西米3g　杏仁粉1g　蒸南瓜　南瓜25g

　　　水果　红提　50g

晚餐　菜品　清蒸鲈鱼　鲈鱼40g

　　　　　　茭白胡萝卜炒毛豆　茭白40g

　　　　　　　　　　　　　　　胡萝卜5g

　　　　　　　　　　　　　　　毛豆籽5g

　　　　　　山药乳鸽汤　山药5g　鸽子5g

　　　　　　软米饭　大米55g

睡前　牛奶　150-180ml

过敏食谱　芦笋肉片
体弱加餐　南瓜饼

中大班

早点　牛奶　110ml-120ml

　　　点心　花式饼干　7-8g

午餐　主食　玉米饭　玉米糁5g　中班大米55g　大班大米65g

　　　菜品　照烧鸡丁　鸡丁30g　照烧酱5g

　　　　　　韭菜炒百叶丝　韭菜70g　厚百叶10g

　　　　　　虾仁芦笋　虾仁15g　芦笋20g

　　　汤羹　金针菇鸡蛋生菜汤　金针菇3g　鸡蛋6g　生菜7g

午点　点心　奶香杏仁西米露　奶粉10g　小西米3g　杏仁粉1g

　　　　　　蒸南瓜　南瓜25g

　　　水果　红提　50g

晚餐　菜品　清蒸鲈鱼　鲈鱼40g

　　　　　　茭白胡萝卜炒毛豆　茭白40g　胡萝卜5g　毛豆籽5g

　　　　　　山药乳鸽汤　山药5g　鸽子5g　软米饭　大米60g

睡前　牛奶　150-180ml

过敏食谱　芦笋肉片
体弱加餐　南瓜饼

星期五

托小班

早点	牛奶	100ml
	点心	花式饼干　5-6g
午餐	主食	炒饭　大米45g
	菜品	叉烧包　叉烧包10g
		香芹彩色饭（芹菜、方腿、牛腩、洋葱、青豆、豆干）
		芹菜70g　方腿10g　牛腩20g　白皮洋葱10g　青豆5g　豆干10g
	汤羹	蓬蒿菜蛤蜊肉汤　蓬蒿菜10g　蛤蜊肉5g
午点	点心	三丝汤　胡萝卜3g　白萝卜3g　干丝3g
		蛋饼　鸡蛋10g　葱3g　面粉20g
	水果	蓝莓　50g
晚餐	菜品	酱爆基围虾　基围虾40g　　清炒西蓝花　西蓝花40g
		荠菜豆腐羹　荠菜5g　豆腐5g　　软米饭　大米55g
睡前	牛奶	150-180ml

过敏食谱　蓬花菜蛋汤
体弱加餐　酱汁鹌鹑蛋

中大班

早点	牛奶	110ml-120ml
	点心	花式饼干　7-8g
午餐	主食	炒饭　大米50g
	菜品	叉烧包　叉烧包10g
		香芹彩色饭（芹菜、方腿、牛腩、洋葱、青豆、豆干）
		芹菜70g　方腿10g　牛腩20g　白皮洋葱10g　青豆5g　豆干10g
	汤羹	蓬蒿菜蛤蜊肉汤　蓬蒿菜10g　蛤蜊肉5g
午点	点心	三丝汤　胡萝卜3g　白萝卜3g　干丝3g
		蛋饼　鸡蛋10g　葱3g　面粉20g
	水果	蓝莓　50g
晚餐	菜品	酱爆基围虾　基围虾40g
		清炒西蓝花　西蓝花40g
		荠菜豆腐羹　荠菜5g　豆腐5g
		软米饭　大米60g
睡前	牛奶	150-180ml

过敏食谱　蓬花菜蛋汤
体弱加餐　酱汁鹌鹑蛋

全天候带量食谱五月第四周

（中大班、托小班）

星期一

托小班

早点	牛奶	100ml
	点心	花式饼干　5-6g
午餐	主食	赤豆饭　赤豆5g　托班大米45g　小班大米50g
	菜品	清炒虾仁　虾仁30g　　杂蔬鸡肉丸　杂菜2g　鸡肉糜22g
		青菜炒蘑菇　青菜90g　蘑菇5g
	汤羹	番茄西葫芦榨菜汤　番茄8g　西葫芦6g　榨菜3g
午点	点心	豆沙包　豆沙6g　自发粉20g　　茼蒿草菇蹄筋汤　茼蒿5g　草菇2g　蹄筋4g
	水果	黑提　50g
晚餐	菜品	酱鸭腿　鸭腿15g
		炭烤鲳鱼　鲳鱼25g　芝麻5g
		清炒生菜　生菜55g　蚝油1g
		蘑菇玉子汤　蘑菇5g　日本豆腐5g
		软米饭　大米55g
睡前	牛奶	150-180ml

体弱加餐　蜜汁干

中大班

早点	牛奶	110ml-120ml
	点心	花式饼干　7-8g
午餐	主食	赤豆饭　赤豆5g　中班大米55g　大班大米65g
	菜品	盐水虾　基围虾35g　　杂蔬鸡肉丸　杂菜2g　鸡肉糜22g
		青菜炒蘑菇　青菜90g　蘑菇5g
	汤羹	番茄西葫芦榨菜汤　番茄8g　西葫芦6g　榨菜3g
午点	点心	豆沙包　豆沙6g　自发粉25g
		茼蒿草菇蹄筋汤　茼蒿5g　草菇2g　蹄筋4g
	水果	黑提　50g
晚餐	菜品	酱鸭腿　鸭腿15g　　炭烤鲳鱼　鲳鱼25g　芝麻5g
		清炒生菜　生菜55g　蚝油1g　　蘑菇玉子汤　蘑菇5g　日本豆腐5g
		软米饭　大米60g
睡前	牛奶	150-180ml

体弱加餐　蜜汁干

星期二

托小班

早点	牛奶	100ml
	点心	花式饼干　5-6g
午餐	主食	水饺　水饺皮子40g
		紫薯包　紫薯包10g
	菜品	白菜猪肉水饺　白菜80g　夹心肉35g　鸡蛋10g　香菇2g　胡萝卜5g　开洋2g
午点	点心	卤汁干　卤汁干10g
		红枣南瓜粥　无核红枣4g　南瓜8g　糯米5g　大米15g　冰糖3g
	水果	小番茄　50g
晚餐	菜品	泰式鲜虾烩饭　大头虾30g　鱿鱼花10g　番茄5g
		西芹40g　柠檬10g　红椒5g　芝士15g
		田园蔬菜汤　秀珍菇5g　裙带菜2g　山药5g
		软米饭　大米55g
睡前	牛奶	150-180ml

过敏食谱　玉米牛肉水饺
体弱加餐　桂花糕

中大班

早点	牛奶	110ml-120ml
	点心	花式饼干　7-8g
午餐	主食	水饺　水饺皮子45g　紫薯包　紫薯包10g
	菜品	白菜猪肉水饺　白菜80g　夹心肉40g　鸡蛋10g　香菇2g
		胡萝卜5g　开洋2g
午点	点心	卤汁干　卤汁干10g
		红枣南瓜粥　无核红枣4g　南瓜8g　糯米5g　大米20g　冰糖3g
	水果	小番茄　50g
晚餐	菜品	泰式鲜虾烩饭　大头虾30g　鱿鱼花10g　番茄5g
		西芹40g　柠檬10g　红椒5g　芝士15g
		田园蔬菜汤　秀珍菇5g　裙带菜2g　山药5g
		软米饭　大米60g
睡前	牛奶	150-180ml

过敏食谱　玉米牛肉水饺
体弱加餐　桂花糕

星期三

托小班

| 早点 | 牛奶 | 100ml |
| 点心 | 花式饼干 | 5-6g |

午餐　主食　小米饭　小米5g　托班大米45g　小班大米50g

　　　菜品　双菇肉丝　蟹味菇2g　杏鲍菇2g　肉丝20g

　　　　　　糖醋芝麻龙利鱼　白芝麻0.5g　龙利鱼30g

　　　　　　西芹百合　西芹85g　百合5g

　　　汤羹　草头山药汤　草头6g　山药8g

午点　点心　自制培根花卷　自发粉20g　香葱2g　胡萝卜4g　培根4g　　热柠菊茶　柠檬3g　菊花0.5g　冰糖3g

　　　水果　小芭蕉　50g

晚餐　菜品　杏鲍菇牛肉粒　黑胡椒1g　牛里脊20g　杏鲍菇5g

　　　　　　白菜炖蛋饺　白菜10g　鸡蛋5g　夹心肉10g

　　　　　　蘑菇炒青菜　青菜50g　蘑菇2g

　　　　　　昂刺鱼豆腐汤　昂刺鱼5g　豆腐20g

　　　　　　软米饭　大米55g

睡前　牛奶　150-180ml

过敏食谱　**糖醋鲈鱼**
体弱加餐　**五香鹌鹑蛋**

中大班

| 早点 | 牛奶 | 110ml-120ml |
| 点心 | 花式饼干 | 7-8g |

午餐　主食　小米饭　小米5g　中班大米55g　大班大米65g

　　　菜品　双菇肉丝　蟹味菇2g　杏鲍菇2g　肉丝20g

　　　　　　糖醋芝麻龙利鱼　白芝麻0.5g　龙利鱼30g

　　　　　　西芹百合　西芹85g　百合5g

　　　汤羹　草头山药汤　草头6g　山药8g

午点　点心　自制培根花卷　自发粉25g　香葱2g　胡萝卜4g　培根4g

　　　　　　热柠菊茶　柠檬3g　菊花0.5g　冰糖3g

　　　水果　小芭蕉　50g

晚餐　菜品　杏鲍菇牛肉粒　黑胡椒1g　牛里脊20g　杏鲍菇5g

　　　　　　白菜炖蛋饺　白菜10g　鸡蛋5g　夹心肉10g

　　　　　　蘑菇炒青菜　青菜50g　蘑菇2g

　　　　　　昂刺鱼豆腐汤　昂刺鱼5g　豆腐20g　　软米饭　大米60g

睡前　牛奶　150-180ml

过敏食谱　**糖醋鲈鱼**
体弱加餐　**五香鹌鹑蛋**

星期四

托小班

早点　牛奶　100ml

　　　点心　花式饼干　5-6g

午餐　主食　藜麦饭　藜麦5g　托班大米45g　小班大米50g

　　　菜品　双色蒸蛋　胡萝卜1g　黑木耳1g　鸭蛋25g

　　　　　　彩椒牛柳　牛柳25g　红圆椒2g　黄圆椒2g

　　　　　　卷心菜油面筋　油面筋2g　卷心菜90g

　　　汤羹　海鲜豆腐汤　海参2g　蛤蜊肉4g　豆腐40g

午点　点心　芝士玉米　奶酪碎7g　玉米25g　荠菜肉丝年糕汤　荠菜5g　肉丝5g　年糕20g

　　　水果　青提　50g

晚餐　菜品　番茄炒蛋　番茄5g　鸡蛋20g

　　　　　　鱼香肉丝　胡萝卜5g　香菇5g　梅肉20g

　　　　　　炒双片　山药20g　莴笋30g

　　　　　　茼蒿玉米贡丸汤　茼蒿5g

　　　　　　　　　　　　　　玉米10g

　　　　　　　　　　　　　　鱼丸5g

　　　　　　软米饭　大米55g

睡前　牛奶　150-180ml

中大班

早点　牛奶　110ml-120ml

　　　点心　花式饼干　7-8g

午餐　主食　藜麦饭　藜麦5g　中班大米55g　大班大米65g

　　　菜品　双色蒸蛋　胡萝卜1g　黑木耳1g　鸭蛋25g

　　　　　　彩椒牛柳　牛柳30g　红圆椒2g　黄圆椒2g

　　　　　　卷心菜油面筋　油面筋2g　卷心菜90g

　　　汤羹　海鲜豆腐汤　海参2g　蛤蜊肉4g　豆腐40g

午点　点心　芝士玉米　奶酪碎7g　玉米25g

　　　　　　荠菜肉丝年糕汤　荠菜5g　肉丝5g　年糕25g

　　　水果　青提　50g

晚餐　菜品　番茄炒蛋　番茄5g　鸡蛋20g

　　　　　　鱼香肉丝　胡萝卜5g　香菇5g　梅肉20g

　　　　　　炒双片　山药20g　莴笋30g

　　　　　　茼蒿玉米贡丸汤　茼蒿5g　玉米10g　鱼丸5g　软米饭　大米60g

睡前　牛奶　150-180ml

星期五

托小班

早点	牛奶	100ml
	点心	花式饼干　5-6g
午餐	主食	芝麻饭　芝麻5g　托班大米45g　小班大米50g
	菜品	陈皮鸭丁　陈皮0.5g　鸭胸脯25g　培根炒蛋　培根10g　鸡蛋20g
		菠菜胡萝卜　菠菜80g　胡萝卜5g
	汤羹	杭白菜百叶肋排汤　杭白菜5g　百叶10g　肋排10g
午点	点心	吉士包　吉士包30g
		水果茶　苹果8g　生梨8g　甜橙8g　冰糖3g
晚餐	菜品	牛肉刀削面　牛展肉30g　蓬蒿20g　小香干5g
		鹌鹑蛋10g　芝麻酱15g
		白灼西蓝花　西蓝花40g　软米饭　大米55g
睡前	牛奶	150-180ml

过敏食谱　茄汁虾仁
体弱加餐　葱油鸡翅

中大班

早点	牛奶	110ml-120ml
	点心	花式饼干　7-8g
午餐	主食	芝麻饭　芝麻5g　中班大米55g　大班大米65g
	菜品	陈皮鸭块　陈皮0.5g　鸭块30g
		培根炒蛋　培根10g　鸡蛋20g
		菠菜胡萝卜　菠菜80g　胡萝卜5g
	汤羹	杭白菜百叶肋排汤　杭白菜5g　百叶10g　肋排10g
午点	点心	吉士包　吉士包30g
		水果茶　苹果8g　生梨8g　甜橙8g　冰糖3g
晚餐	菜品	牛肉刀削面　牛展肉30g　蓬蒿20g　小香干5g
		鹌鹑蛋10g　芝麻酱15g
		白灼西蓝花　西蓝花40g　软米饭　大米60g
睡前	牛奶	150-180ml

过敏食谱　茄汁虾仁
体弱加餐　葱油鸡翅

五月份膳食营养分析及小结

（记账法膳食调查评价）

平衡膳食五项标准：

1 热量摄入量占供给量85%—90%为中等，90%以上为好。蛋白质占供给量80%以上。

蛋白质

平均每人摄入量：**50.06**
占平均供给量(%)：**105.63%**

0%　　　　　　80%

热量

平均每人摄入量：**1452.18**
占平均供给量(%)：**96.68%**

0%　　　　　　85%　90%

2 蛋白质、脂肪、碳水化合物重量比值为1：1：4-5

3 三大营养素产热量占总热量：蛋白质12-15%，脂肪25-30%，碳水化合物50%-60%：

④ 动物蛋白+豆类蛋白质的摄入量>50%

⑤ 动物食品的热量+豆类食品的热量摄入量>20%

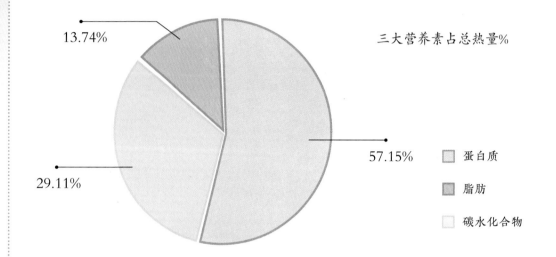

	蛋白质	脂肪	碳水化合物
平均每人每日摄入量(克)	50.06	47.15	208.27
比值	1	0.94	4.16
三大营养素产热量(千卡)	200.24	424.35	833.08

动物蛋白+豆类蛋白

摄入量：**28.5**
占总蛋白%：**56.94%**

0%　　　　　50%

动物热量+豆类热量

摄入量：**407.09**
占总热量%：**28.04%**

0%　　　　　20%

荷叶罗裙一色裁

芙蓉向脸两边开

——[唐]王昌龄《采莲曲》

全天候带量食谱

（6～8月）

夏季篇

　　随着夏季来临，6月开始进入梅雨季节，持续阴雨，空气潮湿，梅雨季节后气温逐渐升高，整个夏季孩子的胃口和消化功能相对减弱，此时饮食以易消化、低盐、清热、祛湿为原则，宜多吃些能祛暑益气、生津止渴的食物，保证充足的维生素和无机盐。如西葫芦瓜、苦瓜、丝瓜、冬瓜、南瓜、黄瓜、青瓜、佛手瓜、芦笋、茄瓜等各种瓜类食材，能满足幼儿的生长发育需要，有助于提高机体的抗病能力。同时夏季也是水果大量上市的季节，葡萄、梅、梨、西瓜等含有多种维生素。

全天候带量食谱六月第一周

（中大班、托小班）

星期一

托小班

早点	牛奶	100ml
	点心	花式饼干　5-6g
午餐	主食	水饺　水饺皮40g　　炒饭　大米15g
	菜品	韭香蛋饺子　韭菜60g　草鸡蛋15g　香干红烧肉　香干15g　五花肉20g
		鲍鱼什锦炒饭　黄瓜20g　小鲍鱼10g　青椒5g　杂菜5g
午点	点心	芝士蔬菜蛋挞　蛋挞皮10g　芝士碎6g　杂菜10g　番茄沙司7g
		香甜南瓜粥　南瓜10g　大米10g
	水果	红提　50g
晚餐	菜品	香葱炒蛋　鸡蛋20g　葱2g　糖醋小排　小排20g
		吉祥三宝　青菜55g　干香菇2g　蘑菇5g
		黑木耳娃娃菜山药汤
		娃娃菜10g　黑木耳5g　山药5g
		软米饭　大米55g
睡前	牛奶	150-180ml

过敏食谱　时蔬炒饭
体弱加餐　红糖发糕

中大班

早点	牛奶	110ml-120ml
	点心	花式饼干　7-8g
午餐	主食	水饺　水饺皮40g　　炒饭　大米20g
	菜品	韭香蛋饺子　韭菜60g　草鸡蛋20g　　香干红烧肉　香干15g　五花肉20g
		鲍鱼什锦炒饭　黄瓜20g　小鲍鱼10g　青椒5g　杂菜5g
午点	点心	芝士蔬菜蛋挞　蛋挞皮10g　芝士碎6g　杂菜10g　番茄沙司7g
		香甜南瓜粥　南瓜10g　大米10g
	水果	红提　50g
晚餐	菜品	香葱炒蛋　鸡蛋20g　葱2g　糖醋小排　小排20g
		吉祥三宝　青菜55g　干香菇2g　蘑菇5g
		黑木耳娃娃菜山药汤　娃娃菜10g　黑木耳5g　山药5g
		软米饭　大米60g
睡前	牛奶	150-180ml

过敏食谱　时蔬炒饭
体弱加餐　红糖发糕

星期二

托小班

早点　牛奶　100ml

　　　点心　花式饼干　5-6g

午餐　主食　软米饭　托班大米50g　小班大米55g

　　　菜品　糟熘鱼片　糟卤5g　青豆4g　鲈鱼30g

　　　　　　茶树菇炒牛肉粒　茶树菇10g　牛肉20g　清炒空心菜　空心菜70g

　　　汤羹　丝瓜豆腐汤　丝瓜10g　绢豆腐20g

午点　点心　蔬菜煎饼　西葫芦10g　胡萝卜5g　面粉15g　草鸡蛋10g

　　　　　　红薯芋头糖水　红薯10g　芋头10g　红豆5g

　　　水果　蓝莓　50g

晚餐　菜品　烩鸭块　鸭块25g

　　　　　　香肠炒蛋　香肠5g　鸡蛋20g

　　　　　　荷塘月色　藕片25g　荷兰豆20g

　　　　　　　　　　　胡萝卜5g　黑木耳1g

　　　　　　扁尖冬瓜汤　扁尖5g　冬瓜15g

　　　　　　软米饭　大米55g

睡前　牛奶　150-180ml

过敏食谱　**红烧肉排**
体弱加餐　**猪猪包**

中大班

早点　牛奶　110ml-120ml

　　　点心　花式饼干　7-8g

午餐　主食　软米饭　中班大米65g　大班大米70g

　　　菜品　糟熘鱼片　糟卤5g　青豆4g　鲈鱼30g

　　　　　　茶树菇炒牛肉粒　茶树菇10g　牛肉20g

　　　　　　清炒空心菜　空心菜70g

　　　汤羹　丝瓜豆腐汤　丝瓜10g　绢豆腐20g

午点　点心　蔬菜煎饼　西葫芦10g　胡萝卜5g　面粉20g　草鸡蛋10g

　　　　　　红薯芋头糖水　红薯10g　芋头10g　红豆5g

　　　水果　蓝莓　50g

晚餐　菜品　烩鸭块　鸭块25g

　　　　　　香肠炒蛋　香肠5g　鸡蛋20g

　　　　　　荷塘月色　藕片25g　荷兰豆20　胡萝卜5g　黑木耳1g

　　　　　　扁尖冬瓜汤　扁尖5g　冬瓜15g

　　　　　　软米饭　大米60g

睡前　牛奶　150-180ml

过敏食谱　**红烧肉排**
体弱加餐　**猪猪包**

星期三

托小班

早点	牛奶	100ml
	点心	花式饼干　5-6g
午餐	主食	软米饭　托班大米50g　小班大米55g
	菜品	红烧板栗鸡丁　鸡丁30g　板栗肉5g　　茭白肉丝　茭白10g　肉丝20g　　蚝油芥蓝　蚝油7g　芥蓝65g
	汤羹	番茄香菇蛋汤　番茄10g　干香菇5g　草鸡蛋10g
午点	点心	自制笋丁烧卖　笋5g　青豆4g　烧卖皮10g　糯米10g　香干10g
		桂花山药西米红豆羹　糖桂花2.5g　山药5g　西米5g　红豆5g
	水果	帝王蕉　50g
晚餐	菜品	葱油虾　草虾25g　　土豆炖羊肉　羊肉15g 土豆5g
		菠菜胡萝卜　菠菜55g　胡萝卜3g
		番茄金针菇西葫芦汤　西葫芦10g　金针菇3g　番茄8g
		软米饭　大米55g
睡前	牛奶	150-180ml

体弱加餐　鸭蛋

中大班

早点	牛奶	110ml-120ml
	点心	花式饼干　7-8g
午餐	主食	软米饭　中班大米65g　大班大米70g
	菜品	红烧板栗鸡块　鸡腿45g　板栗肉5g　　茭白肉丝　茭白10g　肉丝20g
		蚝油芥蓝　蚝油7g　芥蓝65g
	汤羹	番茄香菇蛋汤　番茄10g　干香菇5g　草鸡蛋10g
午点	点心	自制笋丁烧卖　笋5g　青豆4g　烧卖皮15g　糯米10g　香干10g
		桂花山药西米红豆羹　糖桂花2.5g　山药5g　西米5g　红豆5g
	水果	帝王蕉　50g
晚餐	菜品	葱油虾　草虾25g　　土豆炖羊肉　羊肉15g 土豆5g
		菠菜胡萝卜　菠菜55g　胡萝卜3g
		番茄金针菇西葫芦汤　西葫芦10g　金针菇3g　番茄8g
		软米饭　大米60g
睡前	牛奶	150-180ml

体弱加餐　鸭蛋

星期四

托小班

早点	牛奶	100ml				
	点心	花式饼干　5-6g				
午餐	主食	炒饭　大米55g				
	菜品	台式卤肉拌饭	五花肉25g	青豆4g	芹菜50g	香菇10g
			洋葱10g	豆腐干15g		
		盐水蛋　鹌鹑蛋20g				
	汤羹	白菜菌菇虾皮汤	白菜10g	海鲜菇2.5g	白玉菇2.5g	虾皮2g
午点	点心	自制红枣蜂糕	自发粉10g	红枣2.5g	鸡蛋5g	
		香菜鸡肝粥	香菜5g	鸡肝5g	肉糜5g	大米10g
	水果	葡萄　50g				
晚餐	菜品	酱鸽　鸽子25g				
		碧绿双色鱼丸	鱼丸15g	南瓜10g		
			菠菜10g			
		油焖茄子　茄子55g				
		西湖牛肉羹	香菜5g	牛肉5g		
			老豆腐5g			
		软米饭　大米55g				
睡前	牛奶	150-180ml				

过敏食谱　白菜菌菇汤
体弱加餐　素鸭

中大班

早点	牛奶	110ml-120ml				
	点心	花式饼干　7-8g				
午餐	主食	炒饭　大米65g				
	菜品	台式卤肉拌饭	五花肉25g	青豆4g	芹菜50g	香菇10g　洋葱10g　豆腐干15g
		盐水蛋　鹌鹑蛋25g				
	汤羹	白菜菌菇虾皮汤	白菜10g	海鲜菇2.5g	白玉菇2.5g	虾皮2g
午点	点心	自制红枣蜂糕	自发粉10g	红枣2.5g	鸡蛋5g	
		香菜鸡肝粥	香菜5g	鸡肝5g	肉糜5g	大米15g
	水果	葡萄　50g				
晚餐	菜品	酱鸽　鸽子25g				
		碧绿双色鱼丸	鱼丸15g	南瓜10g	菠菜10g	
		油焖茄子　茄子55g	西湖牛肉羹	香菜5g	牛肉5g	老豆腐5g
		软米饭　大米60g				
睡前	牛奶	150-180ml				

过敏食谱　白菜菌菇汤
体弱加餐　素鸭

星期五

托小班

早点	牛奶	100ml
	点心	花式饼干　5-6g
午餐	主食	小米饭　小米5g　大米35g
	菜品	上海小笼包　小笼包15g
		茄汁凤梨虾球　番茄酱8g　凤梨10g　虾仁35g
		秋葵炒蛋　秋葵10g　草鸡蛋25g
		油麦菜扒香菇　干香菇5g　油麦菜65g
	汤羹	芋艿百叶老鸭汤　芋艿10g　百叶5g　老鸭10g
午点	点心	花色月饼　花色月饼30g
		荸荠芦根胡萝卜水　光荸荠5g　芦根2g　胡萝卜5g
	水果	姑娘果　50g
晚餐	菜品	大排面　大排35g　毛菜50g　面条50g
		上海烤麸　烤麸5g　干香菇5g
		双色糯米甜饭　紫米5g　糯米10g
睡前	牛奶	150-180ml

体弱加餐　鸭胗

中大班

早点	牛奶	110ml-120ml
	点心	花式饼干　7-8g
午餐	主食	小米饭　小米5g　大米45g
	菜品	上海小笼包　小笼包15g
		茄汁凤梨大虾　番茄酱8g　凤梨10g　基围虾45g
		秋葵炒蛋　秋葵10g　草鸡蛋25g
		油麦菜扒香菇　干香菇5g　油麦菜65g
	汤羹	芋艿百叶老鸭汤　芋艿10g　百叶5g　老鸭10g
午点	点心	花色月饼　花色月饼30g
		荸荠芦根胡萝卜水　光荸荠5g　芦根2g　胡萝卜5g
	水果	姑娘果　50g
晚餐	菜品	大排面　大排35g　毛菜50g　面条55g
		上海烤麸　烤麸5g　干香菇5g
		双色糯米甜饭　紫米5g　糯米10g
睡前	牛奶	150-180ml

体弱加餐　鸭胗

全天候带量食谱六月第二周

（中大班、托小班）

星期一

托小班

早点	牛奶	100ml
	点心	花式饼干 5-6g
午餐	主食	馄饨 馄饨皮40g 炒饭 大米15g
	菜品	四喜馄饨 青菜55g 荠菜10g 肉糜35g 干香菇2.5g 卤汁素鸭 素鸭20g
		扬州蛋炒饭 杂菜10g 方腿5g 鸭蛋10g
午点	点心	自制肉松卷 面粉10g 肉松3g 芝麻小汤圆 芝麻汤圆10g
	水果	葡萄 50g
晚餐	菜品	蜜汁基围虾 基围虾20g
		话梅小肉 话梅糖5g 梅肉丁15g
		什锦炒素 牛心菜40g 胡萝卜5g
		油面筋3g
		毛菜蛋花汤 毛菜10g 鸡蛋10g
		软米饭 大米55g
睡前	牛奶	150-180ml

体弱加餐 鸭蛋

中大班

早点	牛奶	110ml-120ml
	点心	花式饼干 7-8g
午餐	主食	馄饨 馄饨皮45g 炒饭 大米15g
	菜品	四喜馄饨 青菜55g 荠菜10g 肉糜40g 干香菇2.5g
		卤汁素鸭 素鸭20g
		扬州蛋炒饭 杂菜10g 方腿5g 鸭蛋10g
午点	点心	自制肉松卷 面粉15g 肉松3g
		芝麻小汤圆 芝麻汤圆10g
	水果	葡萄 50g
晚餐	菜品	蜜汁基围虾 基围虾20g 话梅小肉 话梅糖5g 梅肉丁15g
		什锦炒素 牛心菜40g 胡萝卜5g 油面筋3g
		毛菜蛋花汤 毛菜10g 鸡蛋10g
		软米饭 大米60g
睡前	牛奶	150-180ml

体弱加餐 鸭蛋

星期二

托小班

早点	牛奶	100ml
	点心	花式饼干 5-6g
午餐	主食	黑米饭 黑米5g 托班大米45g
		小班大米50g
	菜品	咖喱土豆牛肉 咖喱块4g 土豆10g
		牛肉35g
		番茄烩鱼片 番茄15g 龙利鱼20g
		腐竹杭白菜 腐竹5g 杭白菜70g
	汤羹	紫菜虾皮蛋花汤 香菜5g 紫菜1.5g 虾皮1g 鸭蛋2.5g
午点	点心	自制蔓越莓蛋糕 低筋粉15g 蔓越莓1g 鸭蛋10g 牛奶3g 黄油10g 细砂糖10g
		油豆腐粉丝汤 油豆腐3g 绿豆粉丝4g
	水果	金桔 50g
晚餐	菜品	时蔬焖饭 芥蓝40g 梅肉20g 胡萝卜5g 芋艿5g
		青豆5g 香肠5g 大米55g
		黑松露鹅肝 黑松露5g 鹅肝5g
		荠菜蘑菇豆腐羹 豆腐5g 荠菜5g 蘑菇5g
睡前	牛奶	150-180ml

过敏食谱 番茄炒蛋
体弱加餐 熊猫包

中大班

过敏食谱 番茄炒蛋
体弱加餐 熊猫包

早点	牛奶	110ml-120ml
	点心	花式饼干 7-8g
午餐	主食	黑米饭 黑米5g 中班大米60g 大班大米65g
	菜品	咖喱土豆牛肉 咖喱块4g 土豆10g 牛肉40g
		番茄烩鱼片 番茄15g 龙利鱼20g
		腐竹杭白菜 腐竹5g 杭白菜70g
	汤羹	紫菜虾皮蛋花汤 香菜5g 紫菜1.5g 虾皮1g 鸭蛋2.5g
午点	点心	自制蔓越莓蛋糕 低筋粉15g 蔓越莓1g 鸭蛋10g
		牛奶3g 黄油10g 细砂糖10g
		油豆腐粉丝汤 油豆腐3g 绿豆粉丝4g
	水果	金桔 50g
晚餐	菜品	时蔬焖饭 芥蓝40g 梅肉20g 胡萝卜5g 芋艿5g
		青豆5g 香肠5g 大米60g
		黑松露鹅肝 黑松露5g 鹅肝5g
		荠菜蘑菇豆腐羹 豆腐5g 荠菜5g 蘑菇5g
睡前	牛奶	150-180ml

星期三

托小班

早点	牛奶	100ml
	点心	花式饼干　5-6g
午餐	主食	红米饭　红米5g　托班大米45g　小班大米50g
	菜品	黄瓜炒蛋　黄瓜5g　草鸡蛋30g
		莴笋肉丝　甜面酱3g　莴笋5g　肉丝20g
		青椒银芽　青椒10g　银芽70g
	汤羹	金针肥牛竹轮汤　金针菇10g　肥牛5g　竹轮5g
午点	点心	印度飞饼　飞饼10g　枸杞生菜鱼片粥　枸杞1g　生菜5g　龙利鱼5g　大米10g
	水果	蓝莓　50g
晚餐	菜品	黄焖鸡　去骨鸡腿20g　薄皮椒5g　土豆5g　洋葱5g
		酱香鹌鹑蛋　鹌鹑蛋10g
		明目地瓜叶　地瓜叶40g　枸杞0.5g
		筒骨油丁汤　筒骨8g　番茄5g
		油丁5g
		软米饭　大米55g
睡前	牛奶	150-180ml

过敏食谱　**枸杞生菜蛋粥**
体弱加餐　**酱牛肉**

中大班

早点	牛奶	110ml-120ml
	点心	花式饼干　7-8g
午餐	主食	红米饭　红米5g　中班大米60g　大班大米65g
	菜品	黄瓜炒蛋　黄瓜5g　草鸡蛋35g
		莴笋肉丝　甜面酱3g　莴笋5g　肉丝20g
		青椒银芽　青椒10g　银芽70g
	汤羹	金针肥牛竹轮汤　金针菇10g　肥牛5g　竹轮5g
午点	点心	印度飞饼　飞饼15g
		枸杞生菜鱼片粥　枸杞1g　生菜5g　龙利鱼5g　大米10g
	水果	蓝莓　50g
晚餐	菜品	黄焖鸡　去骨鸡腿20g　薄皮椒5g　土豆5g　洋葱5g
		酱香鹌鹑蛋　鹌鹑蛋10g
		明目地瓜叶　地瓜叶40g　枸杞0.5g
		筒骨油丁汤　筒骨8g　番茄5g　油丁5g
		软米饭　大米60g
睡前	牛奶	150-180ml

过敏食谱　**枸杞生菜蛋粥**
体弱加餐　**酱牛肉**

星期四

托小班

早点	牛奶	100ml
	点心	花式饼干　5-6g
午餐	主食	南瓜饭　南瓜5g　托班大米45g
		小班大米50g
	菜品	板栗鸭片　板栗8g　鸭胸脯40g
		小素鸡　素鸡25g
		清炒米苋　米苋70g
	汤羹	冬瓜玉米小排汤　冬瓜10g　甜玉米22g　小排10g
午点	点心	芝麻曲奇　低筋粉10g　黑芝麻1g　黄油8g
		毛菜鸡蛋面疙瘩　毛菜10g　草鸡蛋10g　面疙瘩10g
	水果	帝王蕉　50g
晚餐	菜品	洋葱鳝丝面　洋葱10g　鳝丝20g　毛菜40g
		海苔蛋炒饭　拌饭海苔2g　花菜10g　鸡蛋15g　方腿5g　香干5g　大米55g
睡前	牛奶	150-180ml

体弱加餐　桂花糕

中大班

早点	牛奶	110ml-120ml
	点心	花式饼干　7-8g
午餐	主食	南瓜饭　南瓜5g　中班大米60g　大班大米65g
	菜品	板栗鸭片　板栗8g　鸭胸脯40g
		小素鸡　素鸡25g
		清炒米苋　米苋70g
	汤羹	冬瓜玉米小排汤　冬瓜10g　甜玉米22g　小排10g
午点	点心	芝麻曲奇　低筋粉10g　黑芝麻1g　黄油8g
		毛菜鸡蛋面疙瘩　毛菜10g　草鸡蛋10g　面疙瘩10g
	水果	帝王蕉　50g
晚餐	菜品	洋葱鳝丝面　洋葱10g　鳝丝20g　毛菜40g
		海苔蛋炒饭　拌饭海苔2g　花菜10g　鸡蛋15g
		方腿5g　香干5g　大米60g
睡前	牛奶	150-180ml

体弱加餐　桂花糕

星期五

托小班

早点	牛奶	100ml
	点心	花式饼干　5-6g
午餐	主食	炒饭　大米55g
	菜品	泰式菠萝海鲜饭　去皮菠萝10g　杂菜4g　牛心菜45g　蟹肉棒10g　小鱿鱼10g　红甜椒5g
		洋葱猪肝　洋葱5g　猪肝20g
	汤羹	番茄土豆乳鸽汤　番茄10g　土豆8g　乳鸽10g
午点	点心	桂冠奶黄包　桂冠奶黄包30g
		冰糖双花水　冰糖2g　金银花0.5g　菊花0.5g
	水果	圣女果　50g
晚餐	菜品	菲力牛排　牛排25g　上汤蛤蜊　蛤蜊8g
		海蜇皮白菜　奶白菜55g　海蜇皮12g
		松仁苹果白玉羹　苹果12g　豆腐5g　松子仁3g　葱1g
		软米饭　大米55g
睡前	牛奶	150-180ml

过敏食谱　**时蔬炒饭**
体弱加餐　**素火腿**

过敏食谱　**时蔬炒饭**
体弱加餐　**素火腿**

中大班

早点	牛奶	110ml-120ml
	点心	花式饼干　7-8g
午餐	主食	炒饭　大米65g
	菜品	泰式菠萝海鲜饭　去皮菠萝10g　杂菜4g　牛心菜45g
		蟹肉棒10g　小鱿鱼15g　红甜椒5g
		洋葱猪肝　洋葱5g　猪肝20g
	汤羹	番茄土豆乳鸽汤　番茄10g　土豆8g　乳鸽10g
午点	点心	桂冠奶黄包　桂冠奶黄包30g
		冰糖双花水　冰糖2g　金银花0.5g　菊花0.5g
	水果	圣女果　50g
晚餐	菜品	菲力牛排　牛排25g　上汤蛤蜊　蛤蜊8g
		海蜇皮白菜　奶白菜55g　海蜇皮12g
		松仁苹果白玉羹　苹果12g　豆腐5g　松子仁3g　葱1g
		软米饭　大米60g
睡前	牛奶	150-180ml

全天候带量食谱六月第三周

（中大班、托小班）

星期一

托小班

早点	牛奶	100ml
	点心	花式饼干　5-6g
午餐	主食	年糕　年糕40g　　炒饭　大米15g
	菜品	宁波汤年糕　菠菜60g　蟹味菇10g　肉丝30g　　卤汁豆腐干　豆腐干15g
		南瓜鸡肉烩饭　南瓜20g　鸡胸肉20g
午点	点心	自制培根卷　培根5g　自发粉15g　小葱2g
		红枣血糯米甜粥　红枣2.5g　血糯米5g　大米10g
	水果	葡萄　50g
晚餐	菜品	双笋虾仁　莴笋3g　春笋2g　虾仁20g
		酱鸽子蛋　鸽子蛋10g
		杭白菜小油丁　杭白菜45g　小油丁5g
		素罗宋汤　番茄3g　牛心菜3g　土豆5g
		洋葱5g　番茄酱5g
		软米饭　大米55g
睡前	牛奶	150-180ml

体弱加餐　鹌鹑蛋

中大班

早点	牛奶	110ml-120ml
	点心	花式饼干　7-8g
午餐	主食	年糕　年糕40g　　炒饭　大米25g
	菜品	宁波汤年糕　菠菜60g　蟹味菇10g　肉丝30g　　卤汁豆腐干　豆腐干15g
		南瓜鸡肉烩饭　南瓜20g　鸡胸肉25g
午点	点心	自制培根卷　培根5g　自发粉20g　小葱2g
		红枣血糯米甜粥　红枣2.5g　血糯米5g　大米10g
	水果	葡萄　50g
晚餐	菜品	双笋虾仁　莴笋3g　春笋2g　虾仁20g　　酱鸽子蛋　鸽子蛋10g
		杭白菜小油丁　杭白菜45g　小油丁5g
		素罗宋汤　番茄3g　牛心菜3g　土豆5g　洋葱5g　番茄酱5g
		软米饭　大米60g
睡前	牛奶	150-180ml

体弱加餐　鹌鹑蛋

星期二

托小班

早点	牛奶	100ml
	点心	花式饼干　5-6g
午餐	主食	红豆饭　红豆5g　托班大米45g　小班大米50g
	菜品	番茄鱼片　番茄10g　龙利鱼30g
		茄子烧肉末　茄子15g　腿肉糜20g
		杏鲍菇西蓝花　杏鲍菇10g　西蓝花75g
	汤羹	虫草花山药老鸭汤　虫草花2g　山药10g　老鸭10g
午点	点心	自制豆沙包　自发粉20g　豆沙10g　香菜鸭血豆腐汤　香菜5g　鸭血5g　绢豆腐15g
	水果	姑娘果　50g
晚餐	菜品	红烧鹅肉　鹅肉20g
		木须肉　木耳1g　胡萝卜5g　黄瓜10g
		里脊肉15g
		麻酱芹菜　松仁1g　芹菜40g
		海带开洋葱花汤　海带10g　开洋2g
		香葱1g
		软米饭　大米55g
睡前	牛奶	150-180ml

过敏食谱　番茄炒蛋
体弱加餐　小素鸡

中大班

过敏食谱　番茄炒蛋
体弱加餐　小素鸡

早点	牛奶	110ml-120ml
	点心	花式饼干　7-8g
午餐	主食	红豆饭　红豆5g　中班大米60g　大班大米65g
	菜品	番茄鱼柳　番茄10g　龙利鱼30g
		茄子烧肉末　茄子15g　腿肉糜25g
		杏鲍菇西蓝花　杏鲍菇10g　西蓝花75g
	汤羹	虫草花山药老鸭汤　虫草花2g　山药10g　老鸭10g
午点	点心	自制豆沙包　自发粉25g　豆沙10g
		香菜鸭血豆腐汤　香菜5g　鸭血5g　绢豆腐15g
	水果	姑娘果　50g
晚餐	菜品	红烧鹅肉　鹅肉20g
		木须肉　木耳1g　胡萝卜5g　黄瓜10g　里脊肉15g
		麻酱芹菜　松仁1g　芹菜40g
		海带开洋葱花汤　海带10g　开洋2g　香葱1g　软米饭　大米60g
睡前	牛奶	150-180ml

星期三

托小班

早点	牛奶	100ml
	点心	花式饼干　5-6g
午餐	主食	软米饭　托班大米50g　小班大米55g
	菜品	酱汁牛肉　牛肉丝30g　　蟹柳烩蛋　蟹柳5g　洋葱10g　草鸡蛋20g
		葱油芋艿　小葱2g　芋艿60g
	汤羹	生菜木耳粉丝汤　生菜10g　木耳1g　粉丝8g
午点	点心	自制三鲜蒸饺　水饺皮12g　腿肉糜5g　牛心菜10g　香干5g
		红豆薏米芋圆羹　红豆4g　薏米4g　芋圆15g
	水果	蓝莓　50g
晚餐	菜品	韭菜猪肉水饺　韭菜20g　青菜20g
		猪肉糜15g　饺皮子40g
		味嘟嘟海鲜咖喱饭
		咖喱5g　土豆10g　大米15g
		蟹肉棒5g　鱿鱼5g　胡萝卜5g
睡前	牛奶	150-180ml

过敏食谱　蟹粉蛋
体弱加餐　黄金糕

中大班

早点	牛奶	110ml-120ml
	点心	花式饼干　7-8g
午餐	主食	软米饭　中班大米65g　大班大米70g
	菜品	酱烤牛排　牛排35g
		蟹柳烩蛋　蟹柳5g　洋葱10g　草鸡蛋20g
		葱油芋艿　小葱2g　芋艿60g
	汤羹	生菜木耳粉丝汤　生菜10g　木耳1g　粉丝8g
午点	点心	自制三鲜蒸饺　水饺皮15g　腿肉糜5g　牛心菜10g　香干5g
		红豆薏米芋圆羹　红豆4g　薏米4g　芋圆15g
	水果	蓝莓　50g
晚餐	菜品	韭菜猪肉水饺　韭菜20g　青菜20g　猪肉糜15g　饺皮子40g
		味嘟嘟海鲜咖喱饭　咖喱5g　土豆10g　大米20g
		蟹肉棒5g　鱿鱼5g　胡萝卜5g
睡前	牛奶	150-180ml

过敏食谱　蟹粉蛋
体弱加餐　黄金糕

星期四

托小班

早点	牛奶	100ml
	点心	花式饼干　5-6g
午餐	主食	燕麦饭　燕麦5g　托班大米45g
		小班大米50g
	菜品	肉糜蒸蛋　草鸡蛋25g　肉糜20g　番茄酱8.5g　　蒜叶爆炒鸡胗　大蒜叶2g　鸡胗15g
	汤羹	蒜蓉蓬蒿菜　蓬蒿菜65g　大蒜1g
午点	点心	西湖牛肉羹　香菜5g　牛肉糜5g　绢豆腐20g　草鸡蛋5g
		自制红糖刀切　自发粉20g　红糖4g
	水果	营养菜羹　青菜10g　胡萝卜5g　肉糜5g　大米5g
晚餐	菜品	帝王蕉　50g
		香煎三文鱼　三文鱼40g　白芝麻1g
		洋葱炒蛋　草鸡蛋10g　白皮洋葱8g
		木耳莴笋　光莴笋45g　黑木耳1g
		毛菜麻腐汤　毛菜10g　麻腐10g　虾皮2g　　软米饭　大米55g
睡前	牛奶	150-180ml

体弱加餐　茄汁鸭肉

中大班

早点	牛奶	110ml-120ml
	点心	花式饼干　7-8g
午餐	主食	燕麦饭　燕麦5g　中班大米60g　大班大米65g
	菜品	茄汁鸳鸯蛋　草鸡蛋25g　肉糜25g　番茄酱8.5g
		蒜叶爆炒鸡胗　大蒜叶2g　鸡胗15g
		蒜蓉蓬蒿菜　蓬蒿菜65g　大蒜1g
	汤羹	西湖牛肉羹　香菜5g　牛肉糜5g　绢豆腐20g　草鸡蛋5g
午点	点心	自制红糖刀切　自发粉20g　红糖4g
		营养菜羹　青菜10g　胡萝卜5g　肉糜5g　大米5g
	水果	帝王蕉　50g
晚餐	菜品	香煎三文鱼　三文鱼40g　白芝麻1g
		洋葱炒蛋　草鸡蛋10g　白皮洋葱8g
		木耳莴笋　光莴笋45g　黑木耳1g
		毛菜麻腐汤　毛菜10g　麻腐10g　虾皮2g　　软米饭　大米60g
睡前	牛奶	150-180ml

体弱加餐　茄汁鸭肉

星期五

托小班

早点	牛奶	100ml
	点心	花式饼干　5-6g
午餐	主食	炒饭　大米55g
	菜品	闽南紫菜炒饭　紫菜2g　胡萝卜5g　芥蓝55g　草鸡蛋20g
		洋葱5g　肉糜5g　小葱2g
		姜母鸭　生姜2g　鸭腿40g
	汤羹	蕃茄土豆小排汤　番茄10g　土豆5g　小排10g
午点	点心	羊角面包　羊角面包30g
		水果茶　苹果5g　梨10g
	水果	红提　50g
晚餐	菜品	外婆红烧肉　梅肉丁25g
		茄汁蛋酪　鸡蛋15g
		奶汤蒲菜　牛奶1g　蒲菜45g
		冬瓜干贝老豆腐汤　冬瓜10g
		老豆腐10g
		干贝2g
		软米饭　大米55g
睡前	牛奶	150-180ml

过敏食谱　时蔬炒饭
体弱加餐　葱油曲奇

中大班

早点	牛奶	110ml-120ml
	点心	花式饼干　7-8g
午餐	主食	炒饭　大米65g
	菜品	闽南紫菜炒饭　紫菜2g　胡萝卜5g　芥蓝55g　草鸡蛋20g
		洋葱5g　肉糜5g　小葱2g
		姜母鸭　生姜2g　鸭腿40g
	汤羹	蕃茄土豆小排汤　番茄10g　土豆5g　小排10g
午点	点心	羊角面包　羊角面包30g
		水果茶　苹果5g　梨10g
	水果	红提　50g
晚餐	菜品	外婆红烧肉　梅肉丁25g　茄汁蛋酪　鸡蛋15g
		奶汤蒲菜　牛奶1g　蒲菜45g
		冬瓜干贝老豆腐汤　冬瓜10g　老豆腐10g　干贝2g
		软米饭　大米60g
睡前	牛奶	150-180ml

过敏食谱　时蔬炒饭
体弱加餐　葱油曲奇

全天候带量食谱六月第四周

（中大班、托小班）

星期一

托小班

早点	牛奶	100ml
	点心	花式饼干　5-6g
午餐	主食	软米饭　托班大米50g　小班大米55g
	菜品	鹌鹑蛋烧肉　去皮五花肉40g　鹌鹑蛋10g　鸡汁小白干　小白干5g
		蒜泥生菜　大蒜头2g　生菜70g
	汤羹	枸杞冬瓜扁尖汤　枸杞2g　冬瓜15g　扁尖5g
午点	点心	自制奶香刀切　自发粉20g　奶粉2g
		咖喱牛肉粉丝汤　咖喱3g　牛肉5g　粉丝5g　香菜5g
	水果	葡萄　50g
晚餐	菜品	酱爆腰花　大葱2g　猪腰15g
		味噌银鳕鱼　银鳕鱼15g
		腐竹豆苗　腐竹5g　豌豆苗45g
		紫菜菌菇豆腐汤　蘑菇5g　香菇5g
		娟豆腐10g　紫菜2g　软米饭　大米55g
睡前	牛奶	150-180ml

体弱加餐　爆炒目鱼

中大班

早点	牛奶	110ml-120ml
	点心	花式饼干　7-8g
午餐	主食	软米饭　中班大米65g　大班大米70g
	菜品	鹌鹑蛋烧肉　去皮五花肉45g　鹌鹑蛋10g　鸡汁小白干　小白干5g
		蒜泥生菜　大蒜头2g　生菜70g
	汤羹	枸杞冬瓜扁尖汤　枸杞2g　冬瓜15g　扁尖5g
午点	点心	自制奶香刀切　自发粉25g　奶粉2g
		咖喱牛肉粉丝汤　咖喱3g　牛肉5g　粉丝5g　香菜5g
	水果	葡萄　50g
晚餐	菜品	酱爆腰花　大葱2g　猪腰15g　味噌银鳕鱼　银鳕鱼15g
		腐竹豆苗　腐竹5g　豌豆苗45g　软米饭　大米60g
		紫菜菌菇豆腐汤　蘑菇5g　香菇5g　娟豆腐10g　紫菜2g
睡前	牛奶	150-180ml

体弱加餐　爆炒目鱼

星期二

托小班

早点	牛奶	100ml
	点心	花式饼干　5-6g
午餐	主食	芝麻饭　芝麻2g　托班大米50g
		小班大米55g
	菜品	番茄洋葱牛肉　番茄10g　洋葱5g　牛肉30g
		蟹粉蛋　胡萝卜5g　鸭蛋20g
		清炒菠菜　菠菜65g
	汤羹	荠菜肉糜豆腐羹　荠菜5g　腿肉糜5g　鸭蛋2.5g　绢豆腐20g
午点	点心	葱油曲奇　低筋粉15g　黄油2g　小葱5g
		枸杞山药芡实粥　枸杞2g　山药5g　芡实4g　大米10g
	水果	鸡心果　50g
晚餐	菜品	四喜馄饨　馄饨皮50g　青菜30g　荠菜10g　夹心肉20g　鸭蛋5g　虾皮2g
		鱿鱼蛋炒饭　草鸡蛋5g　黄瓜10g　鱿鱼圈5g　胡萝卜5g　香肠3g
		小香干　小香干10g
睡前	牛奶	150-180ml

体弱加餐　黑米糕

中大班

体弱加餐　黑米糕

早点	牛奶	110ml-120ml
	点心	花式饼干　7-8g
午餐	主食	芝麻饭　芝麻2g　中班大米60g　大班大米65g
	菜品	番茄洋葱牛肉　番茄10g　洋葱5g　牛肉30g
		蟹粉蛋　胡萝卜5g　鸭蛋20g
		清炒菠菜　菠菜65g
	汤羹	荠菜肉糜豆腐羹　荠菜5g　腿肉糜5g　鸭蛋2.5g　绢豆腐20g
午点	点心	葱油曲奇　低筋粉15g　黄油2g　小葱5g
		枸杞山药芡实粥　枸杞2g　山药5g　芡实4g　大米10g
	水果	鸡心果　50g
晚餐	菜品	四喜馄饨　馄饨皮55g　青菜30g　荠菜10g　夹心肉20g　鸭蛋5g　虾皮2g
		鱿鱼蛋炒饭　草鸡蛋5g　黄瓜10g　鱿鱼圈5g　胡萝卜5g　香肠3g
		小香干　小香干10g
睡前	牛奶	150-180ml

托小班

早点	牛奶	100ml	**星期三**		
点心	花式饼干　5-6g			
午餐	主食	软米饭　托班大米50g　小班大米55g
	菜品	火龙果西蓝花虾仁　火龙果10g　西蓝花10g　虾仁25g
		家常肉末老豆腐　青椒5g　腿肉糜5g　老豆腐20g　番茄西葫芦　番茄5g　西葫芦65g
	汤羹	豆苗木耳蹄膀汤　豆苗10g　木耳1.5g　蹄膀10g
午点	点心	自制葡式蛋挞　蛋挞皮10g　牛奶10g　草鸡蛋8g　糖粉2.5g　淡奶油6g
		紫菜虾皮小馄饨　紫菜1g　虾皮1g　小馄饨皮15g　腿肉糜10g
	水果	蓝莓　50g
晚餐	菜品	菠萝鸭　番茄酱5g　熟黑芝麻2g　菠萝5g　鸭腿25g
		炒合菜　土豆20g　芹菜25g　红甜椒10g
		南瓜疙瘩汤　南瓜10g　小麦粉5g　干贝2g
		蒜叶炒蛋　大蒜5g　鸡蛋15g
		软米饭　大米55g
睡前	牛奶	150-180ml

中大班

早点	牛奶	110ml-120ml
点心	花式饼干　7-8g	
午餐	主食	软米饭　中班大米65g　大班大米70g
	菜品	火龙果西蓝花虾仁　火龙果10g　西蓝花10g　虾仁25g
		家常肉末老豆腐　青椒5g　腿肉糜5g　老豆腐20g
		番茄西葫芦　番茄5g　西葫芦65g
	汤羹	豆苗木耳蹄膀汤　豆苗10g　木耳1.5g　蹄膀10g
午点	点心	自制葡式蛋挞　蛋挞皮10g　牛奶10g　草鸡蛋8g　糖粉2.5g　淡奶油6g
		紫菜虾皮小馄饨　紫菜1g　虾皮1g　小馄饨皮15g　腿肉糜10g
	水果	蓝莓　50g
晚餐	菜品	菠萝鸭　番茄酱5g　熟黑芝麻2g　菠萝5g　鸭腿25g
		炒合菜　土豆20g　芹菜25g　红甜椒10g
		南瓜疙瘩汤　南瓜10g　小麦粉5g　干贝2g
		蒜叶炒蛋　大蒜5g　鸡蛋15g　软米饭　大米60g
睡前	牛奶	150-180ml

星期四

托小班

早点	牛奶	100ml
	点心	花式饼干 5-6g
午餐	主食	玉米饭 玉米椮5g 托班大米45g 小班大米50g
	菜品	蜜汁鸡丝 鸡丝30g 芙蓉荸荠鱼片 光荸荠5g 鲈鱼30g 枸杞1g
		什锦炒素 娃娃菜65g 油豆腐2g 黑木耳1.5g 胡萝卜5g
	汤羹	萝卜龙骨粉皮汤 大蒜叶5g 白萝卜15g 粉皮10g
午点	点心	自制葱油花卷 自发粉20g 小葱2g
		红枣桂圆小米粥 红枣2.5g 桂圆5g 小米4g 大米10g
	水果	帝王蕉 50g
晚餐	菜品	银鱼跑蛋 银鱼5g 鸡蛋15g 酸甜土豆丝 红甜椒10g 土豆30g
		羊肉抓饭 羊腿肉糜10g 洋葱5g 胡萝卜5g
		粉条丸子汤 粉条5g 杏鲍菇5g 青菜5g 贡丸5g
		软米饭 大米55g
睡前	牛奶	150-180ml

过敏食谱 荸荠肉片
体弱加餐 杂粮馒头

中大班

过敏食谱 荸荠肉片
体弱加餐 杂粮馒头

早点	牛奶	110ml-120ml
	点心	花式饼干 7-8g
午餐	主食	玉米饭 玉米椮5g 中班大米60g 大班大米65g
	菜品	蜜汁鸡翅 鸡中翅50g
		芙蓉荸荠鱼片 光荸荠5g 鲈鱼30g 枸杞1g
		什锦炒素 娃娃菜65g 油豆腐2g 黑木耳1.5g 胡萝卜5g
	汤羹	萝卜龙骨粉皮汤 大蒜叶5g 白萝卜15g 粉皮10g
午点	点心	自制葱油花卷 自发粉25g 小葱2g
		红枣桂圆小米粥 红枣2.5g 桂圆5g 小米4g 大米10g
	水果	帝王蕉 50g
晚餐	菜品	银鱼跑蛋 银鱼5g 鸡蛋15g
		酸甜土豆丝 红甜椒10g 土豆30g
		羊肉抓饭 羊腿肉糜10g 洋葱5g 胡萝卜5g
		粉条丸子汤 粉条5g 杏鲍菇5g 青菜5g 贡丸5g
		软米饭 大米60g
睡前	牛奶	150-180ml

星期五

托小班

早点	牛奶	100ml
	点心	花式饼干 5-6g
午餐	主食	长寿面 面条30g 寿桃包 寿桃包25g
	菜品	茄汁蛋酪 番茄酱8g 草鸡蛋20g 韭黄鳝糊 韭黄10g 鳝丝30g
		西芹百合 西芹70g 鲜百合5g
	汤羹	毛菜肉糜蘑菇汤 肉糜5g 毛菜10g 蘑菇5g
午点	点心	菠萝包 菠萝包30g
		红豆薏仁水 红豆4g 薏仁米2g 冰糖4g
	水果	红提 50g
晚餐	菜品	盐水虾 大明虾35g
		梅干菜肉丝 肉丝10g 梅干菜5g
		夜开花炒双丁 夜开花40g 胡萝卜5g
		香菇5g
		老鸭百合汤 老鸭10g 兰州百合5g
		软米饭 大米55g
睡前	牛奶	150-180ml

过敏食谱　茄汁肉圆
体弱加餐　鸡心

中大班

早点	牛奶	110ml-120ml
	点心	花式饼干 7-8g
午餐	主食	长寿面 面条30g 寿桃包 寿桃包30g
	菜品	茄汁蛋酪 番茄酱8g 草鸡蛋25g
		韭黄鳝糊 韭黄10g 鳝丝30g
		西芹百合 西芹70g 鲜百合5g
	汤羹	毛菜肉糜蘑菇汤 肉糜5g 毛菜10g 蘑菇5g
午点	点心	菠萝包 菠萝包30g
		红豆薏仁水 红豆4g 薏仁米2g 冰糖4g
	水果	红提 50g
晚餐	菜品	盐水虾 大明虾35g
		梅干菜肉丝 肉丝10g 梅干菜5g
		夜开花炒双丁 夜开花40g 胡萝卜5g 香菇5g
		老鸭百合汤 老鸭10g 兰州百合5g 软米饭 大米60g
睡前	牛奶	150-180ml

过敏食谱　茄汁肉圆
体弱加餐　鸡心

六月份膳食营养分析及小结

（记账法膳食调查评价）

平衡膳食五项标准：

1 热量摄入量占供给量85%—90%为中等，90%以上为好。蛋白质占供给量80%以上。

蛋白质
平均每人摄入量：**51.91**
占平均供给量(%)：**109.53%**

0%　　　　80%

热量
平均每人摄入量：**1437.53**
占平均供给量(%)：**95.71%**

0%　　　　85% 90%

2 蛋白质、脂肪、碳水化合物重量比值为1：1：4-5

3 三大营养素产热量占总热量：蛋白质12-15%，脂肪25-30%，碳水化合物50%-60%：

④ 动物蛋白+豆类蛋白质的摄入量>50%

⑤ 动物食品的热量+豆类食品的热量摄入量>20%

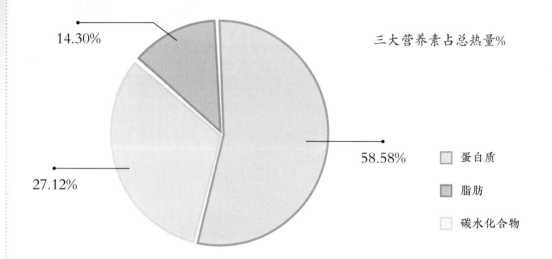

	蛋白质	脂肪	碳水化合物
平均每人每日摄入量(克)	51.91	43.76	212.69
比值	1	0.84	4.1
三大营养素产热量(千卡)	207.64	393.84	850.76

动物蛋白+豆类蛋白

摄入量：**30.27**
占总蛋白%：**58.31%**

动物热量+豆类热量

摄入量：**376.16**
占总热量%：**26.17%**

全天候带量食谱七月第一周

（中大班、托小班）

星期一

托小班

早点	牛奶	100ml
	点心	花式饼干　5-6g
午餐	主食	茄汁肉酱意面　番茄酱6g　蘑菇20g　番茄20g　洋葱10g　猪肉糜30g　意面40g
		双色糯米团　血糯米10g　糯米5g
	菜品	五彩鸭粒　杂菜10g　鸭胸肉20g
	汤羹	蔬菜浓汤　胡萝卜6g　粟米10g　土豆20g　火腿丝2g
午点	点心	卤汁豆腐干　卤汁干10g
		香甜南瓜莲心枸杞粥　南瓜6g　莲心2g　枸杞0.2g　大米20g
	水果	苹果　50g
晚餐	菜品	麦片饭　麦片5g　大米55g
		可乐鸡翅　鸡中翅35g（去骨）
		太阳花　肉糜10g　鹌鹑蛋18g
		芦笋炒草菇　芦笋50g　草菇10g
		芙蓉双鲜羹　鸡蛋10g　银鱼2g　莼菜2g
睡前	牛奶	150-180ml

中大班

早点	牛奶	110ml-120ml
	点心	花式饼干　7-8g
午餐	主食	茄汁肉酱意面　番茄酱6g　蘑菇20g
		番茄20g　洋葱10g　猪肉糜30g　意面45g
		双色糯米团　血糯米10g　糯米5g
	菜品	五彩鸭块　杂菜10g　鸭腿30g
	汤羹	蔬菜浓汤　胡萝卜6g　粟米10g　土豆20g　火腿丝2g
午点	点心	卤汁豆腐干　卤汁干10g
		香甜南瓜莲心枸杞粥　南瓜6g　莲心2g　枸杞0.2g　大米25g
	水果	苹果　50g
晚餐	菜品	麦片饭　麦片5g　大米55g　可乐鸡翅　鸡中翅35g
		太阳花　肉糜10g　鹌鹑蛋18g　芦笋炒草菇　芦笋50g　草菇10g
		芙蓉双鲜羹　鸡蛋10g　银鱼2g　莼菜2g
睡前	牛奶	150-180ml

星期二

托小班

早点	牛奶	100ml
	点心	花式饼干　5-6g
午餐	主食	糙米饭　糙米10g
		托班大米40g　小班大米45g
	菜品	水晶虾仁　虾仁　30g
		洋葱炒蛋　白皮洋葱15g　鸡蛋20g
		奶白菜胡萝卜炒油丁　奶白菜70g　胡萝卜5g　油豆腐5g
	汤羹	鲜菇豆腐羹　蘑菇5g　香菇5g　金针菇5g　豆腐20g
午点	点心	大白菜肉糜粉丝馒头　大白菜10g　猪肉糜10g　自发粉25g　山芋粉条6g
		桂花西湖莲藕羹　糖桂花1g　藕粉2g
	水果	帝皇蕉　45g
晚餐	菜品	玫瑰味米馒头　米馒头20g
		虾仁鲜肉小馄饨　小葱1g　肉酱20g　虾仁5g　皮子45g
		紫菜蛋皮汤　紫菜0.2g　鸡蛋10g
睡前	牛奶	150-180ml

过敏食谱
虾→肉糜　鸡蛋→肉糜
体弱加餐
营养不良：盐水鸭肫
贫血：盐水鸭肫

过敏食谱
虾→肉糜　鸡蛋→肉糜
体弱加餐
营养不良：盐水鸭肫
贫血：盐水鸭肫

中大班

早点	牛奶	110ml-120ml
	点心	花式饼干　7-8g
午餐	主食	糙米饭　糙米10g　中班大米55g　大班大米60g
	菜品	盐水大头虾　大头虾　50g
		洋葱炒蛋　白皮洋葱15g　鸡蛋20g
		奶白菜胡萝卜炒油丁　奶白菜70g　胡萝卜5g　油豆腐5g
	汤羹	鲜菇豆腐羹　蘑菇5g　香菇5g　金针菇5g　豆腐20g
午点	点心	大白菜肉糜粉丝馒头　大白菜10g　猪肉糜10g　自发粉25g
		山芋粉条6g
		桂花西湖莲藕羹　糖桂花1g　藕粉2g
	水果	帝皇蕉　45g
晚餐	菜品	玫瑰味米馒头　米馒头20g
		虾仁鲜肉小馄饨　小葱1g　肉酱20g　虾仁5g　皮子45g
		紫菜蛋皮汤　紫菜0.2g　鸡蛋10g
睡前	牛奶	150-180ml

星期三

托小班

早点　牛奶　100ml

　　　点心　花式饼干　5-6g

午餐　主食　食神炒饭　黄瓜50g　鸡蛋40g　粟米6g　青豆6g　方腿15g
　　　　　　　　　　胡萝卜10g　香菇6g　大米40g

　　　　　　黄金糕　黄金糕　12.5g

　　　汤羹　山药厚百叶木耳老鸭（去骨）汤　山药10g　木耳1g　老鸭6g　厚百叶10g

午点　点心　自制蔓越莓椰香玫瑰花　蔓越莓干1g　椰奶4g　自发粉25g

　　　　　　什锦水果水　苹果5g　梨10g

　　　水果　火龙果　50g

晚餐　菜品　软米饭　大米60g

　　　　　　芝麻茄汁粒　芝麻0.1g　沙司3g
　　　　　　　　　　　里脊肉20g

　　　　　　青豆鸡头米鸭丁　青豆10g　鸡头米5g
　　　　　　　　　　　鸭脯5g

　　　　　　麻酱油麦菜　麻酱2g　油麦菜60g

　　　　　　昂刺鱼枸杞粉皮汤　昂刺鱼5g　枸杞0.1g
　　　　　　　　　　　粉皮10g

睡前　牛奶　150-180ml

中大班

早点　牛奶　110ml-120ml

　　　点心　花式饼干　7-8g

午餐　主食　食神炒饭　黄瓜50g　鸡蛋40g　粟米6g　青豆6g　方腿15g　胡萝卜10g　香菇6g　大米50g

　　　　　　黄金糕　黄金糕　12.5g

　　　汤羹　山药厚百叶木耳老鸭（去骨）汤　山药10g　木耳1g　老鸭6g　厚百叶10g

午点　点心　自制蔓越莓椰香玫瑰花　蔓越莓干1g　椰奶4g　自发粉25g

　　　　　　什锦水果水　苹果5g　梨10g

　　　水果　火龙果　50g

晚餐　菜品　软米饭　大米60g

　　　　　　芝麻茄汁粒　芝麻0.1g　沙司3g　里脊肉20g

　　　　　　青豆鸡头米鸭丁　青豆10g　鸡头米5g　鸭脯5g

　　　　　　麻酱油麦菜　麻酱2g　油麦菜60g

　　　　　　昂刺鱼枸杞粉皮汤　昂刺鱼5g　枸杞0.1g　粉皮10g

睡前　牛奶　150-180ml

星期四

托小班

早点	牛奶	100ml
	点心	花式饼干　5-6g
午餐	主食	软米饭　大米　托班大米50g　小班大米55g
	菜品	红烧鸡丁　鸡胸肉40g
		西葫芦炒肉片　西葫芦30g　黑木耳1g　豆腐干5g　肉片10g
		清炒茼蒿菜　茼蒿菜50g
	汤羹	香菜腐竹萝卜牛尾（去骨）汤　香菜4g　腐竹4g　萝卜10g　牛尾5g
午点	点心	白煮鸽蛋　鸽蛋30g
		翡翠海鲜粥　芹菜6g　白米虾4g　干贝2g　小米5g　大米20g
	水果	葡萄　50g
晚餐	菜品	碎玉米饭　碎玉米5g　大米55g
		糖醋鲳鱼蓉　鲳鱼蓉15g
		小炒荷包蛋　彩椒6g　鸡蛋30g
		胡萝卜5g　黑木耳1g
		清炒米苋　米苋60g
		味噌海带汤　味噌酱1g　海带丝2g
睡前	牛奶	150-180ml

过敏食谱
白米虾、干贝→肉糜
体弱加餐　米馒头

中大班

早点	牛奶	110ml-120ml
	点心	花式饼干　7-8g
午餐	主食	软米饭　中班大米65g　大班大米70g
	菜品	红烧鸡腿块　鸡腿50g
		西葫芦炒肉片　西葫芦30g　黑木耳1g　豆腐干5g　肉片10g
		清炒茼蒿菜　茼蒿菜50g
	汤羹	香菜腐竹萝卜牛尾（去骨）汤　香菜4g　腐竹4g　萝卜10g　牛尾5g
午点	点心	白煮鸽蛋　鸽蛋30g
		翡翠海鲜粥　芹菜6g　白米虾4g　干贝2g　小米5g　大米20g
	水果	葡萄　50g
晚餐	菜品	碎玉米饭　碎玉米5g　大米55g
		糖醋鲳鱼　鲳鱼15g
		小炒荷包蛋　彩椒6g　鸡蛋30g　胡萝卜5g　黑木耳1g
		清炒米苋　米苋60g
		味噌海带汤　味噌酱1g　海带丝2g
睡前	牛奶	150-180ml

过敏食谱
白米虾、干贝→肉糜
体弱加餐　米馒头

星期五

托小班

早点	牛奶	100ml
	点心	花式饼干　5-6g
午餐	主食	藜麦米饭　藜麦10g　托班大米40g
		小班大米45g
	菜品	菠萝古老肉　菠萝4g　沙司4g　猪肉35g　秋葵炒蛋　秋葵10g　鸡蛋20g
		西蓝花炒花菜　西蓝花30g　花菜40g
	汤羹	冬瓜扁尖开洋汤　冬瓜6g　扁尖4g　开洋4g
午点	点心	华夫饼　华夫饼25g
		冰糖绿豆百合水　绿豆2g　百合2g　冰糖2g
	水果	橙　50g
晚餐	菜品	软米饭　大米60g　缤纷虾仁　杂菜5g　虾仁20g
		黑椒杏鲍菇牛肉丁　杏鲜菇10g　牛排20g
		什锦炒素　土豆10g　牛心菜40g　黑木耳1g　油面筋2g
		番茄平菇汤　番茄6g　平菇4g
睡前	牛奶	150-180ml

过敏食谱
开洋→肉糜　鸡蛋→培根
体弱加餐
营养不良：云片糕
贫血：糖水黑木耳

中大班

过敏食谱
开洋→肉糜　鸡蛋→培根
体弱加餐
营养不良：云片糕
贫血：糖水黑木耳

早点	牛奶	110ml-120ml
	点心	花式饼干　7-8g
午餐	主食	藜麦米饭　藜麦10g　中班大米55g　大班大米60g
	菜品	菠萝古老肉　菠萝4g　沙司4g　猪肉35g
		秋葵炒蛋　秋葵10g　鸡蛋20g
		西蓝花炒花菜　西蓝花30g　花菜40g
	汤羹	冬瓜扁尖开洋汤　冬瓜6g　扁尖4g　开洋4g
午点	点心	华夫饼　华夫饼25g
		冰糖绿豆百合水　绿豆2g　百合2g　冰糖2g
	水果	橙　50g
晚餐	菜品	软米饭　大米60g　缤纷虾仁　杂菜5g　虾仁20g
		黑椒杏鲍菇牛肉丁　杏鲜菇10g　牛排20g
		什锦炒素　土豆10g　牛心菜40g　黑木耳1g　油面筋2g
		番茄平菇汤　番茄6g　平菇4g
睡前	牛奶	150-180ml

全天候带量食谱七月第二周

（中大班、托小班）

星期一

托小班

早点	牛奶	100ml
	点心	花式饼干　5-6g
午餐	主食	自制玉米白菜小水饺　粟米6g　大白菜60g　干香菇4g　香干5g
		肉糜40g　小水饺皮40g
		紫米糕　紫米糕17.5g
	菜品	原味鸡块　原味鸡块20g
午点	点心	红烧鹌鹑蛋　鹌鹑蛋18g　　香糯养生粥　米仁2g　核桃仁5g　燕麦米5g　大米20g
	水果	迷你人参果　40g
晚餐	菜品	软米饭　大米60g　　豉油鲈鱼糜　鲈鱼35g
		丝瓜炒毛豆　丝瓜10g　毛豆肉5g
		有机花菜炒胡萝卜　有机花菜50g　胡萝卜5g
		荠菜肉丝豆腐　荠菜5g　肉丝2g　豆腐20g
睡前	牛奶	150-180ml

体弱加餐
营养不良：奶香小刀切
贫血：樱桃番茄

中大班

早点	牛奶	110ml-120ml
	点心	花式饼干　7-8g
午餐	主食	自制玉米白菜小水饺　粟米6g　大白菜60g
		干香菇4g　香干5g　肉糜40g　大水饺皮50g
		紫米糕　紫米糕17.5g
	菜品	原味鸡块　原味鸡块20g
午点	点心	红烧鹌鹑蛋　鹌鹑蛋18g
		香糯养生粥　米仁2g　核桃仁5g　燕麦米5g　大米20g
	水果	迷你人参果　40g
晚餐	菜品	软米饭　大米60g　豉油鲈鱼　鲈鱼35g
		丝瓜炒毛豆　丝瓜10g　毛豆肉5g
		有机花菜炒胡萝卜　有机花菜50g　胡萝卜5g
		荠菜肉丝豆腐　荠菜5g　肉丝2g　豆腐20g
睡前	牛奶	150-180ml

体弱加餐
营养不良：奶香小刀切
贫血：樱桃番茄

星期二

托小班

早点	牛奶	100ml
	点心	花式饼干　5-6g
午餐	主食	红米饭　红米10g　托班大米40g
		小班大米45g
	菜品	糖醋鲷鱼糕　鲷鱼50g
		荷塘小炒肉　藕20g　夹心肉片10g　胡萝卜6g　黑木耳1g
		青菜炒薄百叶　青菜60g　薄百叶10g
	汤羹	番茄冬瓜排骨（去骨）汤　番茄6g　冬瓜5g　排骨6g
午点	点心	自制三丁烧卖　肉酱4g　青豆4g　笋丁4g　糯米10g　烧卖皮27g
		百香果柚子茶　葡萄柚5g　百香果2g
	水果	水蜜桃　50g
晚餐	菜品	红米饭　红米5g　大米55g　照烧鸡丁　鸡胸40g
		甜椒香干炒肉片　甜椒6g　香干5g　肉片4g
		清炒菠菜　菠菜50g　玉米肥牛排骨汤　玉米棒10g　肥牛6g　肋排6g
睡前	牛奶	150-180ml

过敏食谱
鲷鱼→牛排
体弱加餐
营养不良：汉堡排条

中大班

过敏食谱
鲷鱼→牛排
体弱加餐
营养不良：汉堡排条

早点	牛奶	110ml-120ml
	点心	花式饼干　7-8g
午餐	主食	红米饭　红米10g　中班大米55g　大班大米60g
	菜品	糖醋鲷鱼块　鲷鱼50g
		荷塘小炒肉　藕20g　夹心肉片10g　胡萝卜6g　黑木耳1g
		青菜炒薄百叶　青菜60g　薄百叶10g
	汤羹	番茄冬瓜排骨汤　番茄6g　冬瓜5g　排骨6g
午点	点心	自制三丁烧卖　肉酱4g　青豆4g　笋丁4g　糯米10g　烧卖皮27g
		百香果柚子茶　葡萄柚5g　百香果2g
	水果	水蜜桃　50g
晚餐	菜品	红米饭　红米5g　大米55g　照烧鸡腿　鸡腿40g
		甜椒香干炒肉片　甜椒6g　香干5g　肉片4g
		清炒菠菜　菠菜50g
		玉米肥牛排骨汤　玉米棒10g　肥牛6g　肋排6g
睡前	牛奶	150-180ml

星期三

托小班

早点	牛奶	100ml
	点心	花式饼干　5-6g
午餐	主食	什锦煨饭　芦笋30g　牛心菜50g　香菇6g　青豆6g　胡萝卜10g
		培根10g　鸡蛋30g　大米40g
		荷叶饼　荷叶饼15g
	菜品	京酱肉丝　甜面酱2g　肉丝20g
	汤羹	枸杞金针菜粉皮木耳花鲢（去骨去刺）汤
		枸杞0.4g　金针菜6g　粉皮10g　木耳2g　花鲢4g
午点	点心	自制黑洋酥三角包　黑洋酥8g　自发粉25g
		香菜牛肉粉丝汤　香菜4g　牛肉4g　粉丝4g
	水果	麒麟西瓜　40g
晚餐	菜品	软米饭　大米60g
		香煎银鳕鱼　银鳕鱼30g
		韭黄炒鸡蛋　韭黄10g.鸡蛋10g
		蓬蒿腰果碎　蓬蒿50g　腰果2g
		黄豆猪脚汤　黄豆4g　猪脚5g
睡前	牛奶	150-180ml

过敏食谱
花鲢→肉糜
体弱加餐
营养不良：鲜汁小方干
贫血：鲜汁小方干

中大班

早点	牛奶	110ml-120ml
	点心	花式饼干　7-8g
午餐	主食	什锦煨饭　芦笋30g　牛心菜50g　香菇6g　青豆6g
		胡萝卜10g　培根10g　鸡蛋30g　大米50g
		荷叶饼　荷叶饼30g
	菜品	京酱肉丝　甜面酱2g　肉丝20g
	汤羹	枸杞金针菜粉皮木耳花鲢（去骨去刺）汤
		枸杞0.4g　金针菜6g　粉皮10g　木耳2g　花鲢4g
午点	点心	自制黑洋酥三角包　黑洋酥8g　自发粉25g
		香菜牛肉粉丝汤　香菜4g　牛肉4g　粉丝4g
	水果	麒麟西瓜　40g
晚餐	菜品	软米饭　大米60g　香煎银鳕鱼　银鳕鱼30g
		韭黄炒鸡蛋　韭黄10　鸡蛋10g　蓬蒿腰果碎　蓬蒿50g　腰果2g
		黄豆猪脚汤　黄豆4g　猪脚5g
睡前	牛奶	150-180ml

过敏食谱
花鲢→肉糜
体弱加餐
营养不良：鲜汁小方干
贫血：鲜汁小方干

星期四

托小班

早点	牛奶	100ml
	点心	花式饼干　5-6g
午餐	主食	荞麦饭　荞麦10g　托班大米40g
		小班大米45g
	菜品	酱汁鸭丁　鸭脯40g
		双菇烩海参　蘑菇10g　草菇10g　海参10g
		腐乳空心菜　腐乳汁2g　空心菜80g
	汤羹	味噌海带豆腐肉糜汤　肉糜2g　海带6g　豆腐20g
午点	点心	油菜鸡蛋肉丝面片汤　油菜8g　鸡蛋2g　肉丝2g　面片25g
	水果	香梨　40g
晚餐	菜品	血糯米饭　血糯米5g　大米55g　肉糜炖蛋　肉糜10g　鸡蛋20g
		美芹百合烩鲜贝　美芹10g　百合4g　鲜贝5g
		番茄炒牛心菜　番茄5g　牛心菜50g
		大白菜粉丝汤　大白菜5g　粉丝2g
睡前	牛奶	150-180ml

过敏食谱
海参、鸡蛋→肉丝
味噌、海带→葱花
体弱加餐
营养不良：小米糕

中大班

过敏食谱
海参、鸡蛋→肉丝
味噌、海带→葱花
体弱加餐
营养不良：小米糕

早点	牛奶	110ml-120ml
	点心	花式饼干　7-8g
午餐	主食	荞麦饭　荞麦10g　中班大米55g　大班大米60g
	菜品	酱汁鸭块　鸭腿50g
		双菇烩海参　蘑菇10g　草菇10g　海参10g
		腐乳空心菜　腐乳汁2g　空心菜80g
	汤羹	味噌海带豆腐肉糜汤　肉糜2g　海带6g　豆腐20g
午点	点心	油菜鸡蛋肉丝面片汤　油菜8g　鸡蛋2g　肉丝2g　面片25g
	水果	香梨　40g
晚餐	菜品	血糯米饭　血糯米5g　大米55g
		肉糜炖蛋　肉糜10g　鸡蛋20g
		美芹百合烩鲜贝　美芹10g　百合4g　鲜贝5g
		番茄炒牛心菜　番茄5g　牛心菜50g
		大白菜粉丝汤　大白菜5g　粉丝2g
睡前	牛奶	150-180ml

星期五

托小班

早点　牛奶　100ml

　　　点心　花式饼干　5-6g

午餐　主食　白米饭　托班大米50g　小班大米55g

　　　菜品　红烧百叶结五花肉　百叶结10g

　　　　　　　　　　　　　　精五花肉　35g

　　　　　　银鱼炒蛋　银鱼6g　鸡蛋20g

　　　　　　丝瓜炒毛豆　丝瓜90g　毛豆肉8g

　　　汤羹　枸杞菌菇童子鸡（去骨）汤　枸杞0.4g　菌菇10g　童子鸡6g

午点　点心　小鱼糯糯　小鱼糯糯25g

　　　　　　自制乌梅汁　干山楂1g　乌梅1g　甘草0.2g　陈皮0.4g

　　　水果　鸡心果　35g

晚餐　菜品　全家福中馄饨　中馄饨皮50g　青菜50g　香菇4g

　　　　　　　　　　粟米4g　黑木耳0.2g　虾仁10g　肉糜30g

　　　　　　竹荪乳鸽汤　竹荪0.2g　乳鸽5g

睡前　牛奶　150-180ml

> **过敏食谱**
> 银鱼炒蛋→牛里脊
> **体弱加餐**
> 营养不良：葱油小肉圆
> 贫血：葱油小肉圆

中大班

> **过敏食谱**
> 银鱼炒蛋→牛里脊
> **体弱加餐**
> 营养不良：葱油小肉圆
> 贫血：葱油小肉圆

早点　牛奶　110ml-120ml

　　　点心　花式饼干　7-8g

午餐　主食　白米饭　大米　中班65g　大班70g

　　　菜品　红烧百叶结五花肉　百叶结10g　精五花肉　35g

　　　　　　银鱼炒蛋　银鱼6g　鸡蛋20g

　　　　　　丝瓜炒毛豆　丝瓜90g　毛豆肉8g

　　　汤羹　枸杞菌菇童子鸡汤　枸杞0.4g　菌菇10g　童子鸡6g

午点　点心　小鱼糯糯　小鱼糯糯25g

　　　　　　自制乌梅汁　干山楂1g　乌梅1g　甘草0.2g　陈皮0.4g

　　　水果　鸡心果　35g

晚餐　菜品　全家福中馄饨　中馄饨皮50g　青菜50g　香菇4g

　　　　　　　　　　粟米4g　黑木耳0.2g　虾仁10g　肉糜30g

　　　　　　竹荪乳鸽汤　竹荪0.2g　乳鸽5g

睡前　牛奶　150-180ml

全天候带量食谱七月第三周

（中大班、托小班）

星期一

体弱加餐
营养不良：黄金糕
贫血：樱桃番茄

托小班

早点	牛奶	100ml
点心	花式饼干　5-6g
午餐	主食	菠菜鸡蛋营养汤面　菠菜40g　蘑菇10g　胡萝卜10g　肉丝20g　鸡蛋面条40g
		小米糕　黑米糕17.5g
	菜品	酱爆什件　鸡胸20g　鸡心6g　鸡肝6g　茭白30g
午点	点心	蜜汁豆腐干　蜜汁豆腐干15g　　小米南瓜红枣粥　无核红枣2g　小米5g　南瓜6g　大米20g
	水果	蜜瓜　50g
晚餐	菜品	乌米饭　乌米5g　大米50g
		沙司龙利鱼粒　沙司1g　龙利鱼25g
		椒盐鹌鹑蛋　鹌鹑蛋18g
		虾酱芥蓝　虾酱1g　芥蓝50g
		麻香紫菜虾皮汤　麻油0.2g　紫菜1g　虾皮1g
睡前	牛奶	150-180ml

中大班

体弱加餐
营养不良：黄金糕
贫血：樱桃番茄

早点	牛奶	110ml-120ml
点心	花式饼干　7-8g
午餐	主食	菠菜鸡蛋营养汤面
		菠菜40g　蘑菇10g　胡萝卜10g　肉丝20g　鸡蛋面条50g
		小米糕　小米糕17.5g
	菜品	酱爆什件　鸡胸20g　鸡心6g　鸡肝6g　茭白30g
午点	点心	蜜汁豆腐干　蜜汁豆腐干15g
		小米南瓜红枣粥　无核红枣2g　小米5g　南瓜6g　大米20g
	水果	蜜瓜　50g
晚餐	菜品	乌米饭　乌米5g　大米55g　　沙司龙利鱼块　沙司1g　龙利鱼25g
		椒盐鹌鹑蛋　鹌鹑蛋18g　　虾酱芥蓝　虾酱1g　芥蓝50g
		麻香紫菜虾皮汤　麻油0.2g　紫菜1g　虾皮1g
睡前	牛奶	150-180ml

星期二

托小班

早点　牛奶　100ml

　　　点心　花式饼干　5-6g

午餐　主食　乌米饭　乌米10g　托班大米40g

　　　　　　小班大米45g

　　　菜品　茄汁鲳鱼蓉　沙司2g　鲳鱼45g

　　　　　　肉片炒山药胡萝卜　山药20g　肉片10g　胡萝卜5g

　　　　　　蒜香地瓜叶　蒜头1g　地瓜叶80g

　　　汤羹　大白菜枸杞鸡蛋汤　大白菜5g　枸杞0.4g　蛋6g

午点　点心　葡萄干山芋开花包　红心山芋6g　葡萄干4g　自发粉25g

　　　　　　香菜榨菜粉丝汤　香菜2g　粉丝4g　榨菜1g

　　　水果　黄桃　50g

晚餐　菜品　软米饭　大米60g　小葱香焖鸡丁　鸡胸30g

　　　　　　四喜烤麸　黑木耳1g　花生2g　金针菜5g　烤麸5g

　　　　　　清炒西葫芦　西葫芦50g　丝瓜蛋汤　丝瓜6g　鸡蛋2g

睡前　牛奶　150-180ml

> 过敏食谱
> 鲳鱼→肉圆
> 体弱加餐
> 营养不良：卤水鸡心

中大班

早点　牛奶　110ml-120ml

　　　点心　花式饼干　7-8g

午餐　主食　乌米饭　乌米10g　大米中班　55g　大班　60g

　　　菜品　茄汁鲳鱼　沙司2g　鲳鱼45g

　　　　　　肉片炒山药胡萝卜　山药20g　肉片10g　胡萝卜5g

　　　　　　蒜香地瓜叶　蒜头1g　地瓜叶80g

　　　汤羹　大白菜枸杞鸡蛋汤　大白菜5g　枸杞0.4g　蛋6g

午点　点心　葡萄干山芋开花包　红心山芋6g　葡萄干4g　自发粉25g

　　　　　　香菜榨菜粉丝汤　香菜2g　粉丝4g　榨菜1g

　　　水果　黄桃　50g

晚餐　菜品　软米饭　大米60g　小葱香焖鸡腿　鸡腿35g

　　　　　　四喜烤麸　黑木耳1g　花生2g　金针菜5g　烤麸5g

　　　　　　清炒西葫芦　西葫芦50g

　　　　　　丝瓜蛋汤　丝瓜6g　鸡蛋2g

睡前　牛奶　150-180ml

> 过敏食谱
> 鲳鱼→肉圆
> 体弱加餐
> 营养不良：卤水鸡心

星期三

托小班

早点　牛奶　100ml

　　　点心　花式饼干　5-6g

午餐　主食　日式咖喱鸡丁炒饭　咖喱4g　鸡胸35g　杂菜10g

　　　　　　　　　　　　　　　　土豆80g　洋葱6g　大米40g

　　　　　红宝石布丁蛋糕　红宝石布丁蛋糕10g

　　　菜品　盐水虾（去壳）　基围虾20g

　　　汤羹　海鲜豆腐羹　香菜2g　开洋2g　蟹肉棒2g　豆腐20g

午点　点心　自制中式香肠卷　自发粉25g　亲亲肠10g

　　　　　小西米银耳羹　西米4g　银耳1g

　　　水果　帝皇蕉　45g

晚餐　菜品　黑米饭　黑米5g　大米50g

　　　　　糖醋小肉块　五花肉30g

　　　　　荷塘小炒　莲藕10g　荷兰豆20g

　　　　　　　　黑木耳1g　胡萝卜10g

　　　　　蓬蒿菜腰果碎　蓬蒿菜30g　腰果2g

　　　　　番茄土豆汤　番茄5g　土豆10g

睡前　牛奶　150-180ml

过敏食谱

基围虾→牛排条

开洋、蟹肉棒→牛肉丝

体弱加餐

营养不良：　苏锡豆腐干

贫血：苏锡豆腐干

过敏食谱

基围虾→牛排条

开洋、蟹肉棒→牛肉丝

体弱加餐

营养不良：　苏锡豆腐干

贫血：苏锡豆腐干

中大班

早点　牛奶　110ml-120ml

　　　点心　花式饼干　7-8g

午餐　主食　日式咖喱鸡丁炒饭　咖喱4g　鸡胸35g　杂菜10g　土豆80g

　　　　　　　　　　　　　　　　洋葱6g　大米50g

　　　　　红宝石布丁蛋糕　红宝石布丁蛋糕10g

　　　菜品　盐水虾　基围虾20g

　　　汤羹　海鲜豆腐羹　香菜2g　开洋2g　蟹肉棒2g　豆腐20g

午点　点心　自制中式香肠卷　自发粉25g　亲亲肠10g

　　　　　小西米银耳羹　西米4g　银耳1g

　　　水果　帝皇蕉　45g

晚餐　菜品　黑米饭　黑米5g　大米50g

　　　　　糖醋小肉块　五花肉30g

　　　　　荷塘小炒　莲藕10g　荷兰豆20g　黑木耳1g　胡萝卜10g

　　　　　蓬蒿菜腰果碎　蓬蒿菜30g　腰果2g

　　　　　番茄土豆汤　番茄5g　土豆10g

睡前　牛奶　150-180ml

星期四

托小班

早点	牛奶	100ml
	点心	花式饼干　5-6g
午餐	主食	白米饭　托班大米50g　小班大米55g
	菜品	五彩蛋酪　鸡蛋50g　青椒10g
		黄椒5g　红椒5g
		鱼香茄子　杭茄20g　肉糜5g
		清炒芥蓝　芥蓝60g
	汤羹	枸杞厚百叶昂刺鱼（去骨去刺）汤　枸杞0.4g　厚百叶5g　昂刺鱼10g
午点	点心	卤汁素肠　素肠　15g
		紫角叶牡蛎玉米（渣）枸杞粥
		玉米糁5g　枸杞0.4g　紫角叶6g　牡蛎肉6g　干贝2g　大米20g
	水果	金果　　50g
晚餐	菜品	软米饭　大米60g　酱烧墨鱼卤蛋　墨鱼仔10g　鸡蛋25g
		芹菜炒牛肉丝　芹菜10g　牛肉丝5g
		三色夜开花　夜开花50g　甜椒5g　胡萝卜5g
		菠菜猪肝汤　菠菜6g　猪肝4g
睡前	牛奶	150-180ml

过敏食谱
鸡蛋→鸡胸
昂刺鱼→肉糜
体弱加餐
营养不良：红糖发糕

中大班

过敏食谱
鸡蛋→鸡胸
昂刺鱼→肉糜
体弱加餐
营养不良：红糖发糕

早点	牛奶	110ml-120ml
	点心	花式饼干　7-8g
午餐	主食	白米饭　中班大米65g　大班大米70g
	菜品	五彩蛋酪　鸡蛋50g　青椒10g　黄椒5g　红椒5g
		鱼香茄子　杭茄20g　肉糜5g　　清炒芥蓝　芥蓝60g
	汤羹	枸杞厚百叶昂刺鱼汤　枸杞0.4g　厚百叶5g　昂刺鱼10g
午点	点心	卤汁素肠　素肠　15g
		紫角叶牡蛎玉米（渣）枸杞粥
		玉米糁5g　枸杞0.4g　紫角叶6g　牡蛎肉6g　干贝2g　大米20g
	水果	金果　　50g
晚餐	菜品	软米饭　大米60g　酱烧墨鱼卤蛋　墨鱼仔10g　鸡蛋25g
		芹菜炒牛肉丝　芹菜10g　牛肉丝5g
		三色夜开花　夜开花50g　甜椒5g　胡萝卜5g
		菠菜猪肝汤　菠菜6g　猪肝4g
睡前	牛奶	150-180ml

星期五

托小班

早点　牛奶　100ml

　　　点心　花式饼干　5-6g

午餐　主食　血糯米饭　血糯米10g　托班大米40g　托班大米45g

　　　菜品　茶树菇牛肉丁　鲜茶树菇2g　牛里脊35g

　　　　　　西芹百合香干炒肉丝　西芹10g　百合5g　香干15g　肉片10g

　　　　　　杭白菜炒胡萝卜油面筋　杭白菜70g　胡萝卜5g　油面筋2g

　　　汤羹　球生菜腐竹木耳乳鸽（去骨）汤　球生菜5g　腐竹10g　木耳1g　乳鸽6g

午点　点心　年轮蛋糕　年轮蛋糕25g

　　　　　　冰糖陈皮雪梨羹　陈皮1g　梨20g

　　　水果　樱桃番茄　30g

晚餐　菜品　丁丁炒面　蒜苔30g　鸡蛋10g

　　　　　　　　　　　方腿15g　夹心肉10g

　　　　　　　　　　　胡萝卜5g　黄瓜10g

　　　　　　　　　　　赤松茸10g　香干10g

　　　　　　　　　　　粗面60g

　　　　　　米发糕　米发糕20g

　　　　　　蘑菇浓汤　口菇4g　培根4g　洋葱2g

睡前　牛奶　150-180ml

体弱加餐
营养不良：小酥肉
贫血：麻油鸡肝

中大班

早点　牛奶　110ml-120ml

　　　点心　花式饼干　7-8g

午餐　主食　血糯米饭　血糯米10g　中班大米55g　大班大米60g

　　　菜品　茶树菇牛肉块　鲜茶树菇2g　牛里脊35g

　　　　　　西芹百合香干炒肉片　西芹10g　百合5g　香干15g　肉片10g

　　　　　　杭白菜胡萝卜油面筋　杭白菜70g　胡萝卜5g　油面筋2g

　　　汤羹　球生菜腐竹木耳乳鸽汤　球生菜5g　腐竹10g　木耳1g　乳鸽6g

午点　点心　年轮蛋糕　年轮蛋糕25g

　　　　　　冰糖陈皮雪梨羹　陈皮1g　梨20g

　　　水果　樱桃番茄　30g

晚餐　菜品　丁丁炒面　蒜苔30g　鸡蛋10g　方腿15g　夹心肉10g　胡萝卜5g

　　　　　　　　　　　黄瓜10g　赤松茸10g　香干10g　粗面60g

　　　　　　米发糕　米发糕20g　蘑菇浓汤　口菇4g　培根4g　洋葱2g

睡前　牛奶　150-180ml

体弱加餐
营养不良：小酥肉
贫血：麻油鸡肝

全天候带量食谱七月第四周

（中大班、托小班）

星期一

托小班

早点	牛奶	100ml
	点心	花式饼干　5-6g
午餐	主食	多味中馄饨　虾皮4g　肉糜30g　荠菜10g　青菜65g　豆腐干15g　干香菇4g　中皮子35g　鸡蛋5g
		黑米糕　黑米糕20g
	菜品	牛油果腰果虾球　牛油果2g　腰果4g　青虾仁20g
午点	点心	木瓜鸡头米鲜莲粥　木瓜25g　鸡头米2g　鲜莲4g　大米20g
	水果	蓝莓　20g
晚餐	菜品	藜麦饭　藜麦5g　大米55g
		红烩牛腩煲　胡萝卜5g　牛腩25g
		毛豆仁炒鸡蛋　毛豆仁5g　鸡蛋20g
		什锦炒素　杭白菜30g　土豆10g　胡萝卜5g
		素肠6g　黑木耳2g
		生菜椰子鸡汤　球生菜5g　椰汁5g
		枸杞1g　老母鸡5g
睡前	牛奶	150-180ml

中大班

早点	牛奶	110ml-120ml
	点心	花式饼干　7-8g
午餐	主食	多味中馄饨　虾皮4g　肉糜30g　荠菜10g　青菜65g　豆腐干15g　干香菇4g　大皮子45g　鸡蛋5g
		黑米糕　黑米糕20g
	菜品	牛油果腰果虾球　牛油果2g　腰果4g　青虾仁20g
午点	点心	木瓜鸡头米鲜莲粥　木瓜25g　鸡头米2g　鲜莲4g　大米25g
	水果	蓝莓　20g
晚餐	菜品	藜麦饭　藜麦5g　大米55g　红烩牛腩煲　胡萝卜5g　牛腩25g
		毛豆仁炒鸡蛋　毛豆仁5g　鸡蛋20g
		什锦炒素　杭白菜30g　土豆10g　胡萝卜5g　素肠6g　黑木耳2g
		生菜椰子鸡汤　球生菜5g　椰汁5g　枸杞1g　老母鸡5g
睡前	牛奶	150-180ml

星期二

托小班

早点	牛奶	100ml
	点心	花式饼干　5-6g
午餐	主食	燕麦饭　燕麦10g　托班大米40g
		小班大米45g
	菜品	鳕鱼丁杂蔬煲　土豆5g　胡萝卜10g　鳕鱼65g　甜椒6g
		苦瓜炒蛋　苦瓜2g　鸡蛋15g
		炒双脆　茭白35g　莴笋30g
	汤羹	竹荪厚百叶老鸭（去骨）汤　竹荪1g　厚百叶10g　乳鸽5g
午点	点心	自制肉松花卷　香葱5g　肉松2g　自发粉20g
		古早冬瓜米汤　红糖5g　冬瓜10g　大米5g
	水果	甜瓜　50g
晚餐	菜品	软米饭　大米60g　　迷你百叶包肉　薄百叶15g　夹心肉糜10g
		黄瓜丝炒银鱼　黄瓜10g　银鱼5g　　香菇炒油菜　油菜50g　香菇2g
		豆苗蹄膀汤　豆苗4g　蹄膀5g
睡前	牛奶	150-180ml

过敏食谱
鳕鱼→里脊肉片
鸡蛋→牛肉丝
体弱加餐
营养不良：牛排

中大班

过敏食谱
鳕鱼→里脊肉片
鸡蛋→牛肉丝
体弱加餐
营养不良：牛排

早点	牛奶	110ml-120ml
	点心	花式饼干　7-8g
午餐	主食	燕麦饭　燕麦10g　中班大米55g　大班大米60g
	菜品	鳕鱼杂蔬煲　土豆5g　胡萝卜10g　鳕鱼65g　甜椒6g
		苦瓜炒蛋　苦瓜2g　鸡蛋15g
		炒双脆　茭白35g　莴笋30g
	汤羹	竹荪厚百叶老鸭汤　竹荪1g　厚百叶10g　乳鸽5g
午点	点心	自制肉松花卷　香葱5g　肉松2g　自发粉20g
		古早冬瓜米汤　红糖5g　冬瓜10g　大米5g
	水果	甜瓜　50g
晚餐	菜品	软米饭　大米60g
		迷你百叶包肉　薄百叶15g　夹心肉糜10g
		黄瓜丝炒银鱼　黄瓜10g　银鱼5g
		香菇炒油菜　油菜50g　香菇2g
		豆苗蹄膀汤　豆苗4g　蹄膀5g
睡前	牛奶	150-180ml

星期三

托小班

早点　牛奶　100ml
　　　点心　花式饼干　5-6g
午餐　主食　芝士肥牛盖饭　洋葱5g　卷心菜60g　胡萝卜10g　甜椒10g　芝士2g
　　　　　　　　　　　　　肥牛35g　培根10g　大米40g
　　　　　　玉米枸杞馒头　玉米枸杞馒头15g
　　　汤羹　菠菜响铃蹄膀（去骨）汤　菠菜10g　响铃10g　蹄膀5g
午点　点心　香甜抹茶双层如意卷　抹茶粉1g　牛奶2g　自发粉25g
　　　　　　油豆腐豆芽汤　油豆腐4g　豆芽2g
　　　水果　香梨　40g
晚餐　菜品　小米饭　小米5g　大米55g
　　　　　　五彩目鱼粒　杂菜10g　目鱼条30g
　　　　　　　　　　　　枸杞0.2g
　　　　　　培根烘鸡蛋　培根5g　草鸡蛋20g
　　　　　　葱油莴笋　莴笋50g
　　　　　　番薯叶蛋花汤　番薯叶8g　草鸡蛋10g
睡前　牛奶　150-180ml

体弱加餐
营养不良：素鸭
贫血：素鸭

中大班

早点　牛奶　110ml-120ml
　　　点心　花式饼干　7-8g
午餐　主食　芝士肥牛盖饭　洋葱5g　卷心菜60g　胡萝卜10g　甜椒10g
　　　　　　　　　　　　　芝士2g　肥牛35g　培根10g　大米50g
　　　　　　玉米枸杞馒头　玉米枸杞馒头15g
　　　汤羹　菠菜响铃蹄膀汤　菠菜10g　响铃10g　蹄膀5g
午点　点心　香甜抹茶双层如意卷　抹茶粉1g　牛奶2g　自发粉25g
　　　　　　油豆腐豆芽汤　油豆腐4g　豆芽2g
　　　水果　香梨　40g
晚餐　菜品　小米饭　小米5g　大米55g
　　　　　　五彩目鱼粒　杂菜10g　目鱼条30g　枸杞0.2g
　　　　　　培根烘鸡蛋　培根5g　草鸡蛋20g
　　　　　　葱油莴笋　莴笋50g
　　　　　　番薯叶蛋花汤　番薯叶8g　草鸡蛋10g
睡前　牛奶　150-180ml

体弱加餐
营养不良：素鸭
贫血：素鸭

星期四

托小班

早点	牛奶	100ml
	点心	花式饼干 5-6g
午餐	主食	白米饭 托班大米50g 小班大米55g
	菜品	甜橙鸡丝 鸡胸肉30g 血橙5g
		五彩龙利鱼粒 杂菜10g 龙利鱼20g
		黄瓜炒胡萝卜 黄瓜80g 胡萝卜10g
	汤羹	香葱蟹味菇玉子汤 香葱2g 蟹味菇4g
		日本豆腐20g
午点	点心	红糖蜜芸豆 红糖4g 芸豆10g
		蔬菜牛肉汤乌冬 蓬蒿菜6g 牛腩5g 乌冬面30g
	水果	鸡心果 40g
晚餐	菜品	软米饭 大米60g 陈皮鸭丝 鸭胸30g 陈皮1g
		茭白甜椒炒肉丁 光茭白10g 甜椒5g 腿肉8g
		手撕开胃包菜 卷心菜 50g
		枸杞厚百叶鲫鱼汤 枸杞1g 厚百叶5g 鲫鱼5g
睡前	牛奶	150-180ml

过敏食谱
海带→小葱
体弱加餐
营养不良：红糖发糕

中大班

过敏食谱
海带→小葱
体弱加餐
营养不良：红糖发糕

早点	牛奶	110ml-120ml
	点心	花式饼干 7-8g
午餐	主食	白米饭 大米 中班65g 大班70g
	菜品	甜橙鸡柳 鸡胸肉30g 血橙5g
		五彩龙利鱼 杂菜10g 龙利鱼20g
		黄瓜炒胡萝卜 黄瓜80g 胡萝卜10g
	汤羹	香葱蟹味菇玉子汤 香葱2g 蟹味菇4g 日本豆腐20g
午点	点心	红糖蜜芸豆 红糖4g 芸豆10g
		蔬菜牛肉汤乌冬 蓬蒿菜6g 牛腩5g 乌冬面30g
	水果	鸡心果 40g
晚餐	菜品	软米饭 大米60g
		陈皮鸭块 鸭腿40g 陈皮1g
		茭白甜椒炒肉丁 光茭白10g 甜椒5g 腿肉8g
		手撕开胃包菜 卷心菜 50g
		枸杞厚百叶鲫鱼汤 枸杞1g 厚百叶5g 鲫鱼5g
睡前	牛奶	150-180ml

星期五

托小班

早点	牛奶	100ml
	点心	花式饼干　5-6g
午餐	主食	藜麦饭　藜麦10g　托班大米40g
		小班大米45g
	菜品	瑞士小肉丸　猪肉糜30g　牛肉糜10g
		洋葱6g　鸡蛋2g
		芹菜炒鱿鱼丁　芹菜10g　鱿鱼10g
		草头炒白玉菇　草头70g　白玉菇10g
	汤羹	香菜黑鱼（去骨去刺）枸杞粉皮汤　香菜4g　黑鱼5g　枸杞0.2g　粉皮6g
午点	点心	小羊角面包　小羊角面包25g
		金银花饮　金银花0.2g　菊花0.4g　山楂0.2g
	水果	西瓜　50g
晚餐	菜品	米发糕　米发糕10g
		黑椒时蔬意面　黑胡椒酱2g　香菇10g　蘑菇20g　洋葱10g
		胡萝卜10g　蒜蓉1g　培根10g　猪丝20g　意面55g
		冬瓜肋排汤　冬瓜10g　肋排5g
睡前	牛奶	150-180ml

过敏食谱
鱿鱼→肥牛
河鲫鱼、鸡蛋→肉丝
体弱加餐
营养不良：卤水鸡心
贫血：卤水鸡心

中大班

过敏食谱
鱿鱼→肥牛
河鲫鱼、鸡蛋→肉丝
体弱加餐
营养不良：卤水鸡心
贫血：卤水鸡心

早点	牛奶	110ml-120ml
	点心	花式饼干　7-8g
午餐	主食	藜麦饭　藜麦10g　大米中班 55g　大班 60g
	菜品	瑞士肉丸　猪肉糜30g　牛肉糜10g　洋葱6g　鸡蛋2g
		芹菜炒鱿鱼　芹菜10g　鱿鱼10g
		草头炒白玉菇　草头70g　白玉菇10g
	汤羹	香菜黑鱼枸杞粉皮汤
		香菜4g　黑鱼5g　枸杞0.2g　粉皮6g
午点	点心	小羊角面包　小羊角面包25g
		金银花饮　金银花0.2g　菊花0.4g　山楂0.2g
	水果	西瓜　50g
晚餐	菜品	米发糕　米发糕10g
		黑椒时蔬意面　黑胡椒酱2g　香菇10g　蘑菇20g　洋葱10g　胡萝卜10g
		蒜蓉1g　培根10g　猪丝20g　意面中大班60g
		冬瓜肋排汤　冬瓜10g　肋排5g
睡前	牛奶	150-180ml

七月份膳食营养
分析及小结

（记账法膳食调查评价）

平衡膳食五项标准：

1 热量摄入量占供给量85%—90%为中等，90%以上为好。蛋白质占供给量80%以上。

蛋白质
平均每人摄入量：**50.65**
占平均供给量(%)：**106.86%**

0%　　　　　　　80%

热量
平均每人摄入量：**1420.30**
占平均供给量(%)：**94.62%**

0%　　　　　　　　85%　90%

2 蛋白质、脂肪、碳水化合物重量比值为1：1：4-5

3 三大营养素产热量占总热量：蛋白质12-15%，脂肪25-30%，碳水化合物50%-60%：

④ 动物蛋白+豆类蛋白质的摄入量>50%

⑤ 动物食品的热量+豆类食品的热量摄入量>20%

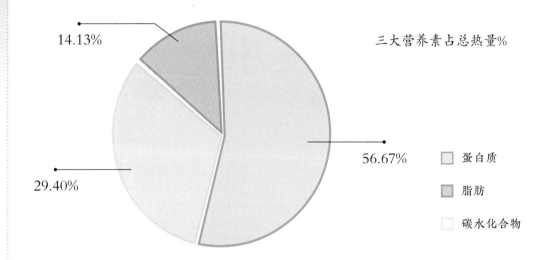

三大营养素占总热量%

14.13%

29.40%

56.67%

□ 蛋白质

■ 脂肪

□ 碳水化合物

	蛋白质	脂肪	碳水化合物
平均每人每日摄入量(克)	50.65	46.84	202.43
比值	1	0.92	4
三大营养素产热量(千卡)	202.6	421.56	809.72

动物蛋白+豆类蛋白

摄入量: **27.28**
占总蛋白%: **53.85%**

0%   50%

动物热量+豆类热量

摄入量: **350.44**
占总热量%: **24.67%**

0%   20%

全天候带量食谱八月第一周

（中大班、托小班）

星期一

托小班

早点	牛奶	100ml
	点心	花式饼干　5-6g
午餐	主食	自制三鲜ＱＱ水饺　芹菜10g　西葫芦50g　千香菇4g　香干15g　肉糜40g　小水饺皮30g
		香米米饼　香米米饼20g
	菜品	台式亲亲肠　台式亲亲肠 10g
午点	点心	茄汁鹌鹑蛋　鹌鹑蛋18g　沙司2g
		清凉解暑粥　莲心4g　绿豆4g　大米25g
	水果	橙　50g
晚餐	菜品	米饭　大米60g
		陈皮鸡片　陈皮1g　鸡胸25g
		三鲜海味羹　虾仁5g　香菇5g　丝瓜10g
		金针菇小青菜　香菇5g　小青菜45g
		番茄冬瓜虾皮汤　番茄5g　冬瓜10g　虾皮1g
睡前	牛奶	150-180ml

中大班

早点	牛奶	110ml-120ml
	点心	花式饼干　7-8g
午餐	主食	自制三鲜水饺　芹菜10g　西葫芦50g　千香菇4g　香干15g　肉糜40g
		大水饺皮50g
		香米米饼　香米米饼20g
	菜品	台式亲亲肠　台式亲亲肠 10g
午点	点心	茄汁鹌鹑蛋　鹌鹑蛋18g　沙司2g
		清凉解暑粥　莲心4g　绿豆4g　大米25g
	水果	橙　50g
晚餐	菜品	米饭　大米60g　陈皮鸡腿块　陈皮1g　鸡腿30g
		三鲜海味羹　虾仁5g　香菇5g　丝瓜10g
		金针菇小青菜　香菇5g　小青菜45g
		番茄冬瓜虾皮汤　番茄5g　冬瓜10g　虾皮1g
睡前	牛奶	150-180ml

星期二

托小班

早点　牛奶　100ml
　　　点心　花式饼干　5-6g
午餐　主食　白米饭　托班大米50g　小班大米55g
　　　菜品　糖醋长江鲴鱼茸　鲴鱼60g　　手撕包菜　牛心菜40g　肉片10g　胡萝卜6g　黑木耳1g
　　　　　　菠菜炒百叶　菠菜50g　百叶10g
　　　汤羹　枸杞青菜童子鸡（去骨）汤　枸杞0.4g　青菜6g　童子鸡6g
午点　点心　自制三鲜烧卖　肉酱4g　青豆4g　玉米4g　糯米10g　烧卖皮27g
　　　　　　百香果水果茶　梨5g　橙子5g　百香果2g
　　　水果　苹果　50g
晚餐　菜品　芝士煨饭　大米60g　培根10g　方腿5g　五花肉5g　鸡蛋15g
　　　　　　　　　　　黄瓜40g　香菇3g　芝士10g　胡萝卜3g　山药15g
　　　　　　五香鸭胗　鸭胗10g
　　　　　　生菜蘑菇蛋汤　蘑菇3g　生菜10g　鸡蛋5g
睡前　牛奶　150-180ml

过敏食谱
长江鲴鱼→猪肉汉堡块
体弱加餐
营养不良：原味鸡块

中大班

过敏食谱
长江鲴鱼→猪肉汉堡块
体弱加餐
营养不良：原味鸡块

早点　牛奶　110ml-120ml
　　　点心　花式饼干　7-8g
午餐　主食　白米饭　中班大米65g　大班大米70g
　　　菜品　糖醋长江鲴鱼　鲴鱼60g
　　　　　　手撕包菜　牛心菜40g　肉片10g　胡萝卜6g　黑木耳1g
　　　　　　菠菜炒百叶　菠菜50g　百叶10g
　　　汤羹　枸杞青菜童子鸡汤　枸杞0.4g　青菜6g　童子鸡6g
午点　点心　自制三鲜烧卖　肉酱4g　青豆4g　玉米4g　糯米10g　烧卖皮27g
　　　　　　百香果水果茶　梨5g　橙子5g　百香果2g
　　　水果　苹果　50g
晚餐　菜品　芝士煨饭　大米60g　培根10g　方腿5g　五花肉5g　鸡蛋15g
　　　　　　　　　　　黄瓜40g　香菇3g　芝士10g　胡萝卜3g　山药15g
　　　　　　五香鸭胗　鸭胗10g
　　　　　　生菜蘑菇蛋汤　蘑菇3g　生菜10g　鸡蛋5g
睡前　牛奶　150-180ml

星期三

托小班

过敏食谱
昂刺鱼→肉糜
体弱加餐
营养不良：素鸭
贫血：素鸭

早点	牛奶	100ml
	点心	花式饼干 5-6g
午餐	主食	荞麦饭 荞麦10g 托班大米40g 小班大米45g
	菜品	京酱鸭丁 甜面酱2g 京葱2g 鸭胸40g 千叶豆腐煲 甜椒6g 胡萝卜5g 千叶豆腐20g 肉片10g
		蒜香米苋 蒜头2g 米苋80g
	汤羹	葱香枸杞昂刺鱼（去骨去刺）粉皮汤 小葱1g 枸杞0.4g 昂刺鱼6g 粉皮10g
午点	点心	自制豆沙草帽包 豆沙8g 自发粉25g
		香菜鸡蛋虾皮粉丝汤 香菜2g 鸡蛋6g 虾皮2g 粉丝4g
	水果	火龙果 50g
晚餐	菜品	米饭 大米60g
		沙司牛肉饼 番茄酱5g 牛肉末15g 肉糜15g
		肉糜五色蔬菜菌丝 黄豆芽15g 胡萝卜8g
		平菇2g 香菇7g
		鸡腿菇2g
		清炒地瓜叶 地瓜叶40g
		土豆海带大骨汤 大骨8g 海带8g 土豆5g
睡前	牛奶	150-180ml

中大班

过敏食谱
昂刺鱼→肉糜
体弱加餐
营养不良：素鸭
贫血：素鸭

早点	牛奶	110ml-120ml
	点心	花式饼干 7-8g
午餐	主食	荞麦饭 荞麦10g 中班大米55g 大班大米60g
	菜品	京酱鸭块 甜面酱2g 京葱2g 鸭腿45g
		千叶豆腐煲 甜椒6g 胡萝卜5g 千叶豆腐20g 肉片10g
		蒜香米苋 蒜头2g 米苋80g
	汤羹	葱香枸杞昂刺鱼粉皮汤 小葱1g 枸杞0.4g 昂刺鱼6g 粉皮10g
午点	点心	自制豆沙草帽包 豆沙8g 自发粉25g
		香菜鸡蛋虾皮粉丝汤 香菜2g 鸡蛋6g 虾皮2g 粉丝4g
	水果	火龙果 50g
晚餐	菜品	米饭 大米60g
		沙司牛肉饼 番茄酱5g 牛肉末15g 肉糜15g
		肉糜五色蔬菜菌丝 黄豆芽15g 胡萝卜8g 平菇2g 香菇7g 鸡腿菇2g
		清炒地瓜叶 地瓜叶40g
		土豆海带大骨汤 大骨8g 海带8g 土豆5g
睡前	牛奶	150-180ml

星期四

过敏食谱
鸡蛋→鸡胸
体弱加餐
营养不良：米馒头

托小班

早点	牛奶	100ml
点心	花式饼干　5-6g
午餐	主食	五彩煨饭　芥蓝40g　土豆30g　香菇6g　青豆6g　胡萝卜10g　培根10g　鸡蛋40g　大米35g
		荷叶饼　荷叶饼15g
	菜品	洋葱牛肉　白洋葱10g　牛肉丝10g
	汤羹	玉米牛蒡排骨（去骨）汤　玉米棒10g　肋排6g　牛蒡10g
午点	点心	五香小素鸡　小素鸡10g
		球生菜菌菇肉糜蝴蝶面　球生菜4g　鸡枞菇4g
		肉糜4g　蝴蝶面25g
	水果	葡萄　50g
晚餐	菜品	紫米饭　大米55g　紫米5g
		椰味鱼米　椰汁5g　巴沙鱼25g
		百合烩火腿　火腿5g　红椒8g　黄椒8g
		甜椒8g　百合10g
		西芹炒白果　西芹40g　白果2g
		鸭血豆腐汤　鸭血10g　豆腐20g
睡前	牛奶	150-180ml

中大班

过敏食谱
鸡蛋→鸡胸
体弱加餐
营养不良：米馒头

早点	牛奶	110ml-120ml
点心	花式饼干　7-8g
午餐	主食	五彩煨饭　芥蓝40g　土豆30g　香菇6g　青豆6g　胡萝卜10g
		培根10g　鸡蛋40g　大米40g
		荷叶饼　荷叶饼　30g
	菜品	洋葱牛肉　白洋葱10g　牛肉丝10g
	汤羹	玉米牛蒡排骨（去骨）汤　玉米棒10g　肋排6g　牛蒡10g
午点	点心	五香小素鸡　小素鸡10g
		球生菜菌菇肉糜蝴蝶面　球生菜4g　鸡枞菇4g　肉糜4g　蝴蝶面25g
	水果	葡萄　50g
晚餐	菜品	紫米饭　大米55g　紫米5g　椰味鱼米　椰汁5g　巴沙鱼25g
		百合烩火腿　火腿5g　红椒8g　黄椒8g　甜椒8g　百合10g
		西芹炒白果　西芹40g　白果2g
		鸭血豆腐汤　鸭血10g　豆腐20g
睡前	牛奶	150-180ml

星期五

托小班

早点	牛奶	100ml
	点心	花式饼干　5-6g
午餐	主食	黑米饭　黑米8g　托班大米42g
		小班大米47g
	菜品	糖醋小肉丁　夹心肉40g
		番茄炒蛋　番茄20g　鸡蛋15g
		丝瓜炒毛豆　小葱2g　丝瓜60g　毛豆肉4g
	汤羹	香菜豆腐木耳花鲢（去骨去刺）汤
		香菜2g　枸杞0.4g　豆腐20g　木耳2g　花鲢4g
午点	点心	全麦面包　全麦面包 25g
		自制乌梅汁　千山楂1g　乌梅1g　甘草0.2g　陈皮0.4g　冰糖4g
	水果	帝皇蕉　50g
晚餐	菜品	鲜汁海鱼馄饨　大馄饨皮50g　三文鱼10g　肉酱10g
		香干5g　蘑菇10g　鸡蛋10g　粟米10g
		荠菜30g
		蜂蜜枣糕　蜂蜜枣糕20g
睡前	牛奶	150-180ml

过敏食谱
花鲢→肉丝
鸡蛋→肉丝
体弱加餐
营养不良：盐水鸭胗
贫血：盐水鸭胗

中大班

过敏食谱
花鲢→肉丝
鸡蛋→肉丝
体弱加餐
营养不良：盐水鸭胗
贫血：盐水鸭胗

早点	牛奶	110ml-120ml
	点心	花式饼干　7-8g
午餐	主食	黑米饭　黑米8g　中班大米57g　大班大米62g
	菜品	糖醋小肉丁　夹心肉40g　番茄炒蛋　番茄20g　鸡蛋15g
		丝瓜炒毛豆　小葱2g　丝瓜60g　毛豆肉4g
	汤羹	香菜豆腐木耳花鲢（去骨去刺）汤
		香菜2g　枸杞0.4g　豆腐20g　木耳2g　花鲢4g
午点	点心	全麦面包　全麦面包 25g
		自制乌梅汁　千山楂1g　乌梅1g　甘草0.2g　陈皮0.4g　冰糖4g
	水果	帝皇蕉　50g
晚餐	菜品	鲜汁海鱼馄饨　大馄饨皮50g　三文鱼10g　肉酱10g　香干5g
		蘑菇10g　鸡蛋10g　粟米10g　荠菜30g
		蜂蜜枣糕　蜂蜜枣糕20g
睡前	牛奶	150-180ml

全天候带量食谱八月第二周

（中大班、托小班）

星期一

托小班

早点	牛奶	100ml
	点心	花式饼干　5-6g
午餐	主食	罗汉斋汤面　甜椒10g　银芽10g　鲜香菇6g　毛菜50g　金针菇10g
		胡萝卜10g　面筋1g　木耳1g　肉丝30g　面条35g
		紫米糕　紫米糕　17.5g
	菜品	红烧翅根（去骨）　翅根20g
午点	点心	卤汁兰花豆腐　兰花豆腐 10g
		甜糯美玲粥　黑米4g　无核红枣2g　大米20g　薏米5g
		糯米5g　山药5g　玉米糁5g
	水果	迷你人参果　50g
晚餐	菜品	米饭　大米60g　　京葱烧鸭丝　鸭胸30g　京葱3g
		咸蛋黄烩冬瓜　咸蛋黄2g　冬瓜10g
		什锦烩菜　杭白菜40g　干肉皮2g
		豌豆苗米仁猪肚汤　豌豆苗5g　米仁5g　猪肚5g
睡前	牛奶	150-180ml

中大班

早点	牛奶	110ml-120ml
	点心	花式饼干　7-8g
午餐	主食	罗汉斋汤面　甜椒10g　银芽10g　鲜香菇6g　毛菜50g　金针菇10g
		胡萝卜10g　面筋1g　木耳1g　肉丝30g　面条50g
		紫米糕　紫米糕　17.5g
	菜品	红烧翅根　翅根20g
午点	点心	卤汁兰花豆腐　兰花豆腐 10g
		甜糯美玲粥　黑米4g　无核红枣2g　大米20g　薏米5g　糯米5g
		山药5g　玉米糁5g
	水果	迷你人参果　50g
晚餐	菜品	米饭　大米60g　　京葱烧鸭块　鸭腿35g　京葱3g
		咸蛋黄烩冬瓜　咸蛋黄2g　冬瓜10g　　什锦烩菜　杭白菜40g　干肉皮2g
		豌豆苗米仁猪肚汤　豌豆苗5g　米仁5g　猪肚5g
睡前	牛奶	150-180ml

星期二

托小班

早点　牛奶　100ml

点心　花式饼干　5-6g

午餐　主食　血糯米饭　血糯米10g　托班大米40g　小班大米45g

菜品　托斯卡纳奶油虾　欧芹0.1g　黑椒酱1g　牛奶5g　黄油2g　虾仁40g

花菜炒肉丝　花菜30g　肉片4g

蓬花菜腰果碎　蓬花菜60g　碎腰果1g

汤羹　枸杞腐竹木耳老鸭汤　枸杞0.4g　鲜腐竹10g　木耳1g　老鸭6g

午点　点心　自制火腿花卷　自发粉25g　方腿3g　葱2g

水果藕羹　橙5g　苹果5g　藕粉2g

水果　水蜜桃　50g

晚餐　菜品　上海菜饭　大米60g　肉丁15g　香肠5g　宁夏菜45g

粟米5g　胡萝卜5g

沙司蛋酪　沙司3　鸡蛋15g

冬阴功汤　青口贝5g　胡萝卜5g　番茄5g

洋葱5g　香茅0.5g　姜0.5g

青柠1g　椰浆5g

睡前　牛奶　150-180ml

中大班

早点　牛奶　110ml-120ml

点心　花式饼干　7-8g

午餐　主食　血糯米饭　血糯米10g　中班大米55g　大班大米60g

菜品　托斯卡纳奶油虾　欧芹0.1g　黑椒酱1g　牛奶5g　黄油2g　虾仁40g

花菜炒肉片　花菜30g　肉片4g

蓬花菜腰果碎　蓬花菜60g　碎腰果1g

汤羹　枸杞腐竹木耳老鸭汤　枸杞0.4g　鲜腐竹10g　木耳1g　老鸭6g

午点　点心　自制火腿花卷　自发粉25g　方腿3g　葱2g

水果藕羹　橙5g　苹果5g　藕粉2g

水果　水蜜桃　50g

晚餐　菜品　上海菜饭　大米60g　肉丁15g　香肠5g　宁夏菜45g　粟米5g

胡萝卜5g

沙司蛋酪　沙司3　鸡蛋15g

冬阴功汤　青口贝5g　胡萝卜5g　番茄5g　洋葱5g　香茅0.5g

姜0.5g　青柠1g　椰浆5g

睡前　牛奶　150-180ml

星期三

托小班

早点	牛奶	100ml
	点心	花式饼干 5-6g
午餐	主食	软米饭 大米 托班50g 小班55g
	菜品	茄汁鸳鸯蛋 沙司4g 鸡蛋30g 肉糜25g
		油焖茭白丁 茭白40g
		芝香球生菜 球生菜55g 芝麻酱4g 红椒2g
	汤羹	海鲜豆腐羹 荠菜5g 虾仁2g 响螺片5g 豆腐20g
午点	点心	自制杏仁片南瓜戚风蛋糕 南瓜6g 杏仁片1g 鸡蛋10g 低筋粉20g
		培根土豆浓汤 土豆4g 洋葱1g 黄油2g 培根10g 生粉5g
	水果	麒麟西瓜 50g
晚餐	菜品	玉米糁饭 玉米糁5g 大米55g
		黑胡椒圆椒牛肉块 黑胡椒2g 牛里脊20g
		鸡丝莴笋丝 鸡丝10g 光莴笋10g
		农家小炒 黄圆椒3g 茄子30g 地瓜叶5g 草菇5g
		丝瓜腐竹汤 鲜腐竹10g 丝瓜10g
睡前	牛奶	150-180ml

过敏食谱
鸡蛋、海鲜→肉糜
体弱加餐
营养不良：鲜汁小方干
贫血：鲜汁小方干

中大班

过敏食谱
鸡蛋、海鲜→肉糜
体弱加餐
营养不良：鲜汁小方干
贫血：鲜汁小方干

早点	牛奶	110ml-120ml
	点心	花式饼干 7-8g
午餐	主食	软米饭 大米 中班65g 大班70g
	菜品	茄汁鸳鸯蛋 沙司4g 鸡蛋30g 肉糜25g 油焖茭白块 茭白40g
		芝香球生菜 球生菜55g 芝麻酱4g 红椒2g
	汤羹	海鲜豆腐羹 荠菜5g 虾仁2g 响螺片5g 豆腐20g
午点	点心	自制杏仁片南瓜戚风蛋糕 南瓜6g 杏仁片1g 鸡蛋10g 低筋粉20g
		培根土豆浓汤 土豆4g 洋葱1g 黄油2g 培根10g 生粉5g
	水果	麒麟西瓜 50g
晚餐	菜品	玉米糁饭 玉米糁5g 大米55g
		黑胡椒圆椒牛肉块 黑胡椒2g 牛里脊20g
		鸡丝莴笋丝 鸡丝10g 光莴笋10g
		农家小炒 黄圆椒3g 茄子30g 地瓜叶5g 草菇5g
		丝瓜腐竹汤 鲜腐竹10g 丝瓜10g
睡前	牛奶	150-180ml

星期四

托小班

早点	牛奶	100ml
点心	花式饼干 5-6g
午餐	主食	日式咖喱鸡丁炒饭 咖喱4g 鸡胸30g 甜椒10g 芦笋30g 土豆30g
		胡萝卜10g 洋葱6g 大米55g
	菜品	椰丝球 椰丝球20g 雪花排条 里脊肉20g 面包糠1g
	汤羹	枸杞粉皮鲫鱼（去骨去刺）汤 枸杞0.4g 粉皮10g 鲫鱼5g
午点	点心	卤味素肠 素肠10g
		皮蛋瘦肉粗粮粥 皮蛋4g 香菜1g 肉糜4g 大米15g 五谷片10g
	水果	翠冠梨 50g
晚餐	菜品	米饭 大米60g
		茭白鳝背 鳝背20g 茭白5g
		培根炒蔬菜四宝 培根10g 山药15g 蘑菇3g
		红椒3g 黑木耳1g
		荷塘月色 荷兰豆20g 藕10g 胡萝卜5g
		海带虾皮豆干汤 虾皮1g 豆腐干10g
		海带8g
睡前	牛奶	150-180ml

过敏食谱
鲫鱼→鸡胸肉丝
体弱加餐
营养不良：小米糕

中大班

早点	牛奶	110ml-120ml
点心	花式饼干 7-8g
午餐	主食	日式咖喱鸡丁炒饭 咖喱4g 鸡胸30g 甜椒10g 芦笋30g
		土豆30g 胡萝卜10g 洋葱6g 大米55g
	菜品	椰丝球 椰丝球20g
		雪花排条 里脊肉20g 面包糠1g
	汤羹	枸杞粉皮鲫鱼（去骨去刺）汤 枸杞0.4g 粉皮10g 鲫鱼5g
午点	点心	卤味素肠 素肠10g
		皮蛋瘦肉粗粮粥 皮蛋4g 香菜1g 肉糜4g 大米15g 五谷片10g
	水果	翠冠梨 50g
晚餐	菜品	米饭 大米60g 茭白鳝背 鳝背20g 茭白5g
		培根炒蔬菜四宝 培根10g 山药15g 蘑菇3g 红椒3g 黑木耳1g
		荷塘月色 荷兰豆20g 藕10g 胡萝卜5g
		海带虾皮豆干汤 虾皮1g 豆腐干10g 海带8g
睡前	牛奶	150-180ml

过敏食谱
鲫鱼→鸡胸肉丝
体弱加餐
营养不良：小米糕

星期五

托小班

早点	牛奶	100ml
	点心	花式饼干　5-6g
午餐	主食	燕麦饭　燕麦米10g　托班大米40g
		小班大米45g
	菜品	雪梨牛肉丁　梨5g　牛里脊45g
		彩椒香干肉丝　彩椒6g　香干5g　肉片5g
		时蔬炒素肠　油麦菜60g　胡萝卜6g　黑木耳1g　素肠10g
	汤羹	番茄扁尖冬瓜汤　番茄6g　冬瓜10g　扁尖4g
午点	点心	酥脆芝士派　酥脆芝士派 25g
		生椰木瓜小西米露　椰奶4g　木瓜10g　小西米5g
	水果	黑提　25g
晚餐	菜品	韭黄肉丝炒面　粗面条50g　肉丝30g　韭黄10g　绿豆芽15g
		胡萝卜10g　青椒5g　青菜20g
		南瓜饼　南瓜饼25g
		菌菇海参鲜蔬汤　鸡腿菇5g　豆腐20g　海参3g
睡前	牛奶	150-180ml

体弱加餐
营养不良：葱油小肉圆
贫血：葱油小肉圆

体弱加餐
营养不良：葱油小肉圆
贫血：葱油小肉圆

中大班

早点	牛奶	110ml-120ml
	点心	花式饼干　7-8g
午餐	主食	燕麦饭　燕麦米10g　中班大米55g　大班大米60g
	菜品	雪梨牛柳　梨5g　牛里脊45g
		彩椒香干肉丝　彩椒6g　香干5g　肉片5g
		时蔬炒素肠　油麦菜60g　胡萝卜6g　黑木耳1g　素肠10g
	汤羹	番茄扁尖冬瓜汤　番茄6g　冬瓜10g　扁尖4g
午点	点心	酥脆芝士派　酥脆芝士派 25g
		生椰木瓜小西米露　椰奶4g　木瓜10g　小西米5g
	水果	黑提　25g
晚餐	菜品	韭黄肉丝炒面　粗面条50g　肉丝30g　韭黄10g　绿豆芽15g
		胡萝卜10g　青椒5g　青菜20g
		南瓜饼　南瓜饼25g
		菌菇海参鲜蔬汤　鸡腿菇5g　豆腐20g　海参3g
睡前	牛奶	150-180ml

全天候带量食谱八月第三周

（中大班、托小班）

星期一

托小班

过敏食谱
虾皮、虾仁→肉糜
体弱加餐
营养不良：黄金糕
贫血：樱桃番茄

早点	牛奶	100ml
	点心	花式饼干　5-6g
午餐	主食	多味馄饨　虾皮4g　肉糜40g　荠菜10g　青菜65g　木耳2g　豆腐干10g
		干香菇4g　小皮子30g
		黄金糕　黄金糕25g
	菜品	双鲜炒虾仁　青豆10g　鸡头米4g　虾仁10g
午点	点心	蜜汁油豆腐　蜜汁豆腐干　10g
		清热冬瓜黑豆粥　冬瓜15g　黑豆4g　大米25g
	水果	蜜瓜　50g
晚餐	菜品	软米饭　大米60g
		五彩鸡丁　鸡胸25g　红圆椒3g　黄圆椒3g　青椒3g
		牛肉丝炒洋葱　牛肉丝10g　白皮洋葱10g
		干煸豇豆　豇豆40g
		河鲫鱼玉米棒胡萝卜汤　河鲫鱼5g　玉米棒5g　胡萝卜3g
睡前	牛奶	150-180ml

中大班

过敏食谱
虾皮、虾仁→肉糜
体弱加餐
营养不良：黄金糕
贫血：樱桃番茄

早点	牛奶	110ml-120ml
	点心	花式饼干　7-8g
午餐	主食	多味馄饨　虾皮4g　肉糜40g　荠菜10g　青菜65g　木耳2g　豆腐干10g
		干香菇4g　大皮子45g
		黄金糕　黄金糕25g
	菜品	双鲜炒虾仁　青豆10g　鸡头米4g　虾仁10g
午点	点心	蜜汁油豆腐　蜜汁豆腐干　10g
		清热冬瓜黑豆粥　冬瓜15g　黑豆4g　大米25g
	水果	蜜瓜　50g
晚餐	菜品	软米饭　大米60g
		五彩鸡丁　鸡胸25g　红圆椒3g　黄圆椒3g　青椒3g
		牛肉丝炒洋葱　牛肉丝10g　白皮洋葱10g　干煸豇豆　豇豆40g
		河鲫鱼玉米棒胡萝卜汤　河鲫鱼5g　玉米棒5g　胡萝卜3g
睡前	牛奶	150-180ml

星期二

托小班

| 早点 | 牛奶 | 100ml |
| 点心 | 花式饼干 5-6g |

午餐　主食　玉米饭　　玉米糁10g　托班大米40g　小班大米45g

　　　菜品　柠香鳕鱼　　鳕鱼55g　柠檬2g　　番茄炒蛋　番茄10g　鸡蛋15g

　　　　　　炒三丝　　绿豆芽60g　胡萝卜10g　青椒6g

　　　汤羹　竹荪百叶结乳鸽汤　竹荪1g　百叶结10g　乳鸽5g

午点　点心　自制迷你草头饼　香葱4g　面粉25g　鸡蛋10g　草头20g

　　　　　　薄荷西柚茉莉水　薄荷叶0.4g　西柚5g　橙5g　茉莉花0.2g

　　　水果　黄桃　　50g

晚餐　菜品　翡翠炒饭　大米60g　梅花肉10g　鸭蛋15g

　　　　　　　　　　芦笋30g　青豆3g　粟米3g

　　　　　　　　　　胡萝卜3g　芋头10g

　　　　　　蜜汁猪肝　猪肝10g

　　　　　　芙蓉蔬菜汤　香菜2g　山药5g　青菜5g

　　　　　　　　　　香菇5g　鸡丝2g

睡前　牛奶　150-180ml

过敏食谱

鳕鱼→牛排

鸡蛋→肉糜

体弱加餐

营养不良：卤水鸡心

中大班

早点　牛奶　110ml-120ml

　　　点心　花式饼干　7-8g

午餐　主食　玉米饭　　玉米糁10g　中班大米55g　大班大米60g

　　　菜品　柠香鳕鱼　　鳕鱼55g　柠檬2g

　　　　　　番茄炒蛋　番茄10g　鸡蛋15g

　　　　　　炒三丝　　绿豆芽60g　胡萝卜10g　青椒6g

　　　汤羹　竹荪百叶结乳鸽汤　竹荪1g　百叶结10g　乳鸽5g

午点　点心　自制迷你草头饼　香葱4g　面粉25g　鸡蛋10g　草头20g

　　　　　　薄荷西柚茉莉水　薄荷叶0.4g　西柚5g　橙5g　茉莉花0.2g

　　　水果　黄桃　　50g

晚餐　菜品　翡翠炒饭　大米60g　梅花肉10g　鸭蛋15g　芦笋30g　青豆3g

　　　　　　　　　　粟米3g　胡萝卜3g　芋头10g

　　　　　　蜜汁猪肝　猪肝10g

　　　　　　芙蓉蔬菜汤　香菜2g　山药5g　青菜5g　香菇5g　鸡丝2g

睡前　牛奶　150-180ml

过敏食谱

鳕鱼→牛排

鸡蛋→肉糜

体弱加餐

营养不良：卤水鸡心

星期三

托小班

早点	牛奶	100ml
	点心	花式饼干　5-6g
午餐	主食	软米饭　托班大米50g　小班大米55g
	菜品	肉糜炖蛋　鸡蛋25g　肉糜10g
		本帮酱鸭脯丁　鸭脯　20g
		奶白菜炒金针菜黑木耳　奶白菜80g　金针菜10g
		黑木耳1g
	汤羹	味噌三文鱼蟹味菇豆腐汤　味噌2g　三文鱼4g　裙带菜6g　豆腐20g
午点	点心	香甜可可刀切　可可粉1g　牛奶2g　自发粉25g
		油豆腐牛肉汤　油豆腐2g　牛肉丝2g
	水果	香蕉　45g
晚餐	菜品	米饭　大米60g　小酥肉　里脊肉30g
		丝瓜毛豆炒蛋　毛豆4g　丝瓜10g　鸡蛋10g
		空心菜炒鸡腿菇　空心菜40g　鸡腿菇3g
		黄豆芽油豆腐汤　黄豆芽5g　油豆腐5g
睡前	牛奶	150-180ml

过敏食谱
肉糜炖蛋→肉圆
三文鱼→肉糜
体弱加餐
营养不良：苏锡豆腐干
贫血：苏锡豆腐干

中大班

过敏食谱
肉糜炖蛋→肉圆
三文鱼→肉糜
体弱加餐
营养不良：苏锡豆腐干
贫血：苏锡豆腐干

早点	牛奶	110ml-120ml
	点心	花式饼干　7-8g
午餐	主食	软米饭　中班大米65g　大班大米70g
	菜品	肉糜炖蛋　鸡蛋25g　肉糜10g
		本帮酱鸭块　鸭腿30g
		奶白菜炒金针菜黑木耳　奶白菜80g　金针菜10g　黑木耳1g
	汤羹	味噌三文鱼蟹味菇豆腐汤　味噌2g　三文鱼4g　裙带菜6g
		豆腐20g
午点	点心	香甜可可刀切　可可粉1g　牛奶2g　自发粉25g
		油豆腐牛肉汤　油豆腐2g　牛肉丝2g
	水果	香蕉　45g
晚餐	菜品	米饭　大米60g　小酥肉　里脊肉30g
		丝瓜毛豆炒蛋　毛豆4g　丝瓜10g　鸡蛋10g
		空心菜炒鸡腿菇　空心菜40g　鸡腿菇3g
		黄豆芽油豆腐汤　黄豆芽5g　油豆腐5g
睡前	牛奶	150-180ml

星期四

托小班

早点	牛奶	100ml
	点心	花式饼干　5-6g
午餐	主食	红烩肥牛盖饭　白皮洋葱5g　卷心菜60g　胡萝卜10g　芝士2g
		肥牛30g　鸡蛋20g　大米30g
		玫瑰味米馒头　米馒头20g
	汤羹	紫角叶黑木耳蹄膀汤　紫角叶6g　黑木耳1g　蹄膀5g
午点	点心	素火腿　素火腿15g
		鲜藕胡萝卜鸡丝汤年糕粒　藕10g　胡萝卜4g　鸡丝4g　年糕25g
	水果	金果　50g
晚餐	菜品	藜麦饭　大米55g　藜麦5g
		茄香鱼丸　青鱼20g　番茄5g　粟米5g
		双菇肉片　肉片5g　蘑菇3g　香菇3g　胡萝卜5g
		菠菜炒鸡蛋　菠菜40g　鸡蛋10g
		香菜土豆粉丝汤　香菜2g　土豆5g　粉丝5g
睡前	牛奶	150-180ml

过敏食谱
鸡蛋→肉糜
体弱加餐
营养不良：红糖发糕

中大班

早点	牛奶	110ml-120ml
	点心	花式饼干　7-8g
午餐	主食	红烩肥牛盖饭　白皮洋葱5g　卷心菜60g　胡萝卜10g　芝士2g
		肥牛30g　鸡蛋20g　大米50g
		玫瑰味米馒头　米馒头20g
	汤羹	紫角叶黑木耳蹄膀汤　紫角叶6g　黑木耳1g　蹄膀5g
午点	点心	素火腿　素火腿15g
		鲜藕胡萝卜鸡丝汤年糕粒　藕10g　胡萝卜4g　鸡丝4g　年糕25g
	水果	金果　50g
晚餐	菜品	藜麦饭　大米55g　藜麦5g
		茄香鱼丸　青鱼20g　番茄5g　粟米5g
		双菇肉片　肉片5g　蘑菇3g　香菇3g　胡萝卜5g
		菠菜炒鸡蛋　菠菜40g　鸡蛋10g
		香菜土豆粉丝汤　香菜2g　土豆5g　粉丝5g
睡前	牛奶	150-180ml

过敏食谱
鸡蛋→肉糜
体弱加餐
营养不良：红糖发糕

星期五

托小班

早点	牛奶	100ml
	点心	花式饼干 5-6g
午餐	主食	乌米饭 乌米10g 托班大米40g 小班大米45g
	菜品	百叶包肉 薄百叶10g 肉糜30g
		彩椒炒目鱼卷 彩椒6g 目鱼20g
		西芹炒百合 西芹80g 百合4g
	汤羹	清炖奶白鲫鱼汤 葱1g 枸杞0.2g 鲫鱼10g
午点	点心	光明肉松饼 光明肉松饼30g 清凉茶 绿豆2g 金银花0.2g
	水果	樱桃番茄 50g
晚餐	菜品	培根炒蛋 培根5g 鸡蛋20g
		南瓜海鲜疙瘩汤面 面疙瘩40g 面条10g 虾仁5g 海参5g 蛤蜊肉5g
		黄油2g 牛奶10g 干贝2g 洋葱10g 南瓜20g
		乳酸菌原味吐司 乳酸菌原味吐司15g
睡前	牛奶	150-180ml

过敏食谱
鲫鱼→肉糜
目鱼→肉丝
体弱加餐
营养不良：小酥肉
贫血：麻油鸡肝

中大班

过敏食谱
鲫鱼→肉糜
目鱼→肉丝
体弱加餐
营养不良：小酥肉
贫血：麻油鸡肝

早点	牛奶	110ml-120ml
	点心	花式饼干 7-8g
午餐	主食	乌米饭 乌米10g 中班大米55g 大班大米60g
	菜品	百叶包肉 薄百叶10g 肉糜30g
		彩椒炒目鱼卷 彩椒6g 目鱼20g
		西芹炒百合 西芹80g 百合4g
	汤羹	清炖奶白鲫鱼汤 葱1g 枸杞0.2g 鲫鱼10g
午点	点心	光明肉松饼 光明肉松饼30g
		清凉茶 绿豆2g 金银花0.2g
	水果	樱桃番茄 50g
晚餐	菜品	培根炒蛋 培根5g 鸡蛋20g
		南瓜海鲜疙瘩汤面 面疙瘩40g 面条10g 虾仁5g 海参5g
		蛤蜊肉5g 干贝2g 黄油2g 牛奶10g
		洋葱10g 南瓜20g
		乳酸菌原味吐司 乳酸菌原味吐司15g
睡前	牛奶	150-180ml

全天候带量食谱八月第四周

（中大班、托小班）

星期一

托小班

早点	牛奶	100ml
	点心	花式饼干 5-6g
午餐	主食	小羊角面包 小班20g 热狗球面包 小班30g
	菜品	奥尔良鸡腿丁 奥尔良料1g 鸡腿肉30g
	汤羹	罗宋汤 番茄酱6g 卷心菜50g 番茄30g 洋葱10g 土豆20g 牛腩20g
午点	点心	卤汁干 卤汁干15g
		蜜薯小米枸杞粥 山芋6g 小米5g 枸杞0.2g 大米20g
	水果	蜜宝 50g
晚餐	菜品	软米饭 大米60g
		清凉鸭块 鸭腿30g 青豆3g 粟米3g 枸杞1g
		胡萝卜3g 冬瓜7g
		蛤蜊炒西蓝花 蛤蜊肉5g 西蓝花10g
		黑木耳炒山药 黑木耳1g 山药30g
		西湖牛肉羹 牛肉糜5g 香菜2g 茭白3g
睡前	牛奶	150-180ml

体弱加餐
营养不良：奶黄包
贫血：糖山楂

中大班

早点	牛奶	110ml-120ml
	点心	花式饼干 7-8g
午餐	主食	小羊角面包 中大班40g 热狗球面包 中大班30g
	菜品	奥尔良鸡腿排 奥尔良料1g 鸡腿肉30g
	汤羹	罗宋汤 番茄酱6g 卷心菜50g 番茄30g 洋葱10g 土豆20g 牛腩20g
午点	点心	卤汁干 卤汁干15g
		蜜薯小米枸杞粥 山芋6g 小米5g 枸杞0.2g 大米20g
	水果	蜜宝 50g
晚餐	菜品	软米饭 大米60g
		清凉鸭块 鸭腿30g 青豆3g 粟米3g 枸杞1g 胡萝卜3g 冬瓜7g
		蛤蜊炒西蓝花 蛤蜊肉5g 西蓝花10g
		黑木耳炒山药 黑木耳1g 山药30g
		西湖牛肉羹 牛肉糜5g 香菜2g 茭白3g
睡前	牛奶	150-180ml

体弱加餐
营养不良：奶黄包
贫血：糖山楂

星期二

托小班

早点	牛奶	100ml
	点心	花式饼干　5-6g
午餐	主食	糙米饭　糙米10g　托班大米40g　小班大米45g
	菜品	响油鳝丝　鳝丝25g　茭白10g
		秋葵炒蛋　甜秋葵10g　蛋25g
		地三鲜　土豆20g　杭茄40g　青椒10g
	汤羹	荠菜银鱼豆腐羹　荠菜5g　银鱼4g　豆腐20g
午点	点心	自制双色糯米球　血糯米10g　糯米15g　银耳生梨生津水　梨5g　银耳1g
	水果	甜瓜　40g
晚餐	菜品	杂蔬黄金炒饭　大米60g　梅花肉10g　香肠5g　鸡蛋25g　秋葵10g
		黄椒3g　红薯10g　南瓜3g　胡萝卜3g
		酱鹅肝　鹅肝6g
		夜开花腐竹鸽子汤　鸽子5g　夜开花5g　腐竹10g
睡前	牛奶	150-180ml

过敏食谱
黄鳝→红烧肉圆
荠菜、鸡蛋→鸡肉丝
体弱加餐
营养不良：牛排

中大班

过敏食谱
黄鳝→红烧肉圆
荠菜、鸡蛋→鸡肉丝
体弱加餐
营养不良：牛排

早点	牛奶	110ml-120ml
	点心	花式饼干　7-8g
午餐	主食	糙米饭　糙米10g　中班大米55g　大班大米60g
	菜品	响油鳝筒　鳝背35g　茭白10g
		秋葵炒蛋　甜秋葵10g　蛋25g
		地三鲜　土豆20g　杭茄40g　青椒10g
	汤羹	荠菜银鱼豆腐羹　荠菜5g　银鱼4g　豆腐20g
午点	点心	自制双色糯米球　血糯米10g　糯米15g
		银耳生梨生津水　梨5g　银耳1g
	水果	甜瓜　40g
晚餐	菜品	杂蔬黄金炒饭　大米60g　梅花肉10g　香肠5g　鸡蛋25g
		秋葵10g　黄椒3g　红薯10g　南瓜3g
		胡萝卜3g
		酱鹅肝　鹅肝6g
		夜开花腐竹鸽子汤　鸽子5g　夜开花5g　腐竹10g
睡前	牛奶	150-180ml

星期三

托小班

早点　牛奶　100ml

　　　点心　花式饼干　5-6g

午餐　主食　白米饭　大米　托班50g　小班55g

　　　菜品　台式三杯鸡丁　罗勒叶1g　鸡胸40g

　　　　　　黄豆芽油豆腐　黄豆芽30g　油豆腐4g

　　　　　　虾酱空心菜　空心菜60g　虾酱2g

　　　汤羹　冬瓜海带骨头汤　干海带4g　冬瓜10g　筒骨5g

午点　点心　自制鲜肉粉条柳叶包　自发粉20g　肉糜5g　粉条4g

　　　　　　三豆粥　赤豆2g　黑豆2g　绿豆2g　大米5g

　　　水果　蜜冠梨　50g

晚餐　菜品　软米饭　大米60g

　　　　　　甜笋烧肉　五花肉15g　甜笋3g

　　　　　　鹌鹑蛋烧目鱼　鹌鹑蛋18g　目鱼3g

　　　　　　麻酱油麦菜　油麦菜40g　芝麻酱5g

　　　　　　毛菜开洋汤　青菜3g　开洋2g

睡前　牛奶　150-180ml

过敏食谱

虾酱、海带→葱花

体弱加餐

营养不良：素鸭

贫血：素鸭

中大班

早点　牛奶　110ml-120ml

　　　点心　花式饼干　7-8g

午餐　主食　白米饭　大米　中班65g　大班70g

　　　菜品　台式三杯鸡块　罗勒叶1g　鸡腿45g

　　　　　　黄豆芽油豆腐　黄豆芽30g　油豆腐4g

　　　　　　虾酱空心菜　空心菜60g　虾酱2g

　　　汤羹　冬瓜海带骨头汤　干海带4g　冬瓜10g　筒骨5g

午点　点心　自制鲜肉粉条柳叶包　自发粉20g　肉糜5g　粉条4g

　　　　　　三豆粥　赤豆2g　黑豆2g　绿豆2g　大米5g

　　　水果　蜜冠梨　50g

晚餐　菜品　软米饭　大米60g

　　　　　　甜笋烧肉　五花肉15g　甜笋3g

　　　　　　鹌鹑蛋烧目鱼　鹌鹑蛋18g　目鱼3g

　　　　　　麻酱油麦菜　油麦菜40g　芝麻酱5g

　　　　　　毛菜开洋汤　青菜3g　开洋2g

睡前　牛奶　150-180ml

过敏食谱

虾酱、海带→葱花

体弱加餐

营养不良：素鸭

贫血：素鸭

星期四

托小班

早点	牛奶	100ml	
	点心	花式饼干	5-6g
午餐	主食	海鲜炒饭	大米25g　净墨鱼10g
			鲜鲍鱼10g　虾仁30g
			黄瓜70g　胡萝卜10g
			青圆椒10g　莴笋10g
		兔兔包　奶黄兔兔包30g	
	汤羹	丝瓜豆衣平菇汤　丝瓜10g　豆腐衣3g　平菇8g	
午点	点心	蜂蜜黑芝麻饼　蜂蜜黑芝麻饼10g	
		营养菜粥　油麦菜10g　鸡蛋5g　大米10g　黄小米5g	
	水果	苹果　50g	
晚餐	菜品	鹰嘴米饭　鹰嘴豆5g　大米55g	
		干煎鲳鱼　鲳鱼20g	
		五花肉红椒卷心菜　五花肉10g　卷心菜15g　红椒3g	
		芹菜炒香干　芹菜30g　香干5g	
		番茄虾皮豆腐汤　番茄5g　豆腐10g　虾皮2g	
睡前	牛奶	150-180ml	

过敏食谱
海鲜→夹心肉
体弱加餐
营养不良：红糖发糕

中大班

早点	牛奶	110ml-120ml	
	点心	花式饼干　7-8g	
午餐	主食	海鲜炒饭　大米40g　净墨鱼10g　鲜鲍鱼10g　虾仁30g	
		黄瓜70g　胡萝卜10g　青圆椒10g　莴笋10g	
		兔兔包　奶黄兔兔包30g	
	汤羹	丝瓜豆衣平菇汤　丝瓜10g　豆腐衣3g　平菇8g	
午点	点心	蜂蜜黑芝麻饼　蜂蜜黑芝麻饼10g	
		营养菜粥　油麦菜10g　鸡蛋5g　大米10g　黄小米5g	
	水果	苹果　50g	
晚餐	菜品	鹰嘴米饭　鹰嘴豆5g　大米55g	
		干煎鲳鱼　鲳鱼20g	
		五花肉红椒卷心菜　五花肉10g　卷心菜15g　红椒3g	
		芹菜炒香干　芹菜30g　香干5g	
		番茄虾皮豆腐汤　番茄5g　豆腐10g　虾皮2g	
睡前	牛奶	150-180ml	

过敏食谱
海鲜→夹心肉
体弱加餐
营养不良：红糖发糕

星期五

托小班

早点	牛奶	100ml
	点心	花式饼干　5-6g
午餐	主食	高粱饭　高粱10g　托班大米40g　小班大米45g
	菜品	黑椒金蒜牛排　黑椒酱2g　蒜头1g　洋葱10g　安格斯谷饲菲力50g
		番茄炒西葫芦　番茄20g　西葫芦20g
		地瓜叶烩口菇　地瓜叶50g　口菇5g
	汤羹	芦笋鱼羹　芦笋6g　鲈鱼5g　鸡蛋5g
午点	点心	桂花薏仁水　桂花0.1g　黄冰糖4g　薏仁5g
		栗子烧面包　栗子烧面包30g
	水果	西瓜　50g
晚餐	菜品	猪肉茴香水饺　水饺皮60g　肉糜20g
		鸡蛋20g　茴香50g
		黑木耳1g　胡萝卜10g
		麻油1g
		马蹄糕　马蹄糕20g
睡前	牛奶	150-180ml

过敏食谱
鲈鱼→肉糜
体弱加餐
营养不良：卤水鸡心
贫血：卤水鸡心

中大班

过敏食谱
鲈鱼→肉糜
体弱加餐
营养不良：卤水鸡心
贫血：卤水鸡心

早点	牛奶	110ml-120ml
	点心	花式饼干　7-8g
午餐	主食	高粱饭　高粱10g　中班大米55g　大班大米60g
	菜品	黑椒金蒜牛排　黑椒酱2g　蒜头1g　洋葱10g
		安格斯谷饲菲力50g
		番茄炒西葫芦　番茄20g　西葫芦20g
		地瓜叶烩口菇　地瓜叶50g　口菇5g
	汤羹	芦笋鱼羹　芦笋6g　鲈鱼5g　鸡蛋5g
午点	点心	桂花薏仁水　桂花0.1g　黄冰糖4g　薏仁5g
		栗子烧面包　栗子烧面包30g
	水果	西瓜　50g
晚餐	菜品	猪肉茴香水饺　水饺皮60g　肉糜20g　鸡蛋20g
		茴香50g　黑木耳1g　胡萝卜10g
		麻油1g
		马蹄糕　马蹄糕20g
睡前	牛奶	150-180ml

八月份膳食营养分析及小结

（记账法膳食调查评价）

平衡膳食五项标准：

① 热量摄入量占供给量85%—90%为中等，90%以上为好。蛋白质占供给量80%以上。

蛋白质

平均每人摄入量：**50.79**
占平均供给量(%)：**107.16%**

0%　　　　　　80%

热量

平均每人摄入量：**1375.03**
占平均供给量(%)：**91.61%**

0%　　　　　　85%　90%

② 蛋白质、脂肪、碳水化合物重量比值为1：1：4-5

③ 三大营养素产热量占总热量：蛋白质12-15%，脂肪25-30%，碳水化合物50%-60%：

④ 动物蛋白+豆类蛋白质的摄入量>50%

⑤ 动物食品的热量+豆类食品的热量摄入量>20%

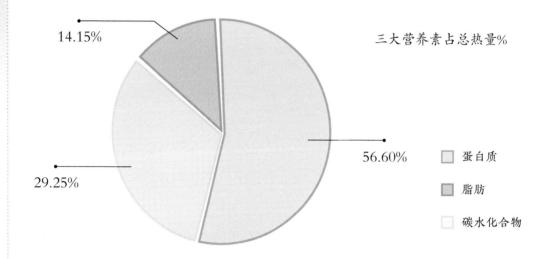

三大营养素占总热量%

14.15%

56.60%

29.25%

□ 蛋白质

▨ 脂肪

□ 碳水化合物

	蛋白质	脂肪	碳水化合物
平均每人每日摄入量(克)	50.79	46.67	203.2
比值	1	0.92	4
三大营养素产热量(千卡)	203.16	420.03	812.8

动物蛋白+豆类蛋白

摄入量：**27.38**
占总蛋白%：**53.88%**

0%　　　　　50%

动物热量+豆类热量

摄入量：**388.72**
占总热量%：**28.26%**

0%　　　　　20%

夜来一雨将秋至

今晚蟉声始报秋

——[宋]杨万里《立秋日闻蝉》

全天候带量食谱

（9～11月）

秋季篇

　　秋季气温逐渐转凉，昼夜温差加大，气候逐渐干燥，饮食应以滋阴润肺、防燥为主，注重荤素搭配，多食蔬菜水果，适量地补充蛋白质和无机盐。如可适当多吃富含维生素的橙黄色及绿色蔬菜，如南瓜、胡萝卜、辣椒、茄子、芥蓝、菠菜、苋菜、西蓝花等。适当多饮水，多吃些萝卜、莲藕、香蕉、梨、蜂蜜等润肺生津、养阴清燥的食物。

全天候带量食谱九月第一周

（中大班、托小班）

星期一

托小班

早点	牛奶	100ml
	点心	花式饼干　5-6g
午餐	主食	茄汁肉酱意面　番茄酱6g　蘑菇30g　番茄20g　洋葱10g　夹心肉30g　意面30g
		小羊角面包　小羊角面包20g
	菜品	荸荠鸭丁　荸荠10g　鸭胸肉20g
	汤羹	乡下浓汤　胡萝卜6g　玉米段10g　土豆20g　肋排6g
午点	点心	素火腿　素火腿17g　　南瓜百合枸杞粥　南瓜6g　百合4g　枸杞0.2g　大米25g
	水果	蓝莓　20g
晚餐	菜品	软米饭　大米60g
		豉油蒸鳊鱼蓉　蒸鱼豉油3g　鳊鱼20g
		八戒踢球　光鹌鹑蛋15g　去皮五花肉10g
		胡萝卜炒花菜　胡萝卜5g　花菜50g
		菊花菜蛋花汤　菊花菜10g　鸡蛋5g
睡前	牛奶	150-180ml

体弱加餐
营养不良：云片糕
贫血：糖水黑木耳

中大班

早点	牛奶	110ml-120ml
	点心	花式饼干　7-8g
午餐	主食	茄汁肉酱意面　番茄酱6g　蘑菇30g　番茄20g　洋葱10g　夹心肉30g
		意面45g
		小羊角面包　小羊角面包20g
	菜品	荸荠鸭丁　荸荠10g　鸭胸肉20g
	汤羹	乡下浓汤　胡萝卜6g　玉米段10g　土豆20g　肋排6g
午点	点心	素火腿　素火腿17g
		南瓜百合枸杞粥　南瓜6g　百合4g　枸杞0.2g　大米25g
	水果	蓝莓　20g
晚餐	菜品	软米饭　大米60g　豉油蒸鳊鱼　蒸鱼豉油3g　鳊鱼20g
		八戒踢球　光鹌鹑蛋15g　去皮五花肉10g
		胡萝卜炒花菜　胡萝卜5g　花菜50g
		菊花菜蛋花汤　菊花菜10g　鸡蛋5g
睡前	牛奶	150-180ml

体弱加餐
营养不良：云片糕
贫血：糖水黑木耳

星期二

托小班

早点　牛奶　100ml

　　　点心　花式饼干　5-6g

午餐　主食　糙米饭　糙米5g　托班大米45g　小班大米50g

　　　菜品　白玉鳝丝　鳝丝35g　茭白10g　　莴笋炒蛋　莴笋20g　鸡蛋20g

　　　　　　草头炒白玉菇　白玉菇10g　草头60g

　　　汤羹　荠菜肉糜豆腐羹　荠菜2g　肉糜2g　豆腐20g

午点　点心　自制双层可可蝴蝶馒头　可可粉2g　自发粉25g

　　　　　　银耳水果羹　银耳1g　苹果15g　梨15g

晚餐　菜品　烤鸭卷全麦饼　麦西恩原味卷饼35g　鸭脯25g

　　　　　　　　　　京葱2g　黄瓜3g　胡萝卜3g

　　　　　　芝麻菠菜　白芝麻1g　菠菜45g

　　　　　　山药芙蓉羹　山药5g　鸡蛋25g

　　　　　　　　　胡萝卜2g

睡前　牛奶　150-180ml

中大班

早点　牛奶　110ml-120ml

　　　点心　花式饼干　7-8g

午餐　主食　糙米饭　糙米5g　中班大米55g　大班大米65g

　　　菜品　白玉鳝筒　鳝筒45g　茭白10g

　　　　　　莴笋炒蛋　莴笋20g　鸡蛋20g

　　　　　　草头炒白玉菇　白玉菇10g　草头60g

　　　汤羹　荠菜肉糜豆腐羹　荠菜2g　肉糜2g　豆腐20g

午点　点心　自制双层可可蝴蝶馒头　可可粉2g　自发粉25g

　　　　　　银耳水果羹　银耳1g　苹果15g　梨15g

晚餐　菜品　烤鸭卷全麦饼　麦西恩原味卷饼35g　鸭脯25g　京葱2g

　　　　　　　　　黄瓜3g　胡萝卜3g

　　　　　　芝麻菠菜　白芝麻1g　菠菜45g

　　　　　　山药芙蓉羹　山药5g　鸡蛋25g　胡萝卜2g

睡前　牛奶　150-180ml

星期三

托小班

早点	牛奶	100ml	
	点心	花式饼干 5-6g	
午餐	主食	软米饭 托班大米50g 小班大米55g	
	菜品	奥尔良中翅（去骨） 奥尔良料2g 中翅45g	
		黄豆芽油豆腐炒肉丝 黄豆芽30g 油豆腐6g	
		夹心肉10g	
		菠菜炒百叶 菠菜60g 百叶6g	
	汤羹	番茄腐竹萝卜牛尾汤 番茄4g 腐竹4g 萝卜10g 牛尾5g	
午点	点心	柳叶青菜香菇豆包 自发粉25g 青菜10g 干香菇2g	
		香干6g	
		莲藕红枣小米汤 藕6g 红枣2g 小米3g	
	水果	葡萄 25g	
晚餐	菜品	红薯饭 红薯10g 大米60g 酱香羊肝 羊肝30g	
		油爆河虾仁 河虾仁10g 清炒杭白菜 杭白菜55g	
		芦笋鱼羹 芦笋10g 鲈鱼丁5g	
睡前	牛奶	150-180ml	

体弱加餐
营养不良：素鸭
贫血：素鸭

中大班

体弱加餐
营养不良：素鸭
贫血：素鸭

早点	牛奶	110ml-120ml
	点心	花式饼干 7-8g
午餐	主食	软米饭 中班大米60g 大班大米70g
	菜品	奥尔良中翅 奥尔良料2g 中翅45g
		黄豆芽油豆腐炒肉丝 黄豆芽30g 油豆腐6g 夹心肉10g
		菠菜炒百叶 菠菜60g 百叶6g
	汤羹	番茄腐竹萝卜牛尾汤 番茄4g 腐竹4g 萝卜10g 牛尾5g
午点	点心	柳叶青菜香菇豆包 自发粉25g 青菜10g 干香菇2g 香干6g
		莲藕红枣小米汤 藕6g 红枣2g 小米3g
	水果	葡萄 25g
晚餐	菜品	红薯饭 红薯10g 大米60g 酱香羊肝 羊肝30g
		油爆河虾 河虾15g 清炒杭白菜 杭白菜55g
		芦笋鱼羹 芦笋10g 鲈鱼丁5g
睡前	牛奶	150-180ml

星期四

托小班

早点	牛奶	100ml
	点心	花式饼干　5-6g
午餐	主食	缤纷炒饭　黄瓜50g　鸡蛋40g　粟米6g
		青豆6g　方腿6g　胡萝卜10g
		香菇6g　大米40g
		熊猫奶黄包　熊猫奶黄包15g
	汤羹	冬瓜厚百叶木耳老鸭煲　冬瓜20g　木耳1g　老鸭10g
		厚百叶10g
午点	点心	蜜汁小油丁　小油丁8g
		香芹海鲜粥　芹菜6g　虾仁4g　开洋2g　干贝2g　小米5g　大米25g
	水果	帝皇蕉　40g
晚餐	菜品	软米饭　大米60g　荔枝肉丁　梅肉（猪）20g　荔枝10g
		卤鸡心　鸡心5g　清炒空心菜　空心菜55g
		番茄扁尖汤　扁尖5g　番茄10g
睡前	牛奶	150-180ml

过敏食谱
鸡蛋→夹心肉
海鲜→鸡丝
体弱加餐
营养不良：米馒头

中大班

过敏食谱
鸡蛋→夹心肉
海鲜→鸡丝
体弱加餐
营养不良：米馒头

早点	牛奶	110ml-120ml
	点心	花式饼干　7-8g
午餐	主食	缤纷炒饭　黄瓜50g　鸡蛋40g　粟米6g　青豆6g　方腿6g
		胡萝卜10g　香菇6g　大米40g
		熊猫奶黄包　熊猫奶黄包30g
	汤羹	冬瓜厚百叶木耳老鸭煲　冬瓜20g　木耳1g　老鸭10g　厚百叶10g
午点	点心	蜜汁小油丁　小油丁8g
		香芹海鲜粥　芹菜6g　虾仁4g　开洋2g　干贝2g　小米5g
		大米25g
	水果	帝皇蕉　40g
晚餐	菜品	软米饭　大米60g　荔枝肉丁　梅肉（猪）20g　荔枝10g
		卤鸡心　鸡心5g　清炒空心菜　空心菜55g
		番茄扁尖汤　扁尖5g　番茄10g
睡前	牛奶	150-180ml

星期五

托小班

早点	牛奶	100ml		
	点心	花式饼干　5-6g		
午餐	主食	玉米粒饭　碎玉米5g　托班大米45g　小班大米50g		
	菜品	马来咖喱牛腩丁　油咖喱1g　土豆20g　牛腩40g		
		茭白炒什件　茭白10g　鸡肝10g　蓬蒿菜核桃碎　蓬蒿菜60g　核桃仁2g		
	汤羹	海带冻豆腐骨头汤　海菜结8g　冻豆腐10g　骨头10g		
午点	点心	黄油华夫饼　黄油华夫饼25g　胡萝卜玉米水　胡萝卜6g　玉米棒6g		
	水果	樱桃番茄　30g		
晚餐	菜品	香菇大头菜鲜肉中馄饨　香菇2g　大头菜2g		
		夹心肉25g　馄饨皮50g		
		紫菜虾皮汤　紫菜1g　虾皮1g		
		醋熘胡萝卜豆芽包菜卷　卷心菜50g　胡萝卜10g		
		黄豆芽5g		
睡前	牛奶	150-180ml		

中大班

早点	牛奶	110ml-120ml				
	点心	花式饼干　7-8g				
午餐	主食	玉米粒饭　碎玉米5g　大米　中班　55g　大班　65g				
	菜品	马来咖喱牛腩块　油咖喱1g　土豆20g　牛腩块40g				
		茭白炒什件　茭白10g　鸡肝10g				
		蓬蒿菜核桃碎　蓬蒿菜60g　核桃仁2g				
	汤羹	海带冻豆腐骨头汤　海菜结8g　冻豆腐10g　骨头10g				
午点	点心	黄油华夫饼　黄油华夫饼25g				
		胡萝卜玉米水　胡萝卜6g　玉米棒6g				
	水果	樱桃番茄　30g				
晚餐	菜品	香菇大头菜鲜肉中馄饨　香菇2g　大头菜2g　夹心肉25g				
		馄饨皮50g				
		紫菜虾皮汤　紫菜1g　虾皮1g				
		醋熘胡萝卜豆芽包菜卷　卷心菜50g　胡萝卜10g　黄豆芽5g				
睡前	牛奶	150-180ml				

全天候带量食谱九月第二周

（中大班、托小班）

星期一

托小班

早点	牛奶	100ml
	点心	花式饼干　5-6g
午餐	主食	茴香鸡蛋中水饺　水饺皮40g　大白菜50g　茴香20g　鸡蛋35g　香菇10g　猪肉20g
	菜品	紫米糕　紫米糕17.5g
午点	点心	枸杞美龄粥　枸杞1g　豆浆粉2g　山药5g　糯米5g　大米15g
		五香豆腐干　五香干15g
	水果	小香梨　40g
晚餐	菜品	软米饭　大米60g
		鳝丝烧肉　鳝丝5g　五花15g　大蒜头2g
		迷你玉子烧　鸡蛋15g
		丝瓜毛豆仁　丝瓜55g　毛豆仁8g
		奶白菜豆皮汤　奶白菜10g　清美豆皮8g
睡前	牛奶	150-180ml

中大班

早点	牛奶	110ml-120ml
	点心	花式饼干　7-8g
午餐	主食	茴香鸡蛋水饺　水饺皮50g　大白菜50g　茴香20g
		鸡蛋35g　香菇10g　猪肉20g
	菜品	紫米糕　紫米糕17.5g
午点	点心	枸杞美龄粥　枸杞1g　豆浆粉2g　山药5g　糯米5g　大米15g
		五香豆腐干　五香干15g
	水果	小香梨　40g
晚餐	菜品	软米饭　大米60g
		鳝筒烧肉　鳝筒10g　五花15g　大蒜头2g
		迷你玉子烧　鸡蛋15g
		丝瓜毛豆仁　丝瓜55g　毛豆仁8g
		奶白菜豆皮汤　奶白菜10g　清美豆皮8g
睡前	牛奶	150-180ml

星期二

托小班

早点	牛奶	100ml
	点心	花式饼干　5-6g
午餐	主食	软米饭　托班大米50g　小班大米55g
	菜品	糖醋鲈鱼块　鲈鱼60g
		荷塘小炒肉丁　藕50g　肉片10g　胡萝卜6g　黑木耳1g
		芥蓝炒蘑菇　芥蓝40g　蘑菇6g
	汤羹	枸杞菠菜童子鸡汤　枸杞0.4g　菠菜6g　童子鸡6g
午点	点心	自制咸蛋黄迷你烧卖　肉酱4g　青豆4g　咸蛋黄6g　糯米10g　烧卖皮27g
		红果甘蔗水　山楂4g　甘蔗20g
	水果	蓝莓　20g
晚餐	菜品	星洲炒米粉　韭黄15g　绿豆芽15g　鸡蛋25g　红肠5g　米粉50g
		杂粮馒头　牛心菜30g　玉米笋5g　胡萝卜5g　筒骨5g
		蔬菜大骨汤　杂粮馒头10g
睡前	牛奶	150-180ml

过敏食谱
鲈鱼→鸡柳
体弱加餐
营养不良：汉堡排条

中大班

早点	牛奶	110ml-120ml
	点心	花式饼干　7-8g
午餐	主食	软米饭　中班大米60g　大班大米70g
	菜品	糖醋鲈鱼块　鲈鱼60g
		荷塘小炒肉　藕50g　肉片10g　胡萝卜6g　黑木耳1g
		芥蓝炒蘑菇　芥蓝40g　蘑菇6g
	汤羹	枸杞菠菜童子鸡汤　枸杞0.4g　菠菜6g　童子鸡6g
午点	点心	自制咸蛋黄迷你烧卖　肉酱4g　青豆4g　咸蛋黄6g
		糯米10g　烧卖皮27g
		红果甘蔗水　山楂4g　甘蔗20g
	水果	蓝莓　20g
晚餐	菜品	星洲炒米粉　韭黄15g　绿豆芽15g　鸡蛋25g　红肠5g
		米粉50g
		杂粮馒头　牛心菜30g　玉米笋5g　胡萝卜5g　筒骨5g
		蔬菜大骨汤　杂粮馒头10g
睡前	牛奶	150-180ml

过敏食谱
鲈鱼→鸡柳
体弱加餐
营养不良：汉堡排条

星期三

托小班

早点　牛奶　100ml
　　　点心　花式饼干　5-6g
午餐　主食　荞麦饭　荞麦5g　托班大米45g　小班大米50g
　　　菜品　酱鸭粒　鸭胸40g
　　　　　　杭白菜素肠胡萝卜肉片　杭白菜30g　素肠20g　胡萝卜6g　肉片6g
　　　　　　蒜泥地瓜叶　蒜头1g　地瓜叶60g
　　　汤羹　番茄鸡蛋豆腐汤　番茄6g　鸡蛋6g　豆腐20g
午点　点心　自制黑洋酥蟹壳黄　黑洋酥8g　自发粉25g
　　　　　　香菜牛肉粉丝羹　香菜2g　牛肉4g　粉丝4g
　　　水果　樱桃番茄　30g
晚餐　菜品　软米饭　大米60g
　　　　　　黑椒牛肉粒　黑椒酱2g　牛排30g
　　　　　　烤乳鸽　鸽子15g
　　　　　　草菇烩菜心　草菇5g　菜心55g
　　　　　　枸杞腐竹乳架汤　枸杞0.5g　腐竹4g
睡前　牛奶　150-180ml

过敏食谱
鸡蛋→肉糜
体弱加餐
营养不良：鲜汁小方干
贫血：鲜汁小方干

中大班

过敏食谱
鸡蛋→肉糜
体弱加餐
营养不良：鲜汁小方干
贫血：鲜汁小方干

早点　牛奶　110ml-120ml
　　　点心　花式饼干　7-8g
午餐　主食　荞麦饭　荞麦5g　中班大米55g　大班大米65g
　　　菜品　酱鸭粒　鸭腿50g
　　　　　　杭白菜素肠胡萝卜肉片　杭白菜30g　素肠20g　胡萝卜6g　肉片6g
　　　　　　蒜泥地瓜叶　蒜头1g　地瓜叶60g
　　　汤羹　番茄鸡蛋豆腐汤　番茄6g　鸡蛋6g　豆腐20g
午点　点心　自制黑洋酥蟹壳黄　黑洋酥8g　自发粉25g
　　　　　　香菜牛肉粉丝羹　香菜2g　牛肉4g　粉丝4g
　　　水果　樱桃番茄　30g
晚餐　菜品　软米饭　大米60g
　　　　　　黑椒牛肉粒　黑椒酱2g　牛排30g
　　　　　　烤乳鸽　鸽子15g
　　　　　　草菇烩菜心　草菇5g　菜心55g
　　　　　　枸杞腐竹乳架汤　枸杞0.5g　腐竹4g
睡前　牛奶　150-180ml

星期四

托小班

早点　牛奶　100ml

　　　点心　花式饼干　5-6g

午餐　主食　什锦煨饭　芦笋60g　香菇6g　青豆6g　粟米6g

　　　　　　胡萝卜10g　培根10g　鸡蛋30g　大米40g

　　　　　荷叶饼　荷叶饼15g

　　　菜品　鱼香肉丝　甜面酱2g　肉丝20g

　　　汤羹　冬瓜排骨厚百叶汤　冬瓜12g　排骨6g　厚百叶10g

午点　点心　红糖芸豆　红糖4g　芸豆10g

　　　　　　毛菜鸡蛋肉丝全麦面　毛菜10g　鸡蛋2g　肉丝2g　全麦面25g

　　　水果　黑提　30g

晚餐　菜品　红米饭　大米55g　红米5g　　海蛎煎蛋　海蛎肉5g　鸡蛋20g

　　　　　　香菜拌鸡丝片　鸡丝15g　香菜1g

　　　　　　焙煎芝麻酱拌蒸茄子　芝麻酱2g　茄子55g　　蓬蒿菜百叶汤　蓬蒿菜10g　百叶4g

睡前　牛奶　150-180ml

> 过敏食谱
> 鸡蛋→方腿
> 体弱加餐
> 营养不良：小米糕

中大班

过敏食谱
鸡蛋→方腿
体弱加餐
营养不良：小米糕

早点　牛奶　110ml-120ml

　　　点心　花式饼干　7-8g

午餐　主食　什锦煨饭　芦笋60g　香菇6g　青豆6g　粟米6g　胡萝卜10g

　　　　　　培根10g　鸡蛋30g　大米40g

　　　　　荷叶饼　荷叶饼30g

　　　菜品　鱼香肉丝　甜面酱2g　肉丝20g

　　　汤羹　冬瓜排骨厚百叶汤　冬瓜12g　排骨6g　厚百叶10g

午点　点心　红糖芸豆　红糖4g　芸豆10g

　　　　　　毛菜鸡蛋肉丝全麦面　毛菜10g　鸡蛋2g　肉丝2g　全麦面25g

　　　水果　黑提　30g

晚餐　菜品　红米饭　大米55g　红米5g

　　　　　　海蛎煎蛋　海蛎肉5g　鸡蛋20g

　　　　　　香菜拌鸡丝　鸡丝15g　香菜1g

　　　　　　焙煎芝麻酱拌蒸茄子　芝麻酱2g　茄子55g

　　　　　　蓬蒿菜百叶汤　蓬蒿菜10g　百叶4g

睡前　牛奶　150-180ml

星期五

托小班

早点　牛奶　100ml

　　　点心　花式饼干　5-6g

午餐　主食　黑米饭　黑米5g　托班大米45g　小班大米50g

　　　菜品　板栗烧五花肉　板栗肉10g　精五花肉　30g

　　　　　　银鱼炒蛋　银鱼20g　鸡蛋20g

　　　　　　西芹炒百合胡萝卜　西芹70g　百合4g　胡萝卜3g

　　　汤羹　枸杞粉皮木耳花鲢鱼汤　枸杞0.4g　粉皮10g　木耳2g　花鲢4g

午点　点心　蜂蜜黑芝麻饼　蜂蜜黑芝麻饼25g

　　　　　　梨香陈皮藕羹　梨20g　陈皮0.4g　藕粉4g

　　　水果　鸡心果　40g

晚餐　菜品　夏威夷披萨　夏威夷披萨50g　葱油鸡翅根　翅根25g　小葱0.5g

　　　　　　白灼西蓝苔　西蓝苔50g

　　　　　　奶油瓜子仁南瓜浓汤　南瓜20g　淡奶5g　南瓜子仁0.5g

睡前　牛奶　150-180ml

过敏食谱
银鱼炒鸡→原味鸡块
鱼→肉糜
体弱加餐
营养不良：葱油小肉圆
贫血：葱油小肉圆

过敏食谱
银鱼炒鸡→原味鸡块
鱼→肉糜
体弱加餐
营养不良：葱油小肉圆
贫血：葱油小肉圆

中大班

早点　牛奶　110ml-120ml

　　　点心　花式饼干　7-8g

午餐　主食　黑米饭　黑米5g　中班大米55g　大班大米65g

　　　菜品　板栗烧五花肉　板栗肉10g　精五花肉　30g

　　　　　　银鱼炒蛋　银鱼20g　鸡蛋20g

　　　　　　西芹炒百合胡萝卜　西芹70g　百合4g　胡萝卜3g

　　　汤羹　枸杞粉皮木耳花鲢鱼汤　枸杞0.4g　粉皮10g　木耳2g
　　　　　　花鲢4g

午点　点心　蜂蜜黑芝麻饼　蜂蜜黑芝麻饼25g

　　　　　　梨香陈皮藕羹　梨20g　陈皮0.4g　藕粉4g

　　　水果　鸡心果　40g

晚餐　菜品　夏威夷披萨　夏威夷披萨50g

　　　　　　葱油鸡翅根　翅根25g　小葱0.5g

　　　　　　白灼西蓝苔　西蓝苔50g

　　　　　　奶油瓜子仁南瓜浓汤　南瓜20g　淡奶5g　南瓜子仁0.5g

睡前　牛奶　150-180ml

全天候带量食谱九月第三周

（中大班、托小班）

星期一

托小班

早点	牛奶	100ml
	点心	花式饼干　5-6g
午餐	主食	西蓝花蘑菇胡萝卜肉丝汤面
		西蓝花60g　蘑菇20g　胡萝卜10g　肉丝30g　面条40g
		叉烧包　叉烧包15g
	菜品	腰果炒虾球　腰果6g　青虾仁20g
午点	点心	卤汁小素鸡　卤汁小素鸡15g
		小米山芋红枣粥　无核红枣2g　小米6g　山芋6g　大米20g
	水果	人参果　40g
晚餐	菜品	软米饭　大米60g
		蟹柳滑蛋　蟹柳10g　鸡蛋20g
		椒盐鸡柳　鸡胸柳20g　椒盐粉1g
		蒜香紫角叶　紫角叶55g
		薏米莲藕肋排汤　薏米2g　莲藕5g　肋排10g
睡前	牛奶	150-180ml

过敏食谱

虾→肉片

体弱加餐

营养不良：黄金糕

贫血：樱桃番茄

中大班

早点	牛奶	110ml-120ml
	点心	花式饼干　7-8g
午餐	主食	西蓝花蘑菇胡萝卜肉丝汤面
		西蓝花60g　蘑菇20g　胡萝卜10g　肉丝30g　面条40g
		叉烧包　叉烧包30g
	菜品	腰果炒虾球　腰果6g　青虾仁20g
午点	点心	卤汁小素鸡　卤汁小素鸡15g
		小米山芋红枣粥　无核红枣2g　小米6g　山芋6g　大米20g
	水果	人参果　40g
晚餐	菜品	软米饭　大米60g　蟹柳滑蛋　蟹柳10g　鸡蛋20g
		椒盐鸡柳　鸡胸柳20g　椒盐粉1g　蒜香紫角叶　紫角叶55g
		薏米莲藕肋排汤　薏米2g　莲藕5g　肋排10g
睡前	牛奶	150-180ml

过敏食谱

虾→肉片

体弱加餐

营养不良：黄金糕

贫血：樱桃番茄

星期二

托小班

早点	牛奶	100ml
	点心	花式饼干　5-6g
午餐	主食	软米饭　大米　托班50g　小班55g
	菜品	茄汁鲳鱼蓉　沙司2g　鲳鱼60g
		肉片炒蘑菇　蘑菇20g　肉片4g
		清炒茼蒿菜　茼蒿菜70g
	汤羹	腐竹木耳乳鸽汤　腐竹6g　木耳1g　乳鸽6g
午点	点心	自制菱形核桃枣泥发糕　核桃仁4g　无核红枣6g　自发粉25g
		榨菜鸡蛋羹　榨菜2g　鸡蛋4g　生粉1g
	水果	帝皇蕉　40g
晚餐	菜品	玉米猪肉煎饺　粟米5g　夹心肉糜25g　饺皮50g
		章鱼小丸子　章鱼丸子10g
		白糖芋艿　芋艿子20g
		枸杞菠菜猪肝汤　枸杞0.3g　菠菜10g　猪肝5g
睡前	牛奶	150-180ml

> **过敏食谱**
> 鲳鱼→茄汁鸡丁
> **体弱加餐**
> 营养不良：卤水鸡心

> **过敏食谱**
> 鲳鱼→茄汁鸡丁
> **体弱加餐**
> 营养不良：卤水鸡心

中大班

早点	牛奶	110ml-120ml
	点心	花式饼干　7-8g
午餐	主食	软米饭　大米　中班60g　大班70g
	菜品	茄汁鲳鱼　沙司2g　鲳鱼60g
		肉片炒蘑菇　蘑菇20g　肉片4g
		清炒茼蒿菜　茼蒿菜70g
	汤羹	腐竹木耳乳鸽汤　腐竹6g　木耳1g　乳鸽6g
午点	点心	自制菱形核桃枣泥发糕　核桃仁4g　无核红枣6g　自发粉25g
		榨菜鸡蛋羹　榨菜2g　鸡蛋4g　生粉1g
	水果	帝皇蕉　40g
晚餐	菜品	玉米猪肉煎饺　粟米5g　夹心肉糜25g　饺皮50g
		章鱼小丸子　章鱼丸子10g
		白糖芋艿　芋艿子20g
		枸杞菠菜猪肝汤　枸杞0.3g　菠菜10g　猪肝5g
睡前	牛奶	150-180ml

星期三

托小班

早点　牛奶　100ml

　　　点心　花式饼干　5-6g

午餐　主食　黑芝麻米饭　黑芝麻2.5g　大米　托班50g　小班55g

　　　菜品　五彩蛋酪　鸡蛋45g　青椒10g　黄椒10g　胡萝卜5g

　　　　　　地三鲜　茄子20g　百合10g　青椒6g

　　　　　　杭白菜炒面筋　杭白菜50g　面筋1g

　　　汤羹　翡翠海鲜豆腐羹　荠菜10g　开洋2g　裙带菜4g　豆腐20g

午点　点心　自制中式香肠卷　自发粉25g　亲亲肠10g

　　　　　　蜂蜜柚子胡萝卜水　柚子10g　胡萝卜4g　蜂蜜4g

　　　水果　青提　30g

晚餐　菜品　软米饭　大米60g

　　　　　　广式烧鹅　广式烧鹅20g

　　　　　　盐水门腔　门腔25g

　　　　　　西芹炒鸡头米　西芹60g　鸡头米2g

　　　　　　蘑菇肉丝球生菜汤　蘑菇4g　球生菜4g

　　　　　　　　　　　　　　　肉丝5g

睡前　牛奶　150-180ml

过敏食谱

鸡蛋→牛里脊

体弱加餐

营养不良：苏锡豆腐干

贫血：苏锡豆腐干

中大班

过敏食谱

鸡蛋→牛里脊

体弱加餐

营养不良：苏锡豆腐干

贫血：苏锡豆腐干

早点　牛奶　110ml-120ml

　　　点心　花式饼干　7-8g

午餐　主食　黑芝麻米饭　黑芝麻2.5g　中班大米60g　大班大米70g

　　　菜品　五彩蛋酪　鸡蛋45g　青椒10g　黄椒10g　胡萝卜5g

　　　　　　地三鲜　茄子20g　百合10g　青椒6g

　　　　　　杭白菜炒面筋　杭白菜50g　面筋1g

　　　汤羹　翡翠海鲜豆腐羹　荠菜10g　开洋2g　裙带菜4g　豆腐20g

午点　点心　自制中式香肠卷　自发粉25g　亲亲肠10g

　　　　　　蜂蜜柚子胡萝卜水　柚子10g　胡萝卜4g　蜂蜜4g

　　　水果　青提　30g

晚餐　菜品　软米饭　大米60g　广式烧鹅　广式烧鹅20g

　　　　　　盐水门腔　门腔25g

　　　　　　西芹炒鸡头米　西芹60g　鸡头米2g

　　　　　　蘑菇肉丝球生菜汤　蘑菇4g　球生菜4g　肉丝5g

睡前　牛奶　150-180ml

星期四

托小班

早点	牛奶	100ml
	点心	花式饼干　5-6g
午餐	主食	日式咖喱鸡丁炒饭　咖喱4g　鸡胸25g　甜椒10g　土豆40g
		卷心菜20g　胡萝卜5g　洋葱6g　大米40g
		红宝石布丁蛋糕　红宝石布丁蛋糕10g
	菜品	蛋烧肉丁　鹌鹑蛋18g　夹心10g
	汤羹	枸杞厚百叶昂刺鱼汤　枸杞0.4g　厚百叶10g　昂刺鱼5g
午点	点心	红烧素肠　红烧素肠15g
		紫角叶玉米枸杞肉糜粥　玉米糁6g　枸杞0.4g　紫角叶10g
		肉糜2g　大米20g
	水果	樱桃番茄　30g
晚餐	菜品	紫米饭　紫米5g　大米55g
		白切羊肉　白切羊肉25g
		香煎鱼饼　鱼饼10g
		蒸酿节瓜　冬瓜55g
		粉皮豆苗汤　豆苗10g　粉皮30g
睡前	牛奶	150-180ml

> **过敏食谱**
> 鸡蛋→鸡胸
> 鱼→肉丝
> **体弱加餐**
> 营养不良：红糖发糕

> **过敏食谱**
> 鸡蛋→鸡胸
> 鱼→肉丝
> **体弱加餐**
> 营养不良：红糖发糕

中大班

早点	牛奶	110ml-120ml
	点心	花式饼干　7-8g
午餐	主食	日式咖喱鸡丁炒饭　咖喱4g　鸡胸25g　甜椒10g　土豆40g
		卷心菜20g　胡萝卜5g　洋葱6g　大米50g
		红宝石布丁蛋糕　红宝石布丁蛋糕20g
	菜品	蛋烧肉　鹌鹑蛋18g　夹心10g
	汤羹	枸杞厚百叶昂刺鱼汤　枸杞0.4g　厚百叶10g　昂刺鱼5g
午点	点心	红烧素肠　红烧素肠15g
		紫角叶玉米枸杞肉糜粥　玉米糁6g　枸杞0.4g　紫角叶10g
		肉糜2g　大米20g
	水果	樱桃番茄　30g
晚餐	菜品	紫米饭　紫米5g　大米55g　白切羊肉　白切羊肉25g
		香煎鱼饼　鱼饼10g　蒸酿节瓜　冬瓜55g
		粉皮豆苗汤　豆苗10g　粉皮30g
睡前	牛奶	150-180ml

星期五

托小班

早点	牛奶	100ml
	点心	花式饼干　5-6g
午餐	主食	燕麦饭　燕麦片5g　托班大米45g　小班大米50g
	菜品	茶树菇牛柳　鲜茶树菇10g　牛里脊40g
		甜椒香干鸡丝　甜椒20g　香干15g　鸡丝10g
		大白菜炒黑木耳胡萝卜　大白菜50g　胡萝卜6g　黑木耳1g
	汤羹	菠菜枸杞鸡蛋汤　菠菜6g　枸杞0.4g　蛋6g
午点	点心	迷你桃酥　桃酥25g
		银耳雪梨羹　银耳1g　梨20g
	水果	树莓　20g
晚餐	菜品	海鲜疙瘩汤　丝瓜30g　黑虎虾仁10g　蛏子肉5g　蛤蜊肉5g
		三色疙瘩55g
		青瓜蘸京酱　黄瓜40g　甜面酱5g
睡前	牛奶	150-180ml

过敏食谱
鸡蛋→肉丝
体弱加餐
营养不良：小酥肉
贫血：麻油鸡肝

中大班

过敏食谱
鸡蛋→肉丝
体弱加餐
营养不良：小酥肉
贫血：麻油鸡肝

早点	牛奶	110ml-120ml
	点心	花式饼干　7-8g
午餐	主食	燕麦饭　燕麦片5g　中班大米55g　大班大米65g
	菜品	茶树菇牛柳　鲜茶树菇10g　牛里脊40g
		甜椒香干鸡丝　甜椒20g　香干15g　鸡丝10g
		大白菜炒黑木耳胡萝卜　大白菜50g　胡萝卜6g　黑木耳1g
	汤羹	菠菜枸杞鸡蛋汤　菠菜6g　枸杞0.4g　蛋6g
午点	点心	迷你桃酥　桃酥25g
		银耳雪梨羹　银耳1g　梨20g
	水果	树莓　20g
晚餐	菜品	海鲜疙瘩汤　丝瓜30g　黑虎虾仁10g　蛏子肉5g　蛤蜊肉5g
		三色疙瘩55g
		青瓜蘸京酱　黄瓜40g　甜面酱5g
睡前	牛奶	150-180ml

全天候带量食谱九月第四周

（中大班、托小班）

星期一

托小班

过敏食谱
虾皮、鸡蛋→肉糜
体弱加餐
营养不良：奶香小刀切
贫血：樱桃番茄

| 早点 | 牛奶 | 100ml |
| 点心 | 花式饼干 | 5-6g |

午餐　主食　多味馄饨　虾皮4g　肉糜30g　荠菜20g　青菜50g　木耳2g　豆腐干10g
　　　　　　　鲜香菇10g　中皮子45g

　　　菜品　鸡茸糍毛团　泰国香米10g　鸡胸糜20g

午点　点心　果泥拇指小馒头　木瓜15g　自发粉10g
　　　　　　　薏米仁赤豆粥　薏米仁6g　赤豆4g　大米15g

　　　水果　樱桃番茄　30g

晚餐　菜品　软米饭　大米60g　香烤三文鱼　三文鱼20g
　　　　　　　太阳鹌鹑蛋　光鹌鹑蛋25g
　　　　　　　胡萝卜木耳藕片荷兰豆　胡萝卜4g　木耳1g
　　　　　　　　　　　　　　　　莲藕5g　荷兰豆40g
　　　　　　　番茄土豆汤　番茄5g　土豆5g

睡前　牛奶　150-180ml

中大班

过敏食谱
虾皮、鸡蛋→肉糜
体弱加餐
营养不良：奶香小刀切
贫血：樱桃番茄

| 早点 | 牛奶 | 110ml-120ml |
| 点心 | 花式饼干 | 7-8g |

午餐　主食　多味馄饨　虾皮4g　肉糜30g　荠菜20g　青菜50g　木耳2g
　　　　　　　豆腐干10g　鲜香菇10g　大皮子55g

　　　菜品　鸡茸糍毛团　泰国香米10g　鸡胸糜20g

午点　点心　果泥拇指小馒头　木瓜15g　自发粉10g
　　　　　　　薏米仁赤豆粥　薏米仁6g　赤豆4g　大米15g

　　　水果　樱桃番茄　30g

晚餐　菜品　软米饭　大米60g　香烤三文鱼　三文鱼20g
　　　　　　　太阳鹌鹑蛋　光鹌鹑蛋25g
　　　　　　　胡萝卜木耳藕片荷兰豆　胡萝卜4g　木耳1g　莲藕5g　荷兰豆40g
　　　　　　　番茄土豆汤　番茄5g　土豆5g

睡前　牛奶　150-180ml

星期二

托小班

早点	牛奶	100ml
	点心	花式饼干　5-6g
午餐	主食	软米饭　托班大米50g　小班大米55g
	菜品	香烤鳕鱼块　鳕鱼30g
		欧姆蛋　洋葱20g　鸡蛋20g　甜椒6g　黄椒4g　黑木耳1g　胡萝卜10g
		油焖茭白丝　茭白60g
	汤羹	竹荪厚百叶乳鸽汤　竹荪1g　厚百叶10g　乳鸽5g
午点	点心	自制肉松麻花卷　香葱2g　肉松1g　自发粉25g
		圆葱金桔水　陈皮1g　圆葱2g　金桔5g
	水果	人参果　35g
晚餐	菜品	黑松露鹅肝炒饭　鹅肝25g　粟米10g　胡萝卜5g
		青豆5g　大米55g
		黑松露0.5g
		白玉菇炒西蓝花　西蓝花50g　白玉菇5g
		枸杞地瓜叶汤　枸杞0.5g　地瓜叶10g
睡前	牛奶	150-180ml

过敏食谱
鳕鱼→鸡丁
鸡蛋→肉丝
体弱加餐
营养不良：牛排

中大班

早点	牛奶	110ml-120ml
	点心	花式饼干　7-8g
午餐	主食	软米饭　中班大米60g　大班大米70g
	菜品	香烤鳕鱼　鳕鱼30g
		欧姆蛋　洋葱20g　鸡蛋20g　甜椒6g　黄椒4g　黑木耳1g
		胡萝卜10g
		油焖茭白　茭白60g
	汤羹	竹荪厚百叶乳鸽汤　竹荪1g　厚百叶10g　乳鸽5g
午点	点心	自制肉松麻花卷　香葱2g　肉松1g　自发粉25g
		圆葱金桔水　陈皮1g　圆葱2g　金桔5g
	水果	人参果　35g
晚餐	菜品	黑松露鹅肝炒饭　鹅肝25g　粟米10g　胡萝卜5g　青豆5g
		大米55g　黑松露0.5g
		白玉菇炒西蓝花　西蓝花50g　白玉菇5g
		枸杞地瓜叶汤　枸杞0.5g　地瓜叶10g
睡前	牛奶	150-180ml

过敏食谱
鳕鱼→鸡丁
鸡蛋→肉丝
体弱加餐
营养不良：牛排

星期三

托小班

早点	牛奶	100ml
	点心	花式饼干　5-6g
午餐	主食	五谷饭　五谷片5g　托班大米45g　小班大米50g
	菜品	奶香芝麻鸡丁　全脂奶粉2g　鸡胸肉40g　白芝麻2g
		平菇炒肉糜　平菇10g　夹心肉10g
		清炒油麦菜　油麦菜70g
	汤羹	油豆腐豆芽鱼面筋汤　油豆腐4g　豆芽6g　鱼面筋10g
午点	点心	自制抹茶开花包　抹茶粉1g　牛奶2g　自发粉20g
		青菜蟹味菇米汤　青菜4g　蟹味菇4g　大米5g
	水果	蓝莓　20g
晚餐	菜品	软米饭　大米60g
		蜜汁烤里脊肉　猪里脊15g
		干贝蛋羹　干贝2g　鸡蛋15g
		南乳空心菜　南乳汁1g　空心菜50g
		荠菜银鱼羹　荠菜5g　银鱼2g
睡前	牛奶	150-180ml

> **过敏食谱**
> 鱼面筋→肉末
> **体弱加餐**
> 营养不良：素鸭
> 贫血：素鸭

中大班

早点	牛奶	110ml-120ml
	点心	花式饼干　7-8g
午餐	主食	五谷饭　五谷片5g　中班大米55g　大班大米65g
	菜品	奶香芝麻鸡柳　全脂奶粉2g　鸡胸肉40g　白芝麻2g
		平菇炒肉片　平菇10g　肉片10g
		清炒油麦菜　油麦菜70g
	汤羹	油豆腐豆芽鱼面筋汤　油豆腐4g　豆芽6g　鱼面筋10g
午点	点心	自制抹茶开花包　抹茶粉1g　牛奶2g　自发粉20g
		青菜蟹味菇米汤　青菜4g　蟹味菇4g　大米5g
	水果	蓝莓　20g
晚餐	菜品	软米饭　大米60g
		蜜汁烤肋排　肋排20g
		干贝蛋羹　干贝2g　鸡蛋15g
		南乳空心菜　南乳汁1g　空心菜50g
		荠菜银鱼羹　荠菜5g　银鱼2g
睡前	牛奶	150-180ml

> **过敏食谱**
> 鱼面筋→肉末
> **体弱加餐**
> 营养不良：素鸭
> 贫血：素鸭

星期四

托小班

早点	牛奶	100ml			
	点心	花式饼干　5-6g			
午餐	主食	芝士肥牛盖饭　洋葱10g　卷心菜65g　胡萝卜10g			
		芝士2g　肥牛30g　鸡蛋20g　大米40g			
		玉米枸杞馒头　玉米枸杞馒头15g			
	汤羹	味噌昆布三文鱼豆腐汤　味噌5g　三文鱼10g　海带10g　豆腐20g			
午点	点心	苏锡豆腐干　苏锡豆腐干10g			
		草头胡萝卜肉丝汤年糕　草头10g　胡萝卜4g　肉丝4g　年糕25g			
	水果	小香梨　35g			
晚餐	菜品	燕麦饭　燕麦5g　大米55g			
		紫苏焖鸭丁　紫苏叶0.5g　鸭胸15g			
		秋葵炒虾仁　秋葵10g　虾仁5g			
		清炒茼蒿菜　茼蒿55g			
		芸豆猪脚汤　芸豆5g　猪脚10g			
睡前	牛奶	150-180ml			

过敏食谱
鸡蛋→鸡丁
味噌昆布三文鱼→肉圆
体弱加餐
营养不良：红糖发糕

中大班

过敏食谱
鸡蛋→鸡丁
味噌昆布三文鱼→肉圆
体弱加餐
营养不良：红糖发糕

早点	牛奶	110ml-120ml			
	点心	花式饼干　7-8g			
午餐	主食	芝士肥牛盖饭　洋葱10g　卷心菜65g　胡萝卜10g　芝士2g			
		肥牛30g　鸡蛋20g　大米40g			
		玉米枸杞馒头　玉米枸杞馒头30g			
	汤羹	味噌昆布三文鱼豆腐汤　味噌5g　三文鱼10g　海带10g　豆腐20g			
午点	点心	苏锡豆腐干　苏锡豆腐干10g			
		草头胡萝卜肉丝汤年糕　草头10g　胡萝卜4g　肉丝4g　年糕25g			
	水果	小香梨　35g			
晚餐	菜品	燕麦饭　燕麦5g　大米55g			
		紫苏焖鸭块　紫苏叶0.5g　鸭腿20g			
		秋葵炒虾仁　秋葵10g　虾仁5g			
		清炒茼蒿菜　茼蒿55g			
		芸豆猪脚汤　芸豆5g　猪脚10g			
睡前	牛奶	150-180ml			

星期五

托小班

早点	牛奶	100ml	
	点心	花式饼干　5-6g	
午餐	主食	红米饭　红米5g　托班大米45g	
		小班大米50g	
	菜品	香芋烧肉丁　香芋20g　精五花肉35g	
		番茄龙利鱼粒　番茄6g　龙利鱼15g	
		芹菜炒香干　芹菜60g　香干10g	
	汤羹	牛蒡黑木耳蹄膀汤　牛蒡6g　黑木耳1g　蹄膀5g	
午点	点心	松仁小月饼　松仁小月饼25g	
		菊花枸杞茶　杭白菊0.4g　枸杞0.4g	
	水果	黑提　30g	
晚餐	菜品	麻酱鸡丝肉丝拌荞麦面	
		芝麻酱5g　鸡胸5g　肉丝5g　绿豆芽10g　西葫芦20g　荞麦面50g	
		蓝莓山药　蓝莓酱5g　铁棍山药10g	
		芦笋蘑菇跑蛋汤　去根芦笋15g　蘑菇5g　鸡蛋10g	
睡前	牛奶	150-180ml	

过敏食谱
龙利鱼→牛腩
体弱加餐
营养不良：卤水鸡心
贫血：卤水鸡心

中大班

过敏食谱
龙利鱼→牛腩
体弱加餐
营养不良：卤水鸡心
贫血：卤水鸡心

早点	牛奶	110ml-120ml	
	点心	花式饼干　7-8g	
午餐	主食	红米饭　红米5g　中班大米55g　大班大米65g	
	菜品	香芋烧肉　香芋20g　精五花肉35g	
		番茄龙利鱼片　番茄6g　龙利鱼15g	
		芹菜炒香干　芹菜60g　香干10g	
	汤羹	牛蒡黑木耳蹄膀汤　牛蒡6g　黑木耳1g　蹄膀5g	
午点	点心	松仁小月饼　松仁小月饼25g	
		菊花枸杞茶　杭白菊0.4g　枸杞0.4g	
	水果	黑提　30g	
晚餐	菜品	麻酱鸡丝肉丝拌荞麦面	
		芝麻酱5g　鸡胸5g　肉丝5g　绿豆芽10g　西葫芦20g　荞麦面50g	
		蓝莓山药　蓝莓酱5g　铁棍山药10g	
		芦笋蘑菇跑蛋汤　去根芦笋15g　蘑菇5g　鸡蛋10g	
睡前	牛奶	150-180ml	

九月份膳食营养
分析及小结

（记账法膳食调查评价）

平衡膳食五项标准：

1 热量摄入量占供给量85%—90%为中等，90%以上为好。蛋白质占供给量80%以上。

蛋白质

平均每人摄入量：**49.6**
占平均供给量(%)：**104.66%**

0%　　　　　　80%

热量

平均每人摄入量：**1423.48**
占平均供给量(%)：**94.84%**

0%　　　　85%　90%

2 蛋白质、脂肪、碳水化合物重量比值为1：1：4-5

3 三大营养素产热量占总热量：蛋白质12-15%，脂肪25-30%，碳水化合物50%-60%：

④ 动物蛋白+豆类蛋白质的摄入量>50%

⑤ 动物食品的热量+豆类食品的热量摄入量>20%

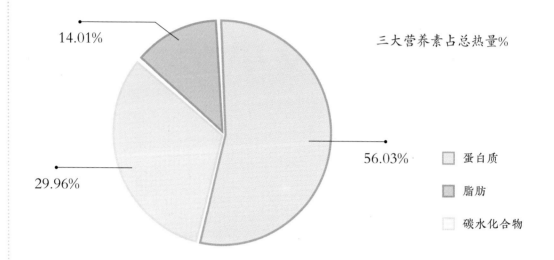

14.01%

三大营养素占总热量%

56.03%

29.96%

☐ 蛋白质

☐ 脂肪

☐ 碳水化合物

	蛋白质	脂肪	碳水化合物
平均每人每日摄入量(克)	49.6	47.15	198.36
比值	1	0.95	4
三大营养素产热量(千卡)	200.28	402.3	748.68

（动物蛋白+豆类蛋白）

摄入量：**25.26**

占总蛋白%：**50.9%**

0%　　　　　50%

（动物热量+豆类热量）

摄入量：**374.11**

占总热量%：**26.28%**

0%　　　　　20%

全天候带量食谱十月第一、二周

（中大班、托小班）

星期六

托小班

早点	牛奶	100ml
	点心	花式饼干 5-6g
午餐	主食	高粱米饭 高粱米5g 托班大米45g 小班大米50g
	菜品	酱香鸭胗（红黄椒） 鸭胗22g（红黄椒各4g） 肉糜炖蛋 夹心肉20g 鸡蛋12g
		腐竹生菜 腐竹6g 生菜90g
	汤羹	番茄冬瓜榨菜汤 番茄8g 冬瓜10g 榨菜2g
午点	点心	葡萄干坚果蜂糕 自发粉25g 葡萄干2g
		花生仁2g 核桃3g
		萝卜丝虾皮汤 萝卜8g 虾皮2g
	水果	葡萄 30g
晚餐	菜品	杂菜鸡丁 杂菜6g 鸡胸15g
		油面筋塞肉 面筋1个 夹心肉20g
		清炒杭白菜 杭白菜50g
		豆腐蘑菇汤 豆腐15g 蘑菇4g
睡前	牛奶	150-180ml

中大班

早点	牛奶	110ml-120ml
	点心	花式饼干 7-8g
午餐	主食	高粱米饭 高粱米5g 中班大米55g 大班大米65g
	菜品	酱香鸭胗（红黄椒） 鸭胗22g（红黄椒各4g）
		肉糜炖蛋 夹心肉20g 鸡蛋12g
		腐竹生菜 腐竹6g 生菜90g
	汤羹	番茄冬瓜榨菜汤 番茄8g 冬瓜10g 榨菜2g
午点	点心	葡萄干坚果蜂糕 自发粉25g 葡萄干2g 花生仁2g 核桃3g
		萝卜丝虾皮汤 萝卜8g 虾皮2g
	水果	葡萄 30g
晚餐	菜品	杂菜鸡丁 杂菜6g 鸡胸15g 油面筋塞肉 面筋1个 夹心肉20g
		清炒杭白菜 杭白菜50g 豆腐蘑菇汤 豆腐15g 蘑菇4g
睡前	牛奶	150-180ml

星期日

托小班

早点　牛奶　100ml
　　　点心　花式饼干　5-6g
午餐　主食　米饭　托班50g　小班55g
　　　菜品　红烧鳝丝　鳝丝30g　　如意鸡丁　鸡丁20g　腰果4g　黄瓜4g
　　　　　　上汤娃娃菜　娃娃菜90g　木耳0.5g　枸杞0.8g
　　　汤羹　香菜粉皮鸭血汤　香菜1g　粉皮10g　鸭血5g
午点　点心　蒸红薯　山芋20g　　烂糊肉丝年糕汤　黄芽菜10g　肉丝8g　年糕25g
　　　水果　小芭蕉　45g
晚餐　菜品　水晶虾仁　河虾仁20g
　　　　　　胡萝卜炖牛腩　胡萝卜5g　牛腩15g
　　　　　　豆干炒芹菜　小香干8g　芹菜50g
　　　　　　紫菜蛋花汤　紫菜1g　鸡蛋4g
睡前　牛奶　150-180ml

体弱加餐　卡通包

中大班

早点　牛奶　110ml-120ml
　　　点心　花式饼干　7-8g
午餐　主食　米饭　中班60g　大班70g
　　　菜品　红烧鳝筒　鳝筒35g
　　　　　　如意鸡丁　鸡丁20g　腰果4g　黄瓜4g
　　　　　　上汤娃娃菜　娃娃菜90g　木耳0.5g　枸杞0.8g
　　　汤羹　香菜粉皮鸭血汤　香菜1g　粉皮10g　鸭血5g
午点　点心　蒸红薯　山芋20g
　　　　　　烂糊肉丝年糕汤　黄芽菜10g　肉丝8g　年糕25g
　　　水果　小芭蕉　45g
晚餐　菜品　水晶虾仁　河虾仁20g
　　　　　　胡萝卜炖牛腩　胡萝卜5g　牛腩15g
　　　　　　豆干炒芹菜　小香干8g　芹菜50g
　　　　　　紫菜蛋花汤　紫菜1g　鸡蛋4g
睡前　牛奶　150-180ml

体弱加餐　卡通包

星期一

托小班

早点	牛奶	100ml
	点心	花式饼干　5-6g
午餐	主食	米饭　托班50g　小班55g
	菜品	板栗鸭丁　板栗仁4g　鸭丁25g
		金银豆腐　鸡蛋30g　绢豆腐15g
		青菜香菇　青菜95g　香菇4g
	汤羹	杭白菜土豆汤　杭白菜10g　土豆10g
午点	点心	鲜味小馄饨　小馄饨皮16g　夹心肉8g　紫菜1g　虾皮1g
	水果	青提　30g
晚餐	菜品	洋葱炒牛肉　洋葱4g　牛肉10g
		彩椒鸡胗　彩椒4g　鸡胗20g
		蒜泥空心菜　大蒜1g　空心菜50g
		菠菜蟹味菇汤　菠菜5g　蟹味菇5g
睡前	牛奶	150-180ml

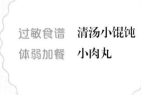

过敏食谱　清汤小馄饨
体弱加餐　小肉丸

中大班

早点	牛奶	110ml-120ml
	点心	花式饼干　7-8g
午餐	主食	米饭　中班60g　大班70g
	菜品	板栗鸭腿　板栗仁4g　鸭腿38g
		金银豆腐　鸡蛋30g　绢豆腐15g
		青菜香菇　青菜95g　香菇4g
	汤羹	杭白菜土豆汤　杭白菜10g　土豆10g
午点	点心	鲜味小馄饨　小馄饨皮16g　夹心肉8g　紫菜1g
		虾皮1g
	水果	青提　30g
晚餐	菜品	洋葱炒牛肉　洋葱4g　牛肉10g
		彩椒鸡胗　彩椒4g　鸡胗20g
		蒜泥空心菜　大蒜1g　空心菜50g
		菠菜蟹味菇汤　菠菜5g　蟹味菇5g
睡前	牛奶	150-180ml

过敏食谱　清汤小馄饨
体弱加餐　小肉丸

星期二

托小班

早点	牛奶	100ml
	点心	花式饼干　5-6g
午餐	主食	意面　托班50g　小班55g
	菜品	意大利蝴蝶面　番茄20g　西芹50g　培根20g　河虾仁20g　红椒8g　杏鲍菇8g
		生菜金针菇牛尾汤　生菜14g　金针菇4g　牛尾16g
	汤羹	小白干　小白干20g
午点	点心	燕麦紫米粥　燕麦2g　糯米4g　大米14g　冰糖3g
	水果	蓝莓　20g
晚餐	菜品	清蒸笋壳鱼　笋壳鱼25g
		糖醋排条　排条15g
		素肠奶白菜　素肠8g　奶白菜55g
		肉片扁尖汤　腿肉4g　扁尖1g
睡前	牛奶	150-180ml

体弱加餐　小米糕

中大班

早点	牛奶	110ml-120ml
	点心	花式饼干　7-8g
午餐	主食	意面　中班60g　大班70g
	菜品	意大利蝴蝶面　番茄20g　西芹50g　培根20g
		河虾仁20g　红椒8g　杏鲍菇8g
	汤羹	生菜金针菇牛尾汤　生菜14g　金针菇4g　牛尾16g
午点	点心	小白干　小白干20g
		燕麦紫米粥　燕麦2g　糯米4g　大米14g　冰糖3g
	水果	蓝莓　20g
晚餐	菜品	清蒸笋壳鱼　笋壳鱼25g
		糖醋排条　排条15g
		素肠奶白菜　素肠8g　奶白菜55g
		肉片扁尖汤　腿肉4g　扁尖1g
睡前	牛奶	150-180ml

体弱加餐　小米糕

星期三

托小班

早点　牛奶　100ml

　　　点心　花式饼干　5-6g

午餐　主食　米饭　托班50g　小班55g

　　　菜品　素肠烧肉　素肠8g　梅花肉20g

　　　　　　秋葵炒蛋（鸡蛋）　秋葵4g　鸡蛋30g

　　　　　　百叶炒茼蒿　茼蒿85g　百叶10g

　　　汤羹　丝瓜白玉菇开洋汤　丝瓜10g　白玉菇4g　开洋2g

午点　点心　烧卖　烧卖皮25g　肉糜3g　糯米15g

　　　　　　陈皮雪梨水　陈皮0.2g　雪梨25g　冰糖3g

晚餐　菜品　六味馄饨　馄饨皮50g　青菜50g　荠菜6g　夹心肉30g　香菇2g

　　　　　　　　　开洋1g　鸡蛋10g

　　　　　　蒸山芋　红薯15g

睡前　牛奶　150-180ml

过敏食谱　丝瓜白玉菇汤
体弱加餐　酱汁鸭丁

过敏食谱　丝瓜白玉菇汤
体弱加餐　酱汁鸭丁

中大班

早点　牛奶　110ml-120ml

　　　点心　花式饼干　7-8g

午餐　主食　米饭　中班60g　大班70g

　　　菜品　素肠烧肉　素肠8g　梅花肉20g

　　　　　　秋葵炒蛋（鸡蛋）　秋葵4g　鸡蛋30g

　　　　　　百叶炒茼蒿　茼蒿85g　百叶10g

　　　汤羹　丝瓜白玉菇开洋汤　丝瓜10g　白玉菇4g　开洋2g

午点　点心　烧卖　烧卖皮25g　肉糜3g　糯米15g

　　　　　　陈皮雪梨水　陈皮0.2g　雪梨25g　冰糖3g

晚餐　菜品　六味馄饨　馄饨皮50g　青菜50g　荠菜6g

　　　　　　　　　夹心肉30g　香菇2g　开洋1g　鸡蛋10g

　　　　　　蒸山芋　红薯15g

睡前　牛奶　150-180ml

星期四

托小班

早点	牛奶	100ml
	点心	花式饼干　5-6g
午餐	主食	燕麦饭　燕麦5g　托班大米45g　小班大米50g
	菜品	香菜牛肉丸　香菜1g　牛肉糜25g
		荠菜虾仁　荠菜4g　虾仁25g
		松仁炒菠菜　松仁4g　菠菜90g
	汤羹	山药平菇蛋花汤　山药净6g　平菇4g　鸭蛋8g
午点	点心	罗汉斋包　罗汉斋包30g　赤豆桂圆薏米汤　赤豆10g　桂圆肉2g　薏米2g
	水果	小芭蕉　45g
晚餐	菜品	火腿玉米粒　火腿8g　玉米粒15g
		彩椒鸡心　青红椒6g　鸡心25g
		麻酱生菜　芝麻酱4g　生菜55g
		芹菜鱼骨汤　荠菜4g　鲫鱼汤底
睡前	牛奶	150-180ml

体弱加餐　蜜汁豆干

体弱加餐　蜜汁豆干

中大班

早点	牛奶	110ml-120ml
	点心	花式饼干　7-8g
午餐	主食	燕麦饭　燕麦5g　中班大米55g　大班大米65g
	菜品	香菜牛肉丸　香菜1g　牛肉糜30g
		荠菜虾仁　荠菜4g　虾仁25g
		松仁炒菠菜　松仁4g　菠菜90g
	汤羹	山药平菇蛋花汤　山药净6g　平菇4g　鸭蛋8g
午点	点心	罗汉斋包　罗汉斋包30g
		赤豆桂圆薏米汤　赤豆10g　桂圆肉2g　薏米2g
	水果	小芭蕉　45g
晚餐	菜品	火腿玉米粒　火腿8g　玉米粒15g
		彩椒鸡心　青红椒6g　鸡心25g
		麻酱生菜　芝麻酱4g　生菜55g
		芹菜鱼骨汤　荠菜4g　鲫鱼汤底
睡前	牛奶	150-180ml

星期五

托小班

早点	牛奶	100ml
	点心	花式饼干　5-6g
午餐	主食	米饭　托班50g　小班55g
	菜品	台式卤肉饭　夹心肉35g　洋葱10g　蘑菇10g　胡萝卜8g　卷心菜60g
		鹌鹑蛋　鹌鹑蛋15g
	汤羹	毛菜蛤蜊豆腐味噌汤　鸡毛菜10g　蛤蜊肉6g　豆腐20g
午点	点心	虎皮卷　虎皮卷30g
		罗汉果金银花茶　罗汉果2g　金银花0.5g　冰糖3g
	水果	小番茄　30g
晚餐	菜品	盐水大虾　草虾30g
		鱼香肉丝　茭白6g　肉丝10g
		绿豆芽莴笋丝　银芽30g　莴笋20g
		豆苗排骨汤　豆苗4g　肋排4g
睡前	牛奶	150-180ml

过敏食谱
毛菜鸭血豆腐汤
体弱加餐
小肉丸

中大班

早点	牛奶	110ml-120ml
	点心	花式饼干　7-8g
午餐	主食	米饭　中班60g　大班70g
	菜品	台式卤肉饭　夹心肉40g　洋葱10g　蘑菇10g
		胡萝卜8g　卷心菜60g
		鹌鹑蛋　鹌鹑蛋15g
	汤羹	毛菜蛤蜊豆腐味噌汤　鸡毛菜10g　蛤蜊肉6g　豆腐20g
午点	点心	虎皮卷　虎皮卷30g
		罗汉果金银花茶　罗汉果2g　金银花0.5g　冰糖3g
	水果	小番茄　30g
晚餐	菜品	盐水大虾　草虾30g
		鱼香肉丝　茭白6g　肉丝10g
		绿豆芽莴笋丝　银芽30g　莴笋20g
		豆苗排骨汤　豆苗4g　肋排4g
睡前	牛奶	150-180ml

过敏食谱
毛菜鸭血豆腐汤
体弱加餐
小肉丸

全天候带量食谱十月第三周

（中大班、托小班）

星期一

托小班

早点	牛奶	100ml
	点心	花式饼干　5-6g
午餐	主食	玉米糁饭　玉米糁5g　托班大米45g　小班大米50g
	菜品	茨菇烧肉　茨菇6g　里脊肉25g　蟹粉蛋　生姜0.5g　鸭蛋30g
		豆皮生菜　豆皮8g　生菜95g
	汤羹	菌菇魔芋丝汤　葱0.5g　白玉菇2g　鸡腿菇2g　魔芋丝10g
午点	点心	秋日枣糕　自发粉25g　南瓜8g　无核枣2g
		金针菇土豆汤　金针菇4g　土豆6g
	水果	樱桃番茄　35g
晚餐	菜品	卤鸭腿　鸭腿25g　红烧鲳鱼　鲳鱼20g
		包菜粉丝煲　包菜50g　粉丝2g
		西湖牛肉羹　牛肉4g　鸡蛋4g　山药4g
睡前	牛奶	150-180ml

体弱加餐　清炒虾仁

中大班

早点	牛奶	110ml-120ml
	点心	花式饼干　7-8g
午餐	主食	玉米糁饭　玉米糁5g　中班大米55g　大班大米65g
	菜品	茨菇烧肉　茨菇6g　里脊肉25g　蟹粉蛋　生姜0.5g　鸭蛋30g
		豆皮生菜　豆皮8g　生菜95g
	汤羹	菌菇魔芋丝汤　葱0.5g　白玉菇2g　鸡腿菇2g　魔芋丝10g
午点	点心	秋日枣糕　自发粉25g　南瓜8g　无核枣2g
		金针菇土豆汤　金针菇4g　土豆6g
	水果	樱桃番茄　35g
晚餐	菜品	卤鸭腿　鸭腿25g　红烧鲳鱼　鲳鱼20g
		包菜粉丝煲　包菜50g　粉丝2g
		西湖牛肉羹　牛肉4g　鸡蛋4g　山药4g
睡前	牛奶	150-180ml

体弱加餐　清炒虾仁

星期二

托小班

早点	牛奶	100ml
	点心	花式饼干　5-6g
午餐	主食	米粉　米粉　托班35g　小班40g
	菜品	黑糯米甜甜　血糯米5g　糯米10g
		星洲炒米粉　韭菜20g　绿豆芽60g　鸡蛋30g　牛肉丝25g　胡萝卜10g
	汤羹	茼蒿芋艿鸽子汤　鸽子8g　芋艿光6g　长茼蒿8g
午点	点心	素鸭　素鸭15g　赤豆薏米粥　大米12g　赤豆5g　糯米4g　薏米2g
	水果	红提　35g
晚餐	菜品	泰式菠萝炒饭佐麻酱芥蓝　虾仁20g　杂菜15g　菠萝15g　蟹肉棒15g
		芥蓝40g　芝麻酱10g
		盐水豆干　豆干15g
		奶油蘑菇鸡肉汤　淡奶油4g　蘑菇4g　鸡胸4g
睡前	牛奶	150-180ml

体弱加餐　拇指馒头

中大班

体弱加餐　拇指馒头

早点	牛奶	110ml-120ml
	点心	花式饼干　7-8g
午餐	主食	米粉　米粉　中班45g　大班55g
	菜品	黑糯米甜甜　血糯米5g　糯米10g
		星洲炒米粉　韭菜20g　绿豆芽60g　鸡蛋30g　牛肉丝25g
		胡萝卜10g
	汤羹	茼蒿芋艿鸽子汤　鸽子8g　芋艿光6g　长茼蒿8g
午点	点心	素鸭　素鸭15g
		赤豆薏米粥　大米12g　赤豆5g　糯米4g　薏米2g
	水果	红提　35g
晚餐	菜品	泰式菠萝炒饭佐麻酱芥蓝
		虾仁20g　杂菜15g　菠萝15g　蟹肉棒15g
		芥蓝40g　芝麻酱10g
		盐水豆干　豆干15g
		奶油蘑菇鸡肉汤　淡奶油4g　蘑菇4g　鸡胸4g
睡前	牛奶	150-180ml

星期三

托小班

早点	牛奶	100ml
	点心	花式饼干 5-6g
午餐	主食	米饭 托班50g 小班55g
	菜品	板栗鸭肉 芋头4g 鸭丁25g
		西蓝花玉子虾仁 日本豆腐8g 虾仁20g 西蓝花4g
		木耳草菇杭白菜 杭白菜95g 草菇4g 木耳0.1g
	汤羹	毛菜油豆腐粉丝汤 毛菜8g 油豆腐8g 粉丝5g
午点	点心	麻酱花卷 自发粉25g 芝麻酱8g
		苹果蜂蜜饮 苹果20g 蜂蜜3g
	水果	菇娘果 30g
晚餐	菜品	香煎银鳕鱼 鳕鱼30g 芦笋5g
		土豆鸡肉饼 土豆8g 鸡肉15g
		酒香草头 草头70g 白酒少许
		番茄蛋花汤 番茄6g 鸡蛋5g
睡前	牛奶	150-180ml

过敏食谱
河鲜：五香鹌鹑蛋
体弱加餐
红烧牛肉

中大班

过敏食谱
河鲜：五香鹌鹑蛋
体弱加餐
红烧牛肉

早点	牛奶	110ml-120ml
	点心	花式饼干 7-8g
午餐	主食	米饭 中班60g 大班70g
	菜品	板栗鸭肉 芋头4g 鸭丁25g
		白灼大虾 大头虾45g
		木耳草菇杭白菜 杭白菜95g 草菇4g 木耳0.1g
	汤羹	毛菜油豆腐粉丝汤 毛菜8g 油豆腐8g 粉丝5g
午点	点心	麻酱花卷 自发粉25g 芝麻酱8g
		苹果蜂蜜饮 苹果20g 蜂蜜3g
	水果	菇娘果 30g
晚餐	菜品	香煎银鳕鱼 鳕鱼30g 芦笋5g 土豆鸡肉饼 土豆8g 鸡肉15g
		酒香草头 草头70g 白酒少许 番茄蛋花汤 番茄6g 鸡蛋5g
睡前	牛奶	150-180ml

星期四

托小班

早点	牛奶	100ml

点心　花式饼干　5-6g

午餐	主食	小米饭　小米5g　托班大米45g　小班大米50g

菜品　豉汁鲈鱼　豆豉2g　鲈鱼35g　杂蔬鸡丁　杂菜4g　鸡丁20g

　　　腐竹炒米苋　米苋95g　腐竹8g

汤羹　番茄木耳海鲜菇汤　木耳0.1g　番茄8g　海鲜菇4g

午点　点心　南瓜饼　南瓜饼20g　荠菜肉丝汤面　荠菜6g　肉丝4g　面条10g

　　　水果　青提　35g

晚餐　菜品　蜜汁叉烧　梅肉20g　叉烧酱3g

　　　芝士焗大虾　芝士5g　大头虾35g

　　　瑶柱西蓝花　干贝0.5g　西蓝花70g

　　　苗苗油豆腐鸽子汤　豆苗4g　油豆腐8g

　　　鸽子肉6g

睡前　牛奶　150-180ml

过敏食谱

河鲜：盐水门腔

体弱加餐

黑米糕

中大班

早点	牛奶	110ml-120ml

点心　花式饼干　7-8g

午餐	主食	小米饭　小米5g　中班大米55g　大班大米65g

菜品　豉汁鲈鱼　豆豉2g　鲈鱼35g　可乐鸡翅　鸡中翅35g

　　　腐竹炒米苋　米苋95g　腐竹6g

汤羹　番茄木耳海鲜菇汤　木耳0.1g　番茄8g　海鲜菇4g

午点　点心　南瓜饼　南瓜饼20g　荠菜肉丝汤面　荠菜6g　肉丝4g　面条10g

　　　水果　青提　35g

晚餐　菜品　蜜汁叉烧　梅肉20g　叉烧酱3g

　　　芝士焗大虾　芝士5g　大头虾35g

　　　瑶柱西蓝花　干贝0.5g　西蓝花70g

　　　苗苗油豆腐鸽子汤　豆苗4g　油豆腐8g　鸽子肉6g

睡前　牛奶　150-180ml

过敏食谱

河鲜：盐水门腔

体弱加餐

黑米糕

星期五

托小班

早点	牛奶	100ml
	点心	花式饼干　5-6g
午餐	主食	米饭　托班50g　小班55g
	菜品	泰式菠萝炒饭　芦笋50g　虾仁20g　培根15g
		胡萝卜8g　青豆10g　菠萝肉15g
		青蒜炒鸡心　青蒜8g　鸡心15g
	汤羹	芙蓉鲜蔬羹　菠菜6g　鸡蛋6g　香菇4g
午点	点心	清香蛋糕　清蛋糕30g
		荸荠雪梨水　荸荠8g　香梨20g　冰糖3g
	水果	小芭蕉　35g
晚餐	菜品	三鲜水饺　玉米8g　牛肉40g　香菇2g　香干5g
		贝贝南瓜　南瓜50g
睡前	牛奶	150-180ml

过敏食谱
河鲜：培根鸡蛋炒饭
体弱加餐
鸡汁小白干

过敏食谱
河鲜：培根鸡蛋炒饭
体弱加餐
鸡汁小白干

中大班

早点	牛奶	110ml-120ml
	点心	花式饼干　7-8g
午餐	主食	米饭　中班60g　大班70g
	菜品	泰式菠萝炒饭　芦笋50g　虾仁20g　培根15g
		胡萝卜8g　青豆10g　菠萝肉15g
		青蒜炒鸡心　青蒜8g　鸡心20g
	汤羹	芙蓉鲜蔬羹　菠菜6g　鸡蛋6g　香菇4g
午点	点心	清香蛋糕　清蛋糕30g
		荸荠雪梨水　荸荠8g　香梨20g　冰糖3g
	水果	小芭蕉　35g
晚餐	菜品	三鲜水饺　玉米8g　牛肉40g　香菇2g　香干5g
		贝贝南瓜　南瓜50g
睡前	牛奶	150-180ml

全天候带量食谱十月第四周

（中大班、托小班）

星期一

托小班

早点	牛奶	100ml
	点心	花式饼干　5-6g
午餐	主食	藜麦米饭　藜麦5g　托班大米45g　小班大米50g
	菜品	家常小炒肉　蒜苗4g　香干8g　肉丁30g　　豌豆炒蛋　豌豆肉4g　鸡蛋25g
		什锦炒素　有机花菜70g　胡萝卜5g　素肠10g
	汤羹	杭白菜山药香菇汤　杭白菜10g　山药8g　香菇4g
午点	点心	肉松卷　自发粉25g　肉松6g
		水果紫米捞　哈密瓜15g　红柚粒10g　紫米6g
		小西米4g　椰奶20g　冰糖3g
	水果	小番茄　30g
晚餐	菜品	盐焗虾　大头虾30g
		茄汁杂蔬鸡肉丸　番茄酱5g　杂菜4g
		鸡胸肉20g
		蒜泥蓬蒿菜　蓬蒿菜55g
		冬瓜榨菜汤　冬瓜8g　榨菜1g
睡前	牛奶	150-180ml

体弱加餐　素鸭

中大班

体弱加餐　素鸭

早点	牛奶	110ml-120ml
	点心	花式饼干　7-8g
午餐	主食	藜麦米饭　藜麦5g　中班大米55g　大班大米65g
	菜品	家常小炒肉　蒜苗4g　香干8g　肉丁30g　　豌豆炒蛋　豌豆肉4g　鸡蛋25g
		什锦炒素　有机花菜70g　胡萝卜5g　素肠10g
	汤羹	杭白菜山药香菇汤　杭白菜10g　山药8g　香菇4g
午点	点心	肉松卷　自发粉25g　肉松6g
		水果紫米捞　哈密瓜15g　红柚粒10g　紫米6g　小西米4g　椰奶20g　冰糖3g
	水果	小番茄　30g
晚餐	菜品	盐焗虾　大头虾30g　　茄汁杂蔬鸡肉丸　番茄酱5g　杂菜4g　鸡胸肉20g
		蒜泥蓬蒿菜　蓬蒿菜55g　冬瓜榨菜汤　冬瓜8g　榨菜1g
睡前	牛奶	150-180ml

星期二

托小班

早点　牛奶　100ml
　　　点心　花式饼干　5-6g
午餐　主食　面条　托班面条20g　小班面条25g　　黑糯米糕　黑糯米糕30g
　　　菜品　什锦炒面　鸡腿肉20g　鸭蛋25g　鸡枞菇8g　西葫芦50g　洋葱8g　红椒8g
　　　汤羹　苗苗莲藕老鸭汤　豌豆苗5g　莲藕8g　草鸭8g　虫草花0.5g
午点　点心　五香兰花干　兰花干15g
　　　　　　南瓜燕麦粥　南瓜8g　燕麦2g　糯米5g
　　　　　　　　　　　　大米15g　冰糖3g
　　　水果　砂糖橘　40g
晚餐　菜品　芦笋菌菇烩饭　芦笋50g　蘑菇8g
　　　　　　　　　　　　洋葱10g　培根20g
　　　　　　　　　　　　鹌鹑蛋10g　芝士10g
　　　　　　　　　　　　黑芝麻5g
　　　　　　毛菜肋排汤　毛菜8g　肋排15g
睡前　牛奶　150-180ml

体弱加餐　桂花糕

中大班

早点　牛奶　110ml-120ml
　　　点心　花式饼干　7-8g
午餐　主食　面条　中班面条30g　大班面条40g
　　　　　　黑糯米糕　黑糯米糕30g
　　　菜品　什锦炒面　鸡腿肉20g　鸭蛋25g　鸡枞菇8g
　　　　　　　　　　西葫芦50g　洋葱8g　红椒8g
　　　汤羹　苗苗莲藕老鸭汤　豌豆苗5g　莲藕8g　草鸭8g　虫草花0.5g
午点　点心　五香兰花干　兰花干15g
　　　　　　南瓜燕麦粥　南瓜8g　燕麦2g　糯米5g　大米15g　冰糖3g
　　　水果　砂糖橘　40g
晚餐　菜品　芦笋菌菇烩饭　芦笋50g　蘑菇8g　洋葱10g　培根20g
　　　　　　　　　　　　鹌鹑蛋10g　芝士10g　黑芝麻5g
　　　　　　毛菜肋排汤　毛菜8g　肋排15g
睡前　牛奶　150-180ml

体弱加餐　桂花糕

星期三

托小班

早点	牛奶	100ml
	点心	花式饼干　5-6g
午餐	主食	米饭　托班大米50g　小班大米55g
	菜品	茄汁巴沙鱼柳　巴沙鱼30g　番茄酱5g　白芝麻少许
		毛豆肉木耳炒鸭丁　毛豆肉4g　木耳0.3g　鸭丁20g
		菌菇炒茼蒿　茼蒿85g　蟹味菇5g　平菇5g
	汤羹	香菜粉皮鸭血汤　香菜2g　粉皮12g　鸭血5g
午点	点心	蔓越莓米糕　蔓越莓2g　预拌粉25g　藕粉羹　藕粉10g　桂花0.1g
	水果	红提　35g
晚餐	菜品	红烧狮子头　肉糜15g　金银豆腐　绢豆腐10g　鸡蛋25g
		茄子炖土豆　茄子30g　土豆20g
		玉米胡萝卜牛尾汤　玉米10g　胡萝卜4g　牛尾4g
睡前	牛奶	150-180ml

> **过敏食谱**
> **海鲜：盐水门腔**
> **体弱加餐**
> **牛肉丸**

中大班

> **过敏食谱**
> **海鲜：盐水门腔**
> **体弱加餐**
> **牛肉丸**

早点	牛奶	110ml-120ml
	点心	花式饼干　7-8g
午餐	主食	米饭　中班大米60g　大班大米70g
	菜品	茄汁巴沙鱼柳　巴沙鱼30g　番茄酱5g　白芝麻少许
		酱鸭腿　鸭腿40g
		菌菇炒茼蒿　茼蒿85g　蟹味菇5g　平菇5g
	汤羹	香菜粉皮鸭血汤　香菜2g　粉皮12g　鸭血5g
午点	点心	蔓越莓米糕　蔓越莓2g　预拌粉25g
		藕粉羹　藕粉10g　桂花0.1g
	水果	红提　35g
晚餐	菜品	红烧狮子头　肉糜15g
		金银豆腐　绢豆腐10g　鸡蛋25g
		茄子炖土豆　茄子30g　土豆20g
		玉米胡萝卜牛尾汤　玉米10g　胡萝卜4g　牛尾4g
睡前	牛奶	150-180ml

星期四

托小班

早点	牛奶	100ml
	点心	花式饼干　5-6g
午餐	主食	小米饭　小米5g　托班大米45g　小班大米50g
	菜品	火龙果红椒炒牛肉粒　牛肉丁25g　火龙果8g　红椒4g
		芦笋草菇炒虾仁　芦笋4g　草菇4g　青虾仁20g
		百叶炒宁夏青菜　厚百叶10g　青菜85g
	汤羹	番茄土豆蛋花汤　番茄5g　土豆6g　鸡蛋6g
午点	点心	香甜玉米　玉米30g　娃娃菜猪骨疙瘩浓汤　娃娃菜6g　猪骨6g　土豆4g　面粉15g
		小芭蕉　40g
	水果	豉汁鲈鱼　豆豉1g　鲈鱼20g
晚餐	菜品	咖喱鸡块　咖喱2g　鸡胸肉20g
		清炒油麦菜　油麦菜50g
		裙带菜油豆腐粉丝汤　油豆腐5g　粉丝2g
		裙带菜2g
睡前	牛奶	150-180ml

过敏食谱
河鲜：五香鹌鹑蛋
体弱加餐
樱花米糕

过敏食谱
河鲜：五香鹌鹑蛋
体弱加餐
樱花米糕

中大班

早点	牛奶	110ml-120ml
	点心	花式饼干　7-8g
午餐	主食	小米饭　小米5g　中班大米55g　大班大米65g
	菜品	红椒牛柳　牛柳30g　红椒4g
		芦笋草菇炒虾仁　芦笋4g　草菇4g　青虾仁20g
		百叶炒宁夏青菜　厚百叶10g　青菜85g
	汤羹	番茄土豆蛋花汤　番茄5g　土豆6g　鸡蛋6g
午点	点心	香甜玉米　玉米30g
		娃娃菜猪骨疙瘩浓汤　娃娃菜6g　猪骨6g　土豆4g　面粉15g
	水果	小芭蕉　40g
晚餐	菜品	豉汁鲈鱼　豆豉1g　鲈鱼20g　咖喱鸡块　咖喱2g　鸡胸肉20g
		清炒油麦菜　油麦菜50g
		裙带菜油豆腐粉丝汤　油豆腐5g　粉丝2g　裙带菜2g
睡前	牛奶	150-180ml

星期五

托小班

早点	牛奶	100ml
	点心	花式饼干 5-6g
午餐	主食	米饭 托班大米20g 小班大米25g
	菜品	卡通包 卡通包30g
		五彩烩饭 五花肉25g 虾仁20g 胡萝卜6g
		黄瓜50g 玉米粒8g 金针菇6g
	汤羹	乡间浓汤 卷心菜8g 红肠5g 莲藕8g
午点	点心	罗汉斋包 罗汉斋包30g
		海底椰竹蔗水 海底椰0.5g 甘蔗20g 冰糖2g
	水果	蓝莓 20g
晚餐	菜品	云南小锅米粉 青菜40g 肉糜30g 茶树菇5g
		豇豆5g 豆皮10g
		糯米烧卖 烧卖20g
睡前	牛奶	150-180ml

过敏食谱
鸡肉杂蔬拌饭
体弱加餐
葱油鸡丁

过敏食谱
鸡肉杂蔬拌饭
体弱加餐
葱油鸡丁

中大班

早点	牛奶	110ml-120ml
	点心	花式饼干 7-8g
午餐	主食	米饭 中班大米30g 大班大米40g
	菜品	卡通包 卡通包30g
		五彩烩饭 五花肉25g 虾仁20g 胡萝卜6g 黄瓜50g
		玉米粒8g 金针菇6g
	汤羹	乡间浓汤 卷心菜8g 红肠5g 莲藕8g
午点	点心	罗汉斋包 罗汉斋包30g
		海底椰竹蔗水 海底椰0.5g 甘蔗20g 冰糖2g
	水果	蓝莓 20g
晚餐	菜品	云南小锅米粉 青菜40g 肉糜30g 茶树菇5g 豇豆5g
		豆皮10g
		糯米烧卖 烧卖20g
睡前	牛奶	150-180ml

十月份膳食营养
分析及小结

（记账法膳食调查评价）

平衡膳食五项标准：

① 热量摄入量占供给量85%—90%为中等，90%以上为好。蛋白质占供给量80%以上。

蛋白质
平均每人摄入量：**49.12**
占平均供给量(%)：**104.08%**

0%　　　　　　80%

热量
平均每人摄入量：**1392.61**
占平均供给量(%)：**93.21%**

0%　　　　　85%　90%

② 蛋白质、脂肪、碳水化合物重量比值为1：1：4-5

③ 三大营养素产热量占总热量：蛋白质12-15%，脂肪25-30%，碳水化合物50%-60%：

④ 动物蛋白+豆类蛋白质的摄入量>50%

⑤ 动物食品的热量+豆类食品的热量摄入量>20%

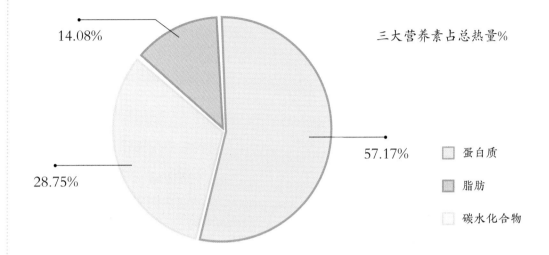

三大营养素占总热量%

14.08%

57.17%

28.75%

☐ 蛋白质

▨ 脂肪

☐ 碳水化合物

	蛋白质	脂肪	碳水化合物
平均每人每日摄入量(克)	49.12	44.56	199.38
比值	1	0.91	4.06
三大营养素产热量(千卡)	196.48	401.04	797.52

（ 动物蛋白+豆类蛋白 ）

摄入量：**28.15**

占总蛋白%：**57.32%**

0%　　　　　50%

（ 动物热量+豆类热量 ）

摄入量：**353.71**

占总热量%：**25.40%**

0%　　　　　20%

全天候带量食谱十一月第一周

（中大班、托小班）

星期一

托小班

早点	牛奶	100ml
	点心	花式饼干　5-6g
午餐	主食	黑米饭　黑米5g　托班大米45g　小班大米50g
	菜品	莴笋白果虾仁　河虾仁20g　莴笋4g　白果2g　茨菇烧肉　茨菇4g　肉丁25g
		腐竹生菜　腐竹8g　生菜90g
	汤羹	番茄冬瓜扁尖汤　番茄6g　冬瓜6g　扁尖4g
午点	点心	培根花卷　培根4g　葱1g　自发粉25g
		枸杞苹果银耳羹　枸杞1g　苹果15g　银耳1g
		鸡头米4g　冰糖3g
	水果	砂糖橘　40g
晚餐	菜品	豆腐炖蛋　豆腐10g　鸡蛋15g
		肉片炒芦笋　腿肉20g　芦笋8g
		胡萝卜西蓝花　胡萝卜5g　西蓝花40g
		山药猪骨汤　山药5g　猪肉5g
睡前	牛奶	150-180ml

过敏食谱
河鲜：鹅味肝
体弱加餐
五香鹌鹑蛋

中大班

过敏食谱
河鲜：鹅味肝
体弱加餐
五香鹌鹑蛋

早点	牛奶	110ml-120ml
	点心	花式饼干　7-8g
午餐	主食	黑米饭　黑米5g　中班大米55g　大班大米65g
	菜品	盐水虾　大头虾45g　茨菇烧肉　茨菇4g　肉丁25g
		腐竹生菜　腐竹8g　生菜90g
	汤羹	番茄冬瓜扁尖汤　番茄6g　冬瓜6g　扁尖4g
午点	点心	培根花卷　培根4g　葱1g　自发粉25g
		枸杞苹果银耳羹　枸杞1g　苹果15g　银耳1g　鸡头米4g　冰糖3g
	水果	砂糖橘　40g
晚餐	菜品	豆腐炖蛋　豆腐10g　鸡蛋15g　肉片炒芦笋　腿肉20g　芦笋8g
		胡萝卜西蓝花　胡萝卜5g　西蓝花40g
		山药猪骨汤　山药5g　猪肉5g
睡前	牛奶	150-180ml

星期二

托小班

早点	牛奶	100ml
	点心	花式饼干　5-6g
午餐	主食	河粉　河粉　托班25g　小班30g
		糯米烧卖　烧卖30g
	菜品	牛肉炒河粉　卷心菜55g　胡萝卜12g
		牛肉片35g　鸭蛋20g　杏鲍菇5g
	汤羹	毛菜芋艿鸽子汤　毛菜6g　芋艿9g　鸽子8g
午点	点心	五香素鸡　素鸡15g
		白扁豆小米粥　白扁豆2g　小米2g　糯米6g　大米15g　冰糖3g
	水果	灯笼果　35g
晚餐	菜品	法式鹅肝烩饭佐烤芦笋　鹅肝25g　香菇4g　土豆8g　芦笋40g　洋葱8g
		芝士15g　柠檬15g　白胡椒少许
		酥皮奶油浓汤　肋条肉10g　洋葱　蘑菇5g　大蒜黄油少许　酥皮适量
睡前	牛奶	150-180ml

体弱加餐　杂粮馒头

体弱加餐　杂粮馒头

中大班

早点	牛奶	110ml-120ml
	点心	花式饼干　7-8g
午餐	主食	河粉　河粉　中班50g　大班60g
		桂花糕　桂花糕20g
	菜品	牛肉炒河粉　卷心菜55g　胡萝卜12g　牛肉片35g
		鸭蛋20g　杏鲍菇5g
	汤羹	毛菜芋艿鸽子汤　毛菜6g　芋艿9g　鸽子8g
午点	点心	五香素鸡　素鸡15g
		白扁豆小米粥　白扁豆2g　小米2g　糯米6g　大米15g
		冰糖3g
	水果	灯笼果　35g
晚餐	菜品	法式鹅肝烩饭佐烤芦笋　鹅肝25g　香菇4g　土豆8g
		洋葱8g　芝士15g　柠檬15g
		白胡椒少许
		酥皮奶油浓汤　肋条肉10g　蘑菇5g
		大蒜黄油少许　酥皮适量
睡前	牛奶	150-180ml

星期三

托小班

早点 牛奶 100ml

点心 花式饼干 5-6g

午餐 主食 米饭 大米 托班50g 小班55g

菜品 莲藕鸭丁 莲藕4g 鸭胸25g

黄瓜炒鸡蛋 黄瓜4g 鸡蛋30g

西芹百合 西芹84g 百合4g 枸杞1g

汤羹 茼蒿油豆腐粉丝汤 茼蒿8g 粉丝3g 油豆腐6g

午点 点心 花开南瓜包 自发粉25g 南瓜6g

冰糖葱白萝卜水 冰糖3g 葱1g 萝卜10g

水果 红提 30g

晚餐 菜品 五香鹌鹑蛋 光鹌鹑蛋20g

彩椒鸡丁 彩椒5g 鸡胸15g

蒜蓉杭白菜 大蒜头1g 杭白菜55g

罗宋汤 番茄5g 土豆5g 卷心菜5g 红肠5g

睡前 牛奶 150-180ml

体弱加餐 酱牛肉

中大班

体弱加餐 酱牛肉

早点 牛奶 110ml-120ml

点心 花式饼干 7-8g

午餐 主食 米饭 中班大米60g 大班大米70g

菜品 莲藕鸭丁 莲藕4g 鸭胸30g

黄瓜炒鸡蛋 黄瓜4g 鸡蛋35g

西芹百合 西芹84g 百合4g 枸杞1g

汤羹 茼蒿油豆腐粉丝汤 茼蒿8g 粉丝3g 油豆腐6g

午点 点心 花开南瓜包 自发粉25g 南瓜6g

冰糖葱白萝卜水 冰糖3g 葱1g 萝卜10g

水果 红提 30g

晚餐 菜品 五香鹌鹑蛋 光鹌鹑蛋20g

彩椒鸡丁 彩椒5g 鸡胸15g

蒜蓉杭白菜 大蒜头1g 杭白菜55g

罗宋汤 番茄5g 土豆5g 卷心菜5g 红肠5g

睡前 牛奶 150-180ml

星期四

托小班

早点　牛奶　100ml

　　　　点心　花式饼干　5-6g

午餐　主食　红米饭　红米5g　托班大米45g　小班大米50g

　　　　菜品　杂蔬鸡肉丸（杂菜）　杂菜3g　鸡胸20g　照烧银鳕鱼　银鳕鱼30g

　　　　　　　荷塘小炒丁　山药30g　莴笋40g　红椒8g

　　　　汤羹　荠菜香菇豆腐汤　荠菜4g　香菇4g　豆腐20g

午点　点心　拇指馒头　拇指馒头15g

　　　　　　　赤豆红枣年糕甜汤　赤豆4g　红枣2g　雪梨10g

　　　　　　　　　　　　　　　年糕10g　冰糖2g

　　　　水果　小芭蕉　45g

晚餐　菜品　番茄炖牛腩　牛腩20g　番茄5g

　　　　　　　盐水大虾　大头虾30g

　　　　　　　卷心菜炒素肠　素肠6g　卷心菜50g

　　　　　　　草头百叶汤　草头5g　百叶丝5g

睡前　牛奶　150-180ml

过敏食谱

海鲜：盐焗鹌鹑蛋

体弱加餐

桂花糕

中大班

早点　牛奶　110ml-120ml

　　　　点心　花式饼干　7-8g

午餐　主食　红米饭　红米5g　中班大米55g　大班大米65g

　　　　菜品　杂蔬鸡肉丸（杂菜）　杂菜3g　鸡胸20g

　　　　　　　照烧银鳕鱼　银鳕鱼30g

　　　　　　　荷塘小炒片　山药30g　莴笋40g　红椒8g

　　　　汤羹　荠菜香菇豆腐汤　荠菜4g　香菇4g　豆腐20g

午点　点心　拇指馒头　拇指馒头15g

　　　　　　　赤豆红枣年糕甜汤　赤豆4g　红枣2g　雪梨10g

　　　　　　　　　　　　　　　年糕10g　冰糖2g

　　　　水果　小芭蕉　45g

晚餐　菜品　番茄炖牛腩　牛腩20g　番茄5g

　　　　　　　盐水大虾　大头虾30g

　　　　　　　卷心菜炒素肠　素肠6g　卷心菜50g

　　　　　　　草头百叶汤　草头5g　百叶丝5g

睡前　牛奶　150-180ml

过敏食谱

海鲜：盐焗鹌鹑蛋

体弱加餐

桂花糕

星期五

托小班

早点	牛奶	100ml
	点心	花式饼干　5-6g
午餐	主食	米饭　大米　托班50g　小班55g
	菜品	青蒜炒鸭肫　鸭肫20g　青蒜6g
		荸荠木耳肉片　木耳0.1g　荸荠8g　里脊肉25g
		蛋皮开洋炒菠菜　菠菜90g　鸡蛋4g　开洋1g
	汤羹	平菇玉米牛尾汤　平菇4g　玉米12g　牛尾6g
午点	点心	萌宠卡通包　卡通包30g
		橘皮柚子水　橘子10g　柚子20g　冰糖3g
	水果	蓝莓　20g
晚餐	菜品	奶香菠菜培根意面　蘑菇8g　培根30g　菠菜40g
		洋葱5g　牛奶50ml
		豆皮金针菇筒骨汤　豆腐皮10g　金针菇5g　筒骨8g
睡前	牛奶	150-180ml

体弱加餐　小方干

中大班

体弱加餐　小方干

早点	牛奶	110ml-120ml
	点心	花式饼干　7-8g
午餐	主食	米饭　中班60g　大班70g
	菜品	青蒜炒鸭肫　鸭肫20g　青蒜6g
		苜蓿肉　木耳0.1g　荸荠8g　里脊肉25g
		蛋皮开洋炒菠菜　菠菜90g　鸡蛋4g　开洋1g
	汤羹	平菇玉米牛尾汤　平菇4g　玉米12g　牛尾6g
午点	点心	萌宠卡通包　卡通包30g
		橘皮柚子水　橘子10g　柚子20g　冰糖3g
	水果	蓝莓　20g
晚餐	菜品	奶香菠菜培根意面　蘑菇8g　培根30g　菠菜40g
		洋葱5g　牛奶50ml
		豆皮金针菇筒骨汤　豆腐皮10g　金针菇5g　筒骨8g
睡前	牛奶	150-180ml

全天候带量食谱十一月第二周

（中大班、托小班）

星期一

托小班

过敏食谱

河鲜：蜜汁小牛排

体弱加餐

酱香豆干

早点	牛奶	100ml
	点心	花式饼干　5-6g
午餐	主食	糙米饭　糙米5g　托班大米45g　小班大米50g
	菜品	木须肉　腿肉20g　木耳0.1g　黄瓜2g　松鼠鳜鱼　鳜鱼40g　松仁2g　番茄酱6g
		枸杞栗子扒白菜　黄芽菜90g　板栗仁8g　枸杞1g
	汤羹	茼蒿金针菇豆腐汤　茼蒿8g　金针菇4g　豆腐20g
午点	点心	豆沙包　自发粉25g　豆沙8g
		双芋汤　山芋10g　芋头8g　冰糖3g
	水果	青提　30g
晚餐	菜品	胡萝卜茭白炒鸡丁　胡萝卜5g　茭白5g 鸡胸10g
		红烧鲳鱼　鲳鱼25g
		蚝油生菜　生菜55g　蚝油1g
		口蘑日本豆腐汤　蘑菇5g　日本豆腐5g
睡前	牛奶	150-180ml

中大班

过敏食谱

河鲜：蜜汁小牛排

体弱加餐

酱香豆干

早点	牛奶	110ml-120ml
	点心	花式饼干　7-8g
午餐	主食	糙米饭　糙米5g　中班大米55g　大班大米65g
	菜品	木须肉　腿肉20g　木耳0.1g　黄瓜2g
		松鼠鳜鱼　鳜鱼40g　松仁2g　番茄酱6g
		枸杞栗子扒白菜　黄芽菜90g　板栗仁8g　枸杞1g
	汤羹	茼蒿金针菇豆腐汤　茼蒿8g　金针菇4g　豆腐20g
午点	点心	豆沙包　自发粉25g　豆沙8g
		双芋汤　山芋10g　芋头8g　冰糖3g
	水果	青提　30g
晚餐	菜品	胡萝卜茭白炒鸡丁　胡萝卜5g　茭白5g　鸡胸10g
		红烧鲳鱼　鲳鱼25g　蚝油生菜　生菜55g　蚝油1g
		口蘑日本豆腐汤　蘑菇5g　日本豆腐5g
睡前	牛奶	150-180ml

星期二

托小班

早点	牛奶	100ml
	点心	花式饼干　5-6g
午餐	主食	乌冬面　乌冬面　托班40g　小班45g
		双色甜饭　血糯米5g　糯米10g
	菜品	日式炒乌冬　鸡蛋25g　牛肉丝20g　包心菜60g
		洋葱10g　红椒8g　白芝麻1g
	汤羹	生菜萝卜肋排汤　生菜10g　萝卜10g　肋排8g
午点	点心	蜜汁豆腐干　蜜汁豆腐干25g
		三丁粥　肉丁5g　莴笋6g　粟米3g　大米15g
	水果	小芭蕉　50g
晚餐	菜品	海鲜什锦烩饭　大头虾30g　鱿鱼花10g　番茄5g
		西芹40g　柠檬10g　红椒5g
		芝士15g
		香浓蔬菜汤　秀珍菇5g　裙带菜2g　山药5g
睡前	牛奶	150-180ml

过敏食谱

河鲜：生菜萝卜肋排汤

体弱加餐

卡通包

中大班

过敏食谱

河鲜：生菜萝卜肋排汤

体弱加餐

卡通包

早点	牛奶	110ml-120ml
	点心	花式饼干　7-8g
午餐	主食	乌冬面　乌冬面　中班50g　大班60g
		双色甜饭　血糯米6g　糯米12g
	菜品	日式炒乌冬　鸡蛋25g　牛肉丝20g　包心菜60g
		洋葱10g　红椒8g　白芝麻1g
	汤羹	生菜萝卜肋排汤　生菜10g　萝卜10g　肋排8g
午点	点心	蜜汁豆腐干　蜜汁豆腐干25g
		三丁粥　肉丁5g　莴笋6g　粟米3g　大米15g
	水果	小芭蕉　50g
晚餐	菜品	海鲜什锦烩饭　大头虾30g　鱿鱼花10g　番茄5g　西芹40g
		柠檬10g　红椒5g　芝士15g
		香浓蔬菜汤　秀珍菇5g　裙带菜2g　山药5g
睡前	牛奶	150-180ml

星期三

托小班

早点　牛奶　100ml

　　　点心　花式饼干　5-6g

午餐　主食　米饭　托班大米50g　小班大米55g

　　　菜品　腐乳小肉　五花肉30g　茭白青椒炒鳝丝　鳝丝20g　青椒2g　茭白2g

　　　　　　青菜炒干丝　干丝10g　青菜95g

　　　汤羹　番茄冬瓜扁尖汤　番茄5g　冬瓜10g　扁尖2g

午点　点心　芝士培根卷　自发粉25g　芝士片6g　培根4g　芝麻糊　芝麻糊15g

　　　水果　千禧小番茄　30g

晚餐　菜品　黑椒牛肉粒　黑胡椒1g　牛里脊20g

　　　　　　白菜炖蛋饺　白菜10g　鸡蛋5g

　　　　　　　　　　　　夹心肉10g

　　　　　　香菇炒青菜　青菜50g　香菇2g

　　　　　　昂刺鱼汤　昂刺鱼5g　豆腐20g

睡前　牛奶　150-180ml

中大班

早点　牛奶　110ml-120ml

　　　点心　花式饼干　7-8g

午餐　主食　米饭　中班大米60g　大班大米70g

　　　菜品　腐乳小肉　五花肉30g　红烧鳝筒　鳝筒35g

　　　　　　青菜炒干丝　干丝10g　青菜95g

　　　汤羹　番茄冬瓜扁尖汤　番茄5g　冬瓜10g　扁尖2g

午点　点心　芝士培根卷　自发粉25g　芝士片6g　培根4g

　　　　　　芝麻糊　芝麻糊15g

　　　水果　千禧小番茄　30g

晚餐　菜品　黑椒牛肉粒　黑胡椒1g　牛里脊20g

　　　　　　白菜炖蛋饺　白菜10g　鸡蛋5g　夹心肉10g

　　　　　　香菇蓬蒿菜　蓬蒿菜50g　香菇2g　昂刺鱼汤　昂刺鱼5g　豆腐20g

睡前　牛奶　150-180ml

星期四

托小班

早点	牛奶	100ml
	点心	花式饼干　5-6g
午餐	主食	高粱米饭　高粱米5g　托班大米45g　小班大米50g
	菜品	龙井虾仁　青虾仁25g　绿茶0.3g　　陈皮鸭肉丁　鸭胸肉25g　陈皮2g
		双菇炒双花　西蓝花40g　花菜35g　香菇4g　平菇4g
	汤羹	草头燕饺粉丝汤　草头4g　燕饺4g　粉丝4g
午点	点心	红枣蒸南瓜　无核红枣2g　南瓜20g
		娃娃菜木耳方腿年糕汤　娃娃菜10g　木耳0.2g　方腿6g　年糕25g
	水果	灯笼果　30g
晚餐	菜品	番茄炒蛋　番茄5g　鸡蛋20g
		鱼香肉丝　胡萝卜5g　香菇5g　梅肉20g
		山药炒莴笋　山药20g　莴笋光30g
		茼蒿玉米鱼丸汤　茼蒿5g　玉米10g
		鱼丸5g
睡前	牛奶	150-180ml

过敏食谱
河鲜：炒鸽蛋
体弱加餐
红糖发糕

中大班

过敏食谱
河鲜：炒鸽蛋
体弱加餐
红糖发糕

早点	牛奶	110ml-120ml
	点心	花式饼干　7-8g
午餐	主食	高粱米饭　高粱米5g　中班大米55g　大班大米65g
	菜品	龙井虾仁　青虾仁25g　绿茶0.3g　　陈皮鸭腿　鸭腿35g　陈皮2g
		双菇炒双花　西蓝花40g　花菜35g　香菇4g　平菇4g
	汤羹	草头燕饺粉丝汤　草头4g　燕饺4g　粉丝4g
午点	点心	红枣蒸南瓜　无核红枣2g　南瓜20g
		娃娃菜木耳方腿年糕汤　娃娃菜10g　木耳0.2g　方腿6g　年糕25g
	水果	灯笼果　30g
晚餐	菜品	番茄炒蛋　番茄5g　鸡蛋20g
		鱼香肉丝　胡萝卜5g　香菇5g　梅肉20g
		山药炒莴笋　山药20g　莴笋光30g
		茼蒿玉米鱼丸汤　茼蒿5g　玉米10g　鱼丸5g
睡前	牛奶	150-180ml

星期五

托小班

早点	牛奶	100ml
	点心	花式饼干 5-6g
午餐	主食	米饭 托班大米30g 小班大米35g
		红糖馒头 红糖馒头25g
	菜品	咖喱烩饭 鸡胸肉25g 鸡蛋20g 土豆20g 黄瓜40g 洋葱12g 胡萝卜10g
	汤羹	罗宋汤 卷心菜6g 山药6g 红肠6g
午点	点心	羊角面包 羊角面包25g
		百香果甜橙水 百香果2g 甜橙20g 冰糖3g
	水果	蓝莓 20g
晚餐	菜品	台式红烧牛肉面 牛展30g 蓬蒿20g
		小香干5g 鹌鹑蛋10g
		麻酱秋葵 芝麻酱15g 秋葵40g
睡前	牛奶	150-180ml

体弱加餐 清炒河虾仁

中大班

早点	牛奶	110ml-120ml
	点心	花式饼干 7-8g
午餐	主食	米饭 中班大米40g 大班大米50g
		红糖馒头 红糖馒头25g
	菜品	咖喱烩饭 鸡胸肉25g 鸡蛋20g 土豆20g 黄瓜40g
		洋葱12g 胡萝卜10g
	汤羹	罗宋汤 卷心菜6g 山药6g 红肠6g
午点	点心	羊角面包 羊角面包25g
		百香果甜橙水 百香果2g 甜橙20g 冰糖3g
	水果	蓝莓 20g
晚餐	菜品	台式红烧牛肉面 牛展30g 蓬蒿20g 小香干5g
		鹌鹑蛋10g
		麻酱秋葵 芝麻酱15g 秋葵40g
睡前	牛奶	150-180ml

体弱加餐 清炒河虾仁

全天候带量食谱十一月第三周

（中大班、托小班）

星期一

托小班

早点	牛奶	100ml
	点心	花式饼干　5-6g
午餐	主食	玉米糁饭　玉米糁5g　托班大米45g　小班大米50g
	菜品	香芋鸭肉煲　鸭胸20g　芋头6g　蛤蜊炖蛋　蛤蜊肉8g　鸡蛋20g
		油豆皮炒油麦菜　豆皮8g　油麦菜85g　枸杞1g
	汤羹	白菜鸡枞菌肉丝汤　白菜8g　鸡枞菌4g　肉丝5g
午点	点心	香菇糯米烧卖　烧卖皮10g　糯米15g　香菇2g　肉糜2g
		雪梨红枣燕麦羹　雪梨15g　无核枣2g　燕麦片2g
		冰糖3g
	水果	奇异莓　40g
晚餐	菜品	蜜汁叉烧　梅花肉25g
		三鲜鱼片　黑鱼片15g　木耳0.1g　红椒10g
		包菜粉丝煲　包菜50g　粉丝2g
		芙蓉蛋花羹　鸡蛋5g　山药4g
睡前	牛奶	150-180ml

中大班

早点	牛奶	110ml-120ml
	点心	花式饼干　7-8g
午餐	主食	玉米糁饭　玉米糁5g　中班大米55g　大班大米65g
	菜品	香芋鸭肉煲　鸭胸20g　芋头6g　蛤蜊炖蛋　蛤蜊肉8g　鸡蛋20g
		油豆皮炒油麦菜　豆皮8g　油麦菜85g　枸杞1g
	汤羹	白菜鸡枞菌肉丝汤　白菜8g　鸡枞菌4g　肉丝5g
午点	点心	香菇糯米烧卖　烧卖皮10g　糯米15g　香菇2g　肉糜2g
		雪梨红枣燕麦羹　雪梨15g　无核枣2g　燕麦片2g　冰糖3g
	水果	奇异莓　40g
晚餐	菜品	蜜汁叉烧　梅花肉25g　三鲜鱼片　黑鱼片15g　木耳0.1g　红椒10g
		包菜粉丝煲　包菜50g　粉丝2g　芙蓉蛋花羹　鸡蛋5g　山药4g
睡前	牛奶	150-180ml

星期二

托小班

早点	牛奶	100ml
	点心	花式饼干　5-6g
午餐	主食	馄饨　馄饨皮　托班30g　小班35g
		黑糯米糕　黑糯米糕30g
	菜品	六味馄饨　青菜60g　荠菜6g　夹心肉30g　鸡蛋8g　香菇4g　开洋2g
		鹅味肝　鹅味肝15g
午点	点心	盐水小方干　小白干15g
		雪莲果紫米芸豆粥　雪莲果10g　紫米4g　芸豆2g　糯米5g　大米10g
	水果	小芭蕉　40g
晚餐	菜品	扬州炒饭　肋条肉20g　青菜15g　鸡蛋10g
		麻酱油麦菜　油麦菜40g　芝麻酱10g
		腌笃鲜　冬笋5g　百叶结10g　肋排10g
睡前	牛奶	150-180ml

过敏食谱
海鲜：牛肉玉米馄饨
体弱加餐
桂花糕

中大班

过敏食谱
海鲜：牛肉玉米馄饨
体弱加餐
桂花糕

早点	牛奶	110ml-120ml
	点心	花式饼干　7-8g
午餐	主食	馄饨　馄饨皮　中班40g　大班50g
		黑糯米糕　黑糯米糕30g
	菜品	六味馄饨　青菜70g　荠菜6g　夹心肉40g　鸡蛋8g　香菇4g　开洋2g
		鹅味肝　鹅味肝15g
午点	点心	盐水小方干　小白干15g
		雪莲果紫米芸豆粥　雪莲果10g　紫米4g　芸豆2g　糯米5g　大米10g
	水果	小芭蕉　40g
晚餐	菜品	扬州炒饭　肋条肉20g　青菜15g　鸡蛋10g
		麻酱油麦菜　油麦菜40g　芝麻酱10g
		腌笃鲜　冬笋5g　百叶结10g　肋排10g
睡前	牛奶	150-180ml

星期三

托小班

早点	牛奶	100ml
	点心	花式饼干　5-6g
午餐	主食	米饭　大米　托班50g　小班55g
	菜品	萝卜炖牛肉丁　土豆3g　牛肉糜/牛肉丁25g
		枸杞蟹粉鸡蛋　生姜1g　鸡蛋25g　枸杞1g
		上汤娃娃菜　方腿2g　皮蛋2g　娃娃菜85g
	汤羹	杭白菜秀珍菇粉丝汤　菠菜8g　粉丝6g　秀珍菇4g
午点	点心	葱油花卷　葱1g　自发粉25g
		藕粉羹　藕粉15g
	水果	砂糖橘　45g
晚餐	菜品	柠香煎鳕鱼　鳕鱼20g　柠檬10g
		外婆红烧肉　五花肉20g
		葱油黄瓜　黄瓜50g
		毛菜蛋花汤　毛菜6g　鸡蛋5g
睡前	牛奶	150-180ml

过敏食谱　五香鸡心
体弱加餐　小肉丸

中大班

早点	牛奶	110ml-120ml
	点心	花式饼干　7-8g
午餐	主食	米饭　大米　中班60g　大班70g
	菜品	萝卜炖牛腩　土豆3g　牛肉糜/牛肉丁25g
		枸杞蟹粉鸡蛋　生姜1g　鸡蛋25g　枸杞1g
		上汤娃娃菜　方腿2g　皮蛋2g　娃娃菜85g
	汤羹	杭白菜秀珍菇粉丝汤　菠菜8g　粉丝6g　秀珍菇4g
午点	点心	葱油花卷　葱1g　自发粉25g
		藕粉羹　藕粉15g
	水果	砂糖橘　45g
晚餐	菜品	柠香煎鳕鱼　鳕鱼20g　柠檬10g
		外婆红烧肉　五花肉20g
		葱油黄瓜　黄瓜50g
		毛菜蛋花汤　毛菜6g　鸡蛋5g
睡前	牛奶	150-180ml

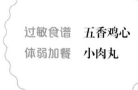

过敏食谱　五香鸡心
体弱加餐　小肉丸

星期四

托小班

早点　牛奶　100ml

　　点心　花式饼干　5-6g

午餐　主食　燕麦饭　燕麦5g　托班大米45g　小班大米50g

　　菜品　红椒菠萝炒肉丁　红椒2g　菠萝肉4g　梅花肉25g

　　　　糖醋龙利鱼　龙利鱼30g　白芝麻1g

　　　　西葫芦腐竹炒胡萝卜（丁）　西葫芦85g　胡萝卜4g　腐竹4g

　　汤羹　菠菜蛋花汤　菠菜8g　鸡蛋6g

午点　点心　糯米藕　糯米藕15g

　　　　时蔬汤米粉　卷心菜6g　洋葱2g　培根6g　米粉25g

　　水果　红提　30g

晚餐　菜品　咕咾鸡肉丸　番茄酱5g　鸡肉15g　芝士焗大虾　芝士10g　草虾30g

　　　　炒双花　花菜20g　西蓝花25g

　　　　苗苗油豆腐鸽子汤　豆苗4g　油豆腐8g　鸽子肉6g

睡前　牛奶　150-180ml

过敏食谱

海鲜：五香鸭胗

体弱加餐

葱油麻饼

中大班

过敏食谱

海鲜：五香鸭胗

体弱加餐

葱油麻饼

早点　牛奶　110ml-120ml

　　点心　花式饼干　7-8g

午餐　主食　燕麦饭　燕麦5g　中班大米55g　大班大米65g

　　菜品　红椒菠萝炒肉丁　红椒2g　菠萝肉4g　梅花肉25g

　　　　糖醋龙利鱼　龙利鱼30g　白芝麻1g

　　　　西葫芦腐竹炒胡萝卜（丁）　西葫芦85g　胡萝卜4g　腐竹4g

　　汤羹　菠菜蛋花汤　菠菜8g　鸡蛋6g

午点　点心　糯米藕　糯米藕15g

　　　　时蔬汤米粉　卷心菜6g　洋葱2g　培根6g　米粉25g

　　水果　红提　30g

晚餐　菜品　咕咾鸡肉丸　番茄酱5g　鸡肉15g

　　　　芝士焗大虾　芝士10g　草虾30g

　　　　炒双花　花菜20g　西蓝花25g

　　　　苗苗油豆腐鸽子汤　豆苗4g　油豆腐8g　鸽子肉6g

睡前　牛奶　150-180ml

星期五

托小班

早点　牛奶　100ml

　　　点心　花式饼干　5-6g

午餐　主食　米饭　大米　托班50g　小班55g

　　　菜品　番茄鸡肉浓情烩饭　鸡胸肉丁20g　莴笋40g　胡萝卜6g
　　　　　　　　　　　　　　　番茄10g　芝士碎10g

　　　　　　盐水鹌鹑蛋　鹌鹑蛋25g　贝贝南瓜　贝贝南瓜30g

　　　汤羹　海鲜豆腐汤　海带6g　鲍鱼4g　豆腐15g

午点　点心　牛奶棒　面包30g

　　　　　　润燥营养水　冰糖3g　海底椰1g　无花果10g
　　　　　　　　　　　　柚子15g

　　　水果　蓝莓　20g

晚餐　菜品　三鲜水饺　玉米8g　牛肉20g　香菇2g
　　　　　　　　　　　　香干10g　白菜30g　鸡蛋10g

　　　　　　软糯红薯　红薯20g

睡前　牛奶　150-180ml

过敏食谱

海鲜：毛菜豆腐汤

体弱加餐

红烧牛肉

中大班

过敏食谱

海鲜：毛菜豆腐汤

体弱加餐

红烧牛肉

早点　牛奶　110ml-120ml

　　　点心　花式饼干　7-8g

午餐　主食　米饭　大米　中班60g　大班70g

　　　菜品　番茄鸡肉浓情烩饭　鸡胸肉丁20g　莴笋40g　胡萝卜6g
　　　　　　　　　　　　　　　番茄10g　芝士碎10g

　　　　　　盐水鹌鹑蛋　鹌鹑蛋25g

　　　　　　贝贝南瓜　贝贝南瓜30g

　　　汤羹　海鲜豆腐汤　海带6g　鲍鱼4g　豆腐15g

午点　点心　牛奶棒　面包30g

　　　　　　润燥营养水　冰糖3g　海底椰1g　无花果10g　柚子15g

　　　水果　蓝莓　20g

晚餐　菜品　三鲜水饺　玉米8g　牛肉20g　香菇2g　香干10g　白菜30g　鸡蛋10g

　　　　　　软糯红薯　红薯20g

睡前　牛奶　150-180ml

全天候带量食谱十一月第四周

（中大班、托小班）

星期一

托小班

早点	牛奶	100ml
	点心	花式饼干　5-6g
午餐	主食	小米饭　小米5g　托班大米45g　小班大米50g
	菜品	木须蛋　胡萝卜4g　木耳0.1g　鸡蛋25g　　墨鱼烧肉　墨鱼8g　梅花肉20g
		平菇炒菠菜　平菇6g　菠菜90g
	汤羹	香菜鸭血粉丝汤　香菜1g　鸭血8g　粉丝3g
午点	点心	奶黄包　自发粉25g　奶黄8g
		木瓜雪梨银耳羹　木瓜12g　雪梨18g　银耳2g
	水果	蓝莓　20g
晚餐	菜品	金银豆腐　豆腐10g　鸡蛋15g
		蒜苗肉丝　猪腿肉20g　蒜苗5g
		胡萝卜西葫芦　胡萝卜5g　西葫芦40g
		山药猪骨汤　山药5g　猪肉5g
睡前	牛奶	150-180ml

过敏食谱
海鲜：红烧肉
体弱加餐
小方干

中大班

早点	牛奶	110ml-120ml
	点心	花式饼干　7-8g
午餐	主食	黑芝麻饭　熟黑芝麻1g　大米　中班60g　大班70g
	菜品	苜蓿蛋　胡萝卜4g　木耳0.1g　鸡蛋25g
		墨鱼烧肉　墨鱼8g　梅花肉20g　　平菇炒菠菜　平菇6g　菠菜90g
	汤羹	香菜鸭血粉丝汤　香菜1g　鸭血8g　粉丝3g
午点	点心	奶黄包　自发粉25g　奶黄8g
		木瓜雪梨银耳羹　木瓜12g　雪梨18g　银耳2g
	水果	蓝莓　20g
晚餐	菜品	金银豆腐　豆腐10g　鸡蛋15g　　蒜苗肉丝　猪腿肉20g　蒜苗5g
		胡萝卜西葫芦　胡萝卜5g　西葫芦40g
		山药猪骨汤　山药5g　猪肉5g
睡前	牛奶	150-180ml

过敏食谱
海鲜：红烧肉
体弱加餐
小方干

星期二

托小班

早点	牛奶	100ml
	点心	花式饼干　5-6g
午餐	主食	意大利面　意面　托班30g　小班35g
	菜品	水晶虾饺　虾饺20g
		胡椒牛肉菌菇螺旋面　卷心菜60g　洋葱10g　牛肉丝30g　鸡蛋10g　胡萝卜5g
	汤羹	奶油蘑菇浓汤　长茼蒿6g　蘑菇5g　培根5g　土豆10g
午点	点心	蜜汁素鸡　素鸡15g
		蔬菜瘦肉粥　毛菜10g　草菇2g　肉丝6g
	水果	小芭蕉　45g
晚餐	菜品	台式卤肉饭　肋条肉25g　香菇5g
		土豆5g　京葱5g
		麻酱芥蓝　芝麻酱15g　芥蓝40g
		裙带菜豆腐大酱汤　裙带菜2g
		豆腐15g
		牛肉5g
睡前	牛奶	150-180ml

体弱加餐　奶香刀切

中大班

体弱加餐　奶香刀切

早点	牛奶	110ml-120ml
	点心	花式饼干　7-8g
午餐	主食	意大利面　意面　中班40g　大班50g
	菜品	水晶虾饺　虾饺20g
		胡椒牛肉菌菇螺旋面　卷心菜60g　洋葱10g　牛肉丝30g　鸡蛋10g 胡萝卜5g
	汤羹	奶油蘑菇浓汤　长茼蒿6g　蘑菇5g　培根5g　土豆10g
午点	点心	蜜汁素鸡　素鸡15g
		蔬菜瘦肉粥　毛菜10g　草菇2g　肉丝6g
	水果	小芭蕉　45g
晚餐	菜品	台式卤肉饭　肋条肉25g　香菇5g　土豆5g　京葱5g
		麻酱芥蓝　芝麻酱15g　芥蓝40g
		裙带菜豆腐大酱汤　裙带菜2g　豆腐15g　牛肉5g
睡前	牛奶	150-180ml

星期三

托小班

早点	牛奶	100ml
	点心	花式饼干　5-6g
午餐	主食	米饭　大米　托班50g　小班55g
	菜品	洋葱鸭丁　洋葱4g　鸭胸肉25g　　盐水门腔　门腔25g
		枸杞腰果香炒茼蒿　腰果4g　茼蒿菜90g　枸杞1g
	汤羹	雪菜萝卜粉皮汤　雪菜2g　萝卜8g　粉皮8g
午点	点心	黑芝麻蜂糕　黑芝麻2g　芝麻酱6g　自发粉25g
		藕粉羹　藕粉12g
	水果	砂糖橘　40g
晚餐	菜品	五香鹌鹑蛋　鹌鹑蛋20g　　番茄炖牛腩　牛腩20g　番茄5g
		蒜蓉奶白菜　大蒜头1g　奶白菜55g　　罗宋汤　土豆5g　卷心菜5g　红肠5g
睡前	牛奶	150-180ml

体弱加餐　小肉丸

中大班

体弱加餐　小肉丸

早点	牛奶	110ml-120ml
	点心	花式饼干　7-8g
午餐	主食	米饭　大米　中班60g　大班70g
	菜品	洋葱鸭腿　洋葱6g　鸭腿40g
		盐水门腔　门腔25g
		枸杞腰果香炒茼蒿　腰果4g　茼蒿菜90g　枸杞1g
	汤羹	雪菜萝卜粉皮汤　雪菜2g　萝卜8g　粉皮8g
午点	点心	黑芝麻蜂糕　黑芝麻2g　芝麻酱6g　自发粉25g
		藕粉羹　藕粉12g
	水果	砂糖橘　40g
晚餐	菜品	五香鹌鹑蛋　鹌鹑蛋20g
		番茄炖牛腩　牛腩20g　番茄5g
		蒜蓉奶白菜　大蒜头1g　奶白菜55g
		罗宋汤　土豆5g　卷心菜5g　红肠5g
睡前	牛奶	150-180ml

星期四

托小班

早点　牛奶　100ml

　　　点心　花式饼干　5-6g

午餐　主食　高粱米饭　高粱米5g　托班大米45g　小班大米50g

　　　菜品　红烧鳝丝　鳝丝25g

　　　　　　杂菜鸡丁　杂菜2g　鸡胸肉25g

　　　　　　干丝炒生菜　干丝6g　生菜95g

　　　汤羹　蒜叶鲫鱼豆腐汤　鲫鱼8g　豆腐15g　青蒜2g

午点　点心　蒸山芋　山芋20g

　　　　　　烂糊肉丝面片汤　黄芽菜8g　肉丝5g

　　　　　　　　　　　　　　木耳0.3g　馄饨皮25g

　　　水果　红提　30g

晚餐　菜品　红椒炒鸭丁　红椒5g　鸭腿25g

　　　　　　芝士焗大虾　草虾30g　芝士10g

　　　　　　蓬蒿菜炒素肠　素肠10g　蓬蒿菜50g

　　　　　　海带土豆汤　海带5g　土豆5g

睡前　牛奶　150-180ml

过敏食谱

河鲜：肉丝豆腐汤

体弱加餐　烧卖

中大班

过敏食谱

河鲜：肉丝豆腐汤

体弱加餐　烧卖

早点　牛奶　110ml-120ml

　　　点心　花式饼干　7-8g

午餐　主食　高粱米饭　高粱米5g　中班大米55g　大班大米65g

　　　菜品　红烧鳝筒　鳝筒30g

　　　　　　杂菜鸡丁　杂菜2g　鸡胸肉25g

　　　　　　干丝炒生菜　干丝6g　生菜95g

　　　汤羹　蒜叶鲫鱼豆腐汤　鲫鱼8g　豆腐15g　青蒜2g

午点　点心　蒸山芋　山芋20g

　　　　　　烂糊肉丝面片汤　黄芽菜8g　肉丝5g　木耳0.3g　馄饨皮25g

　　　水果　红提　30g

晚餐　菜品　红椒炒鸭丁　红椒5g　鸭腿25g

　　　　　　芝士焗大虾　草虾30g　芝士10g

　　　　　　蓬蒿菜炒素肠　素肠10g　蓬蒿菜50g

　　　　　　海带土豆汤　海带5g　土豆5g

睡前　牛奶　150-180ml

星期五

托小班

早点	牛奶	100ml
	点心	花式饼干 5-6g
午餐	主食	米饭 托班大米50g 小班大米55g
	菜品	双菇肉丝 香菇2g 杏鲍菇2g 腿肉20g
		茄汁虾球 虾滑25g 番茄酱5g
		胡萝卜炒黄瓜 胡萝卜8g 黄瓜85g
	汤羹	生菜莲藕老鸭汤 生菜8g 莲藕8g 草鸭8g
午点	点心	葱油包 30g
		热橙柠菊茶 柠檬6g 菊花0.5g 甜橙15g
	水果	灯笼果 30g
晚餐	菜品	肉酱意面 蘑菇8g 肉糜20g 菠菜40g 洋葱5g 意面酱10g
		金针菇牛尾汤 金针菇5g 牛尾6g
睡前	牛奶	150-180ml

过敏食谱
河鲜：炒鸽蛋
体弱加餐
盐水鸭肫

中大班

过敏食谱
河鲜：炒鸽蛋
体弱加餐
盐水鸭肫

早点	牛奶	110ml-120ml
	点心	花式饼干 7-8g
午餐	主食	米饭 中班大米60g 大班大米70g
	菜品	双菇肉丝 香菇2g 杏鲍菇2g 腿肉20g
		红烧基围虾 基围虾45g
		胡萝卜炒黄瓜 胡萝卜8g 黄瓜85g
	汤羹	生菜莲藕老鸭汤 生菜8g 莲藕8g 草鸭8g
午点	点心	葱油包 30g
		热橙柠菊茶 柠檬6g 菊花0.5g 甜橙15g
	水果	灯笼果 30g
晚餐	菜品	肉酱意面 蘑菇8g 肉糜20g 菠菜40g 洋葱5g 意面酱10g
		金针菇牛尾汤 金针菇5g 牛尾6g
睡前	牛奶	150-180ml

十一月份膳食营养分析及小结

（记账法膳食调查评价）

平衡膳食五项标准：

① 热量摄入量占供给量85%—90%为中等，90%以上为好。蛋白质占供给量80%以上。

> **蛋白质**
>
> 平均每人摄入量：**49.65**
> 占平均供给量(%)：**103.88%**
>
> 0%　　　　　80%

> **热量**
>
> 平均每人摄入量：**1465.73**
> 占平均供给量(%)：**96.43%**
>
> 0%　　　　　85%　90%

② 蛋白质、脂肪、碳水化合物重量比值为1：1：4-5

③ 三大营养素产热量占总热量：蛋白质12-15%，脂肪25-30%，碳水化合物50%-60%：

④ 动物蛋白+豆类蛋白质的摄入量>50%

⑤ 动物食品的热量+豆类食品的热量摄入量>20%

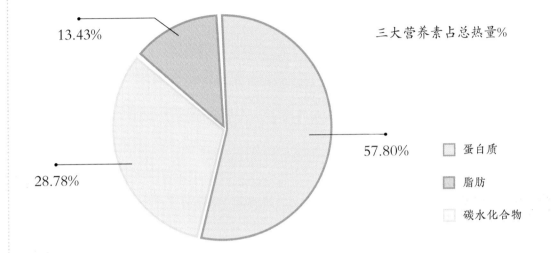

三大营养素占总热量%

13.43%

28.78%

57.80%

☐ 蛋白质

▨ 脂肪

☐ 碳水化合物

	蛋白质	脂肪	碳水化合物
平均每人每日摄入量(克)	49.65	47.3	213.73
比值	1	0.95	4.3
三大营养素产热量(千卡)	198.6	425.7	854.92

动物蛋白+豆类蛋白

摄入量: **27.09**
占总蛋白%: **54.51%**

0%　　　　50%

动物热量+豆类热量

摄入量: **382.54**
占总热量%: **26.07%**

0%　　　　20%

白雪却嫌春色晚

故穿庭树作飞花

——[唐]韩愈《春雪》

冬季篇

全天候带量食谱

（12～2月）

　　冬季逐渐进入最寒冷的阶段，防寒保暖是此时节的重点，应适量增加高热量食物。幼儿的饮食中适当增加温热性食物以增强御寒能力，如牛肉、羊肉、鸽子、猪肉、糯米、大枣、桂圆、芝麻等。多吃黑色食品如黑木耳、黑芝麻、黑豆、黑米、黑枣等抵抗寒冷。富含维生素、矿物质的食品也是不可缺少的，如西红柿、芹菜、菠菜、土豆、白萝卜、胡萝卜等蔬菜。梨、苹果、香蕉、柑橘、猕猴桃等水果可以帮助增强免疫力及抗病能力。一方面因为寒冷，通过食物所摄取的能量在骤增，另一方面因运动量不足导致消耗的能量大幅下降，建议可多多摄取蔬菜如黄芽菜、芹菜等，一来增加饱腹感，二来可降低总能量的摄入，杜绝"春节肥"！

全天候带量食谱十二月第一周

（中大班、托小班）

星期一

托小班

体弱加餐　盐水方干

早点	牛奶	100ml
	点心	花式饼干　5-6g
午餐	主食	米饭　托班大米50g　小班大米55g
	菜品	酱爆鸡心（青椒）　青椒6g　鸡心20g　　珍珠肉丸　夹心肉25g　荸荠2g　糯米4g
		清炒油麦菜　油麦菜95g
	汤羹	西湖牛肉羹　牛肉糜5g　山药8g　蘑菇4g
午点	点心	葡萄干米糕　预拌粉25g　葡萄干2g
		黄芽菜油豆腐粉丝汤　黄芽菜8g　油豆腐6g
		粉丝4g
	水果	砂糖橘　40g
晚餐	菜品	板栗鸭腿　鸭腿25g　栗肉5g
		豉汁鳜鱼　鳜鱼20g　豆豉1g
		腐竹炒杭白菜　腐竹2g　杭白菜55g
		番茄蛋花汤　鸡蛋5g　番茄5g
睡前	牛奶	150-180ml

中大班

体弱加餐　盐水方干

早点	牛奶	110ml-120ml
	点心	花式饼干　7-8g
午餐	主食	米饭　中班大米60g　大班大米70g
	菜品	酱爆鸡心（青椒）　青椒6g　鸡心20g
		粉蒸排骨　肋排40g　糯米3g　　清炒油麦菜　油麦菜95g
	汤羹	西湖牛肉羹　牛肉糜5g　山药8g　蘑菇4g
午点	点心	葡萄干米糕　预拌粉25g　葡萄干2g
		黄芽菜油豆腐粉丝汤　黄芽菜8g　油豆腐6g　粉丝4g
	水果	砂糖橘　40g
晚餐	菜品	板栗鸭腿　鸭腿25g　栗肉5g　　豉汁鳜鱼　鳜鱼20g　豆豉1g
		腐竹炒杭白菜　腐竹2g　杭白菜55g　　番茄蛋花汤　鸡蛋5g　番茄5g
睡前	牛奶	150-180ml

星期二

托小班

早点	牛奶	100ml
点心	花式饼干　5-6g
午餐	主食	刀削面　托班面条30g　小班面条35g
		黄金糕　黄金糕20g
	菜品	番茄牛肉刀削面　牛肉30g　黑木耳0.3g
		番茄15g　青蒜10g　杭白菜50g
		盐水鹌鹑蛋　鹌鹑蛋25g
午点	点心	蜜汁豆腐干　蜜汁干15g
		芦笋鸡肝粥　芦笋8g　鸡肝6g　糯米5g　大米15g
	水果	青提　30g
晚餐	菜品	五彩炒饭　方腿20g　杂菜15g　鸡蛋15g　黄瓜40g
		芝麻卷　自发粉20g　芝麻酱5g　红糖2g
		萝卜百叶结肉丸汤　萝卜10g　百叶结5g　夹心肉10g
睡前	牛奶	150-180ml

体弱加餐　葱油花卷

中大班

早点	牛奶	110ml-120ml
点心	花式饼干　7-8g
午餐	主食	刀削面　中班面条40g　大班面条50g
		黄金糕　黄金糕20g
	菜品	番茄牛肉刀削面　牛肉30g　黑木耳0.3g　番茄15g
		青蒜10g　杭白菜50g
		盐水鹌鹑蛋　鹌鹑蛋25g
午点	点心	蜜汁豆腐干　蜜汁干15g
		芦笋鸡肝粥　芦笋8g　鸡肝6g　糯米5g　大米15g
	水果	青提　30g
晚餐	菜品	五彩炒饭　方腿20g　杂菜15g　鸡蛋15g　黄瓜40g
		芝麻卷　自发粉20g　芝麻酱5g　红糖2g
		萝卜百叶结肉丸汤　萝卜10g　百叶结5g　夹心肉10g
睡前	牛奶	150-180ml

体弱加餐　葱油花卷

星期三

托小班

早点　牛奶　100ml

　　　点心　花式饼干　5-6g

午餐　主食　藜麦饭　藜麦5g　托班大米45g　小班大米50g

　　　菜品　韭菜炒蛋　韭菜6g　鸡蛋25g　　菠萝咕咾肉　菠萝肉8g　里脊肉25g

　　　　　　香干炒芹菜　芹菜85g　香干8g

　　　汤羹　葱花萝卜牛尾骨汤　萝卜10g　牛尾骨8g　葱1g

午点　点心　自制小热狗　自发粉25g　亲亲肠6g

　　　　　　水果玉米须茶　玉米须2g　雪莲果15g

　　　水果　灯笼果　30g

晚餐　菜品　香煎带鱼　带鱼25g

　　　　　　咖喱土豆鸡腿　咖喱3g　土豆5g

　　　　　　　　　　　　　鸡腿25g

　　　　　　百叶炒塌菜　塌菜70g　百叶8g

　　　　　　海带山药汤　海带6g　山药5g

睡前　牛奶　150-180ml

体弱加餐　红烧鸭丁

中大班

早点　牛奶　110ml-120ml

　　　点心　花式饼干　7-8g

午餐　主食　藜麦饭　藜麦5g　中班大米55g　大班大米65g

　　　菜品　韭菜炒蛋　韭菜6g　鸡蛋25g

　　　　　　菠萝咕咾肉　菠萝肉8g　里脊肉25g

　　　　　　香干炒芹菜　芹菜85g　香干8g

　　　汤羹　葱花萝卜牛尾骨汤　萝卜10g　牛尾骨8g　葱1g

午点　点心　自制小热狗　自发粉25g　亲亲肠6g

　　　　　　水果玉米须茶　玉米须2g　雪莲果15g

　　　水果　灯笼果　30g

晚餐　菜品　香煎带鱼　带鱼25g

　　　　　　咖喱土豆鸡腿　咖喱3g　土豆5g　鸡腿25g

　　　　　　百叶炒塌菜　塌菜70g　百叶8g

　　　　　　海带山药汤　海带6g　山药5g

睡前　牛奶　150-180ml

体弱加餐　红烧鸭丁

星期四

托小班

早点	牛奶	100ml
	点心	花式饼干　5-6g
午餐	主食	红米饭　红米5g　托班大米45g　小班大米50g
	菜品	芦笋香煎银鳕鱼　芦笋4g　银鳕鱼25g
		茨菇鸭肉煲　茨菇6g　鸭胸肉20g
		方腿炒西蓝花　方腿4g　西蓝花80g
	汤羹	海带结豆腐汤　海带结5g　豆腐15g
午点	点心	鲜虾玉米蒸饺　虾仁2g　夹心肉糜8g　玉米粒2g　蒸饺皮15g
		薏米红薯血糯米甜羹　薏米2g　山芋8g　血糯米5g　冰糖3g
	水果	小芭蕉　45g
晚餐	菜品	酱牛肉　牛肉20g　　粉丝蒸虾　粉丝2g　草虾30g
		地三鲜　茄子20g　土豆20g　青椒10g
		荠菜豆腐汤　荠菜4g　豆腐15g
睡前	牛奶	150-180ml

过敏食谱
海鲜：五香鹌鹑蛋
体弱加餐
小米糕

中大班

过敏食谱
海鲜：五香鹌鹑蛋
体弱加餐
小米糕

早点	牛奶	110ml-120ml
	点心	花式饼干　7-8g
午餐	主食	红米饭　红米5g　中班大米55g　大班大米65g
	菜品	芦笋香煎银鳕鱼　芦笋4g　银鳕鱼25g
		茨菇蜜汁鸭腿　茨菇6g　鸭腿38g
		方腿炒西蓝花　方腿4g　西蓝花80g
	汤羹	海带结豆腐汤　海带结5g　豆腐20g
午点	点心	鲜虾玉米蒸饺　虾仁2g　夹心肉糜8g　玉米粒2g　蒸饺皮15g
		薏米红薯血糯米甜羹　薏米2g　山芋8g　血糯米5g　冰糖3g
	水果	小芭蕉　45g
晚餐	菜品	酱牛肉　牛肉20g
		粉丝蒸虾　粉丝2g　草虾30g
		地三鲜　茄子20g　土豆20g　青椒10g
		荠菜豆腐汤　荠菜4g　豆腐15g
睡前	牛奶	150-180ml

星期五

托小班

早点　牛奶　100ml

　　　点心　花式饼干　5-6g

午餐　主食　米饭　托班大米20g　小班大米25g

　　　菜品　核桃包　核桃包30g

　　　　　　上海菜饭　腿肉丁20g　香肠20g　青菜50g　胡萝卜10g　香菇6g

　　　汤羹　罗宋浓汤　番茄8g　土豆10g　牛腩8g　洋葱6g　番茄酱5g

午点　点心　椰丝包　椰丝包30g

　　　　　　玫瑰百香果雪梨水　玫瑰0.1g　百香果4g　雪梨18g

　　　水果　蓝莓　20g

晚餐　菜品　五味馄饨　夹心肉30g　青菜40g　香菇2g

　　　　　　　　　　　鸡蛋10g　开洋2g　小香干5克

　　　　　　黑糯米糕　黑糯米糕30g

睡前　牛奶　150-180ml

体弱加餐　葱炒蛋

中大班

早点　牛奶　110ml-120ml

　　　点心　花式饼干　7-8g

午餐　主食　米饭　中班大米30g　大班大米40g

　　　菜品　核桃包　核桃包30g

　　　　　　上海菜饭　腿肉丁20g　香肠20g　青菜50g　胡萝卜10g　香菇6g

　　　汤羹　罗宋浓汤　番茄8g　土豆10g　牛腩8g　洋葱6g　番茄酱5g

午点　点心　椰丝包　椰丝包30g

　　　　　　玫瑰百香果雪梨水　玫瑰0.1g　百香果4g　雪梨18g

　　　水果　蓝莓　20g

晚餐　菜品　五味馄饨　夹心肉30g　青菜40g　香菇2g　鸡蛋10g　开洋2g

　　　　　　　　　　　小香干5克

　　　　　　黑糯米糕　黑糯米糕30g

睡前　牛奶　150-180ml

体弱加餐　葱炒蛋

全天候带量食谱十二月第二周

（中大班、托小班）

星期一

托小班

早点	牛奶	100ml
	点心	花式饼干　5-6g
午餐	主食	糙米饭　糙米5g　托班大米45g　小班大米50g
	菜品	山珍鸭肉煲　茶树菇3g　木耳0.1g　鸭胸肉20g
		银鱼跑蛋　银鱼10g　鸡蛋18g
		胡萝卜青豆炒花菜　花菜80g　胡萝卜4g　青豆2g
	汤羹	山药虫草花排骨汤　山药8g　虫草花2g　小排8g
午点	点心	肉龙花卷　自发粉25g　夹心肉4g　京葱2g
		水果西米露　甜橙10g　火龙果8g　小西米4g
	水果	蓝莓　20g
晚餐	菜品	红烧乳鸽　乳鸽50g　美极鲜虾　草虾30g
		糖醋莲藕　莲藕55g
		番茄菌菇汤　番茄5g　蘑菇5g　金针菇5g
睡前	牛奶	150-180ml

过敏食谱

海鲜：盐水门腔

体弱加餐

蜜汁干

过敏食谱

海鲜：盐水门腔

体弱加餐

蜜汁干

中大班

早点	牛奶	110ml-120ml
	点心	花式饼干　7-8g
午餐	主食	糙米饭　糙米5g　中班大米55g　大班大米65g
	菜品	红烧鸭腿　鸭腿35g　银鱼跑蛋　银鱼10g　鸡蛋18g
		胡萝卜青豆炒花菜　花菜80g　胡萝卜4g　青豆2g
	汤羹	山药虫草花排骨汤　山药8g　虫草花2g　小排8g
午点	点心	肉龙花卷　自发粉25g　夹心肉4g　京葱2g
		水果西米露　甜橙10g　火龙果8g　小西米4g
	水果	蓝莓　20g
晚餐	菜品	红烧乳鸽　乳鸽50g　美极鲜虾　草虾30g
		糖醋莲藕　莲藕55g
		番茄菌菇汤　番茄5g　蘑菇5g　金针菇5g
睡前	牛奶	150-180ml

星期二

托小班

早点	牛奶	100ml
	点心	花式饼干　5-6g
午餐	主食	水饺　水饺皮　托班30g　小班35g
		玛瑙甜饭　莲子2g　玉米5g　血糯米5g　糯米10g
	菜品	五鲜水饺　黄芽菜70g　夹心肉35g　鸡蛋10g　香菇4g　开洋2g
午点	点心	五香千页豆腐　千页豆腐20g
		莴笋艇仔粥　莴笋8g　鱿鱼4g　牛肉糜4g　糯米5g　大米15g
	水果	砂糖橘　40g
晚餐	菜品	黄豆猪脚　黄豆5g　猪脚30g　　秋葵炒蛋　秋葵15g　鸡蛋15g
		芹菜炒豆干　芹菜55g　豆干15g　　香菜鱼头汤　鱼头5g　香菜2g
睡前	牛奶	150-180ml

过敏食谱
海鲜：白菜猪肉水饺
体弱加餐
卡通包

中大班

过敏食谱
海鲜：白菜猪肉水饺
体弱加餐
卡通包

早点	牛奶	110ml-120ml
	点心	花式饼干　7-8g
午餐	主食	水饺　水饺皮　中班40g　大班50g
		玛瑙甜饭　莲子2g　玉米5g　血糯米5g　糯米10g
	菜品	五鲜水饺　黄芽菜70g　夹心肉35g　鸡蛋10g　香菇4g　开洋2g
午点	点心	五香千页豆腐　千页豆腐20g
		莴笋艇仔粥　莴笋8g　鱿鱼4g　牛肉糜4g　糯米5g　大米15g
	水果	砂糖橘　40g
晚餐	菜品	黄豆猪脚　黄豆5g　猪脚30g
		秋葵炒蛋　秋葵15g　鸡蛋15g
		芹菜炒豆干　芹菜55g　豆干15g
		香菜鱼头汤　鱼头5g　香菜2g
睡前	牛奶	150-180ml

星期三

托小班

早点　牛奶　100ml

　　点心　花式饼干　5-6g

午餐　主食　米饭　托班大米50g　小班大米55g

　　菜品　洋葱牛肉丝　洋葱4g　牛肉丝30g

　　　　　金粟黄瓜虾仁　粟米粒2g　黄瓜4g　虾仁25g

　　　　　松仁碎茼蒿菜　松仁2g　茼蒿菜95g

　　汤羹　西葫芦榨菜蛋花汤　西葫芦8g　榨菜2g　鸡蛋6g

午点　点心　双色刀切　抹茶粉0.2g　自发粉25g

　　　　　黑芝麻糊　黑芝麻糊15g

　　水果　红提　30g

晚餐　菜品　香煎鲳鱼　鲳鱼30g　蒜苗肉丝　蒜苗10g　肉丝10g

　　　　　清炒菜心　菜心55g　冬瓜扁尖汤　冬瓜10g　扁尖5g

睡前　牛奶　150-180ml

> **过敏食谱**
> 河鲜：五香鹌鹑蛋
> **体弱加餐**
> 葱油鹌鹑蛋

中大班

> **过敏食谱**
> 河鲜：五香鹌鹑蛋
> **体弱加餐**
> 葱油鹌鹑蛋

早点　牛奶　110ml-120ml

　　点心　花式饼干　7-8g

午餐　主食　米饭　中班大米60g　大班大米70g

　　菜品　洋葱牛肉丝　洋葱4g　牛肉丝30g

　　　　　金粟黄瓜虾仁　粟米粒2g　黄瓜4g　虾仁25g

　　　　　松仁碎茼蒿菜　松仁2g　茼蒿菜95g

　　汤羹　西葫芦榨菜蛋花汤　西葫芦8g　榨菜2g　鸡蛋6g

午点　点心　双色刀切　抹茶粉0.2g　自发粉25g

　　　　　黑芝麻糊　黑芝麻糊15g

　　水果　红提　30g

晚餐　菜品　香煎鲳鱼　鲳鱼30g

　　　　　蒜苗肉丝　蒜苗10g　肉丝10g

　　　　　清炒菜心　菜心55g

　　　　　冬瓜扁尖汤　冬瓜10g　扁尖5g

睡前　牛奶　150-180ml

星期四

托小班

早点	牛奶	100ml
	点心	花式饼干　5-6g
午餐	主食	小米饭　小米5g　托班大米45g　小班大米50g
	菜品	彩椒鸡丁　鸡胸25g　青红椒各2g　糖醋鲈鱼　鲈鱼35g　芝麻1g
		上汤娃娃菜　娃娃菜85g　干丝8g　蘑菇5g
	汤羹	菠菜木耳粉丝汤　菠菜10g　黑木耳2g　粉丝5g
午点	点心	玉米棒　玉米棒25g
		荠菜肉丝年糕汤　荠菜8g　肉丝3g　年糕20g
	水果	小芭蕉　40g
晚餐	菜品	茶树菇鸭丁　茶树菇8g　鸭胸15g
		美极鲜虾　基围虾30g
		麻酱生菜　芝麻酱15g　生菜60g
		萝卜虾皮汤　萝卜5g　虾皮2g
睡前	牛奶	150-180ml

中大班

早点	牛奶	110ml-120ml
	点心	花式饼干　7-8g
午餐	主食	小米饭　小米5g　中班大米55g　大班大米65g
	菜品	葱油鸡翅　鸡中翅38g
		糖醋鲈鱼　鲈鱼35g　芝麻1g
		上汤娃娃菜　娃娃菜85g　干丝8g　蘑菇5g
	汤羹	菠菜木耳粉丝汤　菠菜10g　黑木耳2g　粉丝5g
午点	点心	玉米棒　玉米棒25g
		荠菜肉丝年糕汤　荠菜8g　肉丝3g　年糕20g
	水果	小芭蕉　40g
晚餐	菜品	茶树菇鸭丁　茶树菇8g　鸭胸15g
		美极鲜虾　基围虾30g
		麻酱生菜　芝麻酱15g　生菜60g
		萝卜虾皮汤　萝卜5g　虾皮2g
睡前	牛奶	150-180ml

星期五

托小班

早点　牛奶　100ml

　　　点心　花式饼干　5-6g

午餐　主食　米饭　大米　托班50g　小班55g

　　　菜品　腐乳小肉　梅肉30g

　　　　　　青蒜鸭肫　青蒜6g　鸭肫25g

　　　　　　青菜胡萝卜草菇　青菜90g　胡萝卜10g　草菇5g

　　　汤羹　海鲜豆腐汤　海参4g　蛤蜊肉2g　豆腐10g

午点　点心　小菠萝面包　小菠萝面包30g

　　　　　　甘蔗雪梨水　甘蔗8g　雪梨16g　冰糖3g

　　　水果　小番茄　25g

晚餐　菜品　番茄牛腩刀削面　牛腩30g　土豆20g　洋葱8g　胡萝卜8g

　　　　　　　　　　　　　　番茄20g　番茄酱6g

　　　　　　黄金糕　黄金糕20g

睡前　牛奶　150-180ml

> **过敏食谱**
> 海鲜：牛肉豆腐汤
> **体弱加餐**
> 香浓牛肉丸

中大班

早点　牛奶　110ml-120ml

　　　点心　花式饼干　7-8g

午餐　主食　米饭　中班大米60g　大班大米70g

　　　菜品　腐乳小肉　梅肉30g

　　　　　　青蒜鸭肫　青蒜6g　鸭肫25g

　　　　　　青菜胡萝卜草菇　青菜90g　胡萝卜10g　草菇5g

　　　汤羹　海鲜豆腐汤　海参4g　蛤蜊肉2g　豆腐15g

午点　点心　小菠萝面包　小菠萝面包30g

　　　　　　甘蔗雪梨水　甘蔗8g　雪梨16g　冰糖3g

　　　水果　小番茄　25g

晚餐　菜品　番茄牛腩刀削面　牛腩30g　土豆20g　洋葱8g　胡萝卜8g

　　　　　　　　　　　　　　番茄20g　番茄酱6g

　　　　　　黄金糕　黄金糕20g

睡前　牛奶　150-180ml

> **过敏食谱**
> 海鲜：牛肉豆腐汤
> **体弱加餐**
> 香浓牛肉丸

全天候带量食谱十二月第三周

（中大班、托小班）

星期一

托小班

过敏食谱
河鲜：炒鸽蛋
体弱加餐
鹅味肝

早点	牛奶	100ml
	点心	花式饼干　5-6g
午餐	主食	米饭　托班大米50g　小班大米55g
	菜品	彩椒肉丝　腿肉25g　红椒2g　黄椒2g　　杂菜虾仁　虾仁25g　杂菜5g
		胡萝卜木耳炒卷心菜　卷心菜75g　木耳0.1g　胡萝卜6g
	汤羹	番茄蛋花汤　番茄8g　鸡蛋6g
午点	点心	麻酱红糖卷　芝麻酱5g　红糖3g　自发粉25g
		荠菜山药汤　荠菜4g　山药8g
	水果	奇异莓　35g
晚餐	菜品	香煎三文鱼　三文鱼20g
		洋葱鸡丁　洋葱4g　鸡胸15g
		木耳炒黄瓜胡卜　木耳0.3g　黄瓜45g
		胡萝卜4g
		豆苗牛尾百叶汤　豆苗3g　百叶4g　牛尾4g
睡前	牛奶	150-180ml

中大班

过敏食谱
河鲜：炒鸽蛋
体弱加餐
鹅味肝

早点	牛奶	110ml-120ml
	点心	花式饼干　7-8g
午餐	主食	米饭　中班大米60g　大班大米70g
	菜品	彩椒肉丝　腿肉25g　红椒2g　黄椒2g　　盐水大虾　草虾35g
		胡萝卜木耳炒卷心菜　卷心菜75g　木耳0.1g　胡萝卜6g
	汤羹	番茄蛋花汤　番茄8g　鸡蛋6g
午点	点心	麻酱红糖卷　芝麻酱5g　红糖3g　自发粉25g
		荠菜山药汤　荠菜4g　山药8g
	水果	奇异莓　35g
晚餐	菜品	香煎三文鱼　三文鱼20g　　洋葱鸡丁　洋葱4g　鸡胸15g
		木耳炒黄瓜胡卜　木耳0.3g　黄瓜45g　胡萝卜4g
		豆苗牛尾百叶汤　豆苗3g　百叶4g　牛尾4g
睡前	牛奶	150-180ml

星期二

托小班

早点	牛奶	100ml
	点心	花式饼干　5-6g
午餐	主食	炒面　面条　托班35g　小班40g
	菜品	杂粮饭　糙米5g　黑米5g　薏米2g　玉米糁2g
		鳝丝炒面　鳝丝30g　鸭蛋20g　洋葱10g　毛菜80g　胡萝卜8g
	汤羹	草头老鸭粉丝汤　草头8g　净草鸭6g　粉丝4g
午点	点心	小素鸡　小素鸡20g
		红枣三色豆粥　无核枣2g　赤豆2g　芸豆2g　糯米5g　大米15g
	水果	砂糖橘　40g
晚餐	菜品	意式番茄烩饭　梅花肉20g　墨鱼卷10g
		卷心菜40g　番茄3g
		蘑菇3g　胡萝卜3g　洋葱5g
		杂粮馒头　杂粮馒头20g
		草头豆腐味噌汤　草头2g　豆腐10g
		味噌1g
睡前	牛奶	150-180ml

过敏食谱
河鲜：红烧牛肉面
体弱加餐　蛋饼

中大班

过敏食谱
河鲜：红烧牛肉面
体弱加餐　蛋饼

早点	牛奶	110ml-120ml
	点心	花式饼干　7-8g
午餐	主食	炒面　面条　中班45g　大班55g
	菜品	杂粮饭　糙米5g　黑米5g　薏米2g　玉米糁2g
		鳝丝炒面　鳝丝30g　鸭蛋20g　洋葱10g　毛菜80g　胡萝卜8g
	汤羹	草头老鸭粉丝汤　草头8g　净草鸭6g　粉丝4g
午点	点心	小素鸡　小素鸡20g
		红枣三色豆粥　无核枣2g　赤豆2g　芸豆2g　糯米5g
		大米15g
	水果	砂糖橘　40g
晚餐	菜品	意式番茄烩饭　梅花肉20g　墨鱼卷10g　卷心菜40g　番茄3g
		蘑菇3g　胡萝卜3g　洋葱5g
		杂粮馒头　杂粮馒头20g
		草头豆腐味噌汤　草头2g　豆腐10g　味噌1g
睡前	牛奶	150-180ml

星期三

托小班

早点　牛奶　100ml

　　　点心　花式饼干　5-6g

午餐　主食　米饭　托班大米50g　小班大米55g

　　　菜品　茄汁巴沙鱼柳　巴沙鱼30g　　咖喱土豆牛肉　土豆4g　牛肉块20g

　　　　　　胡萝卜腐竹炒莴笋　莴笋70g　胡萝卜8g　腐竹5g

　　　汤羹　荠菜香菇豆腐汤　荠菜6g　香菇4g　豆腐15g

午点　点心　巧克力蜂糕　可可粉0.2g　自发粉25g

　　　　　　苹果暖橙饮　苹果10g　甜橙10g

　　　水果　蓝莓　20g

晚餐　菜品　苜蓿蛋（鸭蛋）　青椒2g　木耳0.3g

　　　　　　　　　　　　　鸭蛋20g

　　　　　　姜母鸭　草鸭净15g　姜1g

　　　　　　上汤娃娃菜　娃娃菜50g　皮蛋2g

　　　　　　海带平菇汤　海带4g　平菇4g

睡前　牛奶　150-180ml

中大班

早点　牛奶　110ml-120ml

　　　点心　花式饼干　7-8g

午餐　主食　米饭　中班大米60g　大班大米70g

　　　菜品　茄汁巴沙鱼柳　巴沙鱼30g

　　　　　　咖喱土豆牛肉　土豆4g　牛肉块30g

　　　　　　胡萝卜腐竹炒莴笋　莴笋70g　胡萝卜8g　腐竹5g

　　　汤羹　荠菜香菇豆腐汤　荠菜6g　香菇4g　豆腐20g

午点　点心　巧克力蜂糕　可可粉0.2g　自发粉25g

　　　　　　苹果暖橙饮　苹果10g　甜橙10g

　　　水果　蓝莓　20g

晚餐　菜品　苜蓿蛋（鸭蛋）　青椒2g　木耳0.3g　鸭蛋20g

　　　　　　姜母鸭　草鸭净15g　姜1g

　　　　　　上汤娃娃菜　娃娃菜50g　皮蛋2g

　　　　　　海带平菇汤　海带4g　平菇4g

睡前　牛奶　150-180ml

星期四

托小班

早点　牛奶　100ml

　　　点心　花式饼干　5-6g

午餐　主食　黑米饭　黑米5g　托班大米45g

　　　菜品　　　　小班大米50g

　　　　　　三彩墨鱼　墨鱼25g　竹笋4g　胡萝卜2g

　　　　　　香菇鸡丁　鸡胸25g　香菇4g

　　　　　　蓬蒿菜炒干丝　蓬蒿菜90g　干丝10g

　　　汤羹　萝卜枸杞骨头汤　萝卜10g　枸杞1g　肋排6g

午点　点心　软糯红薯　红薯25g

　　　　　　西蓝花牛肉剪刀面　西蓝花6g　牛肉6g　剪刀面10g

　　　水果　青提　30g

晚餐　菜品　盐焗虾　草虾25g

　　　　　　黑鸡枞红椒炒牛柳　鸡枞菌4g　红椒2g　牛柳15g

　　　　　　草头炒素肠蟹味菇　草头50g　素肠10g　蟹味菇2g

　　　　　　生菜肉丝汤　生菜6g　肉丝2g

睡前　牛奶　150-180ml

过敏食谱

海鲜：鹅味肝

体弱加餐

桂花米糕

中大班

过敏食谱

海鲜：鹅味肝

体弱加餐

桂花米糕

早点　牛奶　110ml-120ml

　　　点心　花式饼干　7-8g

午餐　主食　黑米饭　黑米5g　中班大米55g　大班大米65g

　　　菜品　三彩墨鱼　墨鱼25g　竹笋4g　胡萝卜2g

　　　　　　可乐鸡翅　鸡中翅35g

　　　　　　蓬蒿菜炒干丝　蓬蒿菜90g　干丝10g

　　　汤羹　萝卜枸杞骨头汤　萝卜10g　枸杞1g　肋排6g

午点　点心　软糯红薯　红薯25g

　　　　　　西蓝花牛肉剪刀面　西蓝花6g　牛肉6g　剪刀面10g

　　　水果　青提　30g

晚餐　菜品　盐焗虾　草虾25g

　　　　　　黑鸡枞红椒炒牛柳　鸡枞菌4g　红椒2g　牛柳15g

　　　　　　草头炒素肠蟹味菇　草头50g　素肠10g　蟹味菇2g

　　　　　　生菜肉丝汤　生菜6g　肉丝2g

睡前　牛奶　150-180ml

星期五

托小班

早点	牛奶	100ml
	点心	花式饼干 5-6g
午餐	主食	米饭 大米 托班20g 小班25g 樱花米糕 樱花米糕30g
	菜品	卤肉饭 肉糜30g 西芹50g 洋葱15g 豆干15g 红椒8g
		盐水鹌鹑蛋 鹌鹑蛋20g
	汤羹	菠菜菌菇汤 菠菜10g 蟹味菇6g 白玉菇6g
午点	点心	热狗包 热狗包30g
		蜂蜜柚子水 蜂蜜3g 红柚25g
	水果	小番茄 30g
晚餐	菜品	荠菜猪肉馄饨 青菜50g 荠菜4g
		夹心肉30g 鸡蛋10g
		香菇2g 开洋1g
		阿诺黑米糕 黑米糕30g
睡前	牛奶	150-180ml

体弱加餐 小方干

中大班

体弱加餐 小方干

早点	牛奶	110ml-120ml
	点心	花式饼干 7-8g
午餐	主食	米饭 大米 中班30g 大班40g 樱花米糕 樱花米糕30g
	菜品	卤肉饭 肉糜30g 西芹50g 洋葱15g 豆干15g 红椒8g
		盐水鹌鹑蛋 鹌鹑蛋20g
	汤羹	菠菜菌菇汤 菠菜10g 蟹味菇6g 白玉菇6g
午点	点心	热狗包 热狗包30g
		蜂蜜柚子水 蜂蜜3g 红柚25g
	水果	小番茄 30g
晚餐	菜品	荠菜猪肉馄饨 青菜50g 荠菜4g 夹心肉30g 鸡蛋10g
		香菇2g 开洋1g
		阿诺黑米糕 黑米糕30g
睡前	牛奶	150-180ml

全天候带量食谱十二月第四周

（中大班、托小班）

星期一

托小班

早点　牛奶　100ml
　　　点心　花式饼干　5-6g
午餐　主食　米饭　托班大米50g　小班大米55g
　　　菜品　洋葱鳝丝　洋葱4g　鳝丝25g　肉糜炖蛋（鸭蛋）　夹心肉10g　鸭蛋15g
　　　　　　黄瓜炒腐竹　黄瓜80g　腐竹8g
　　　汤羹　萝卜菌菇汤（蟹味菇、金针菇）　萝卜8g　蟹味菇3g　金针菇3g
　　　　　　蔓越莓米发糕　蔓越莓3g　米糕预拌粉25g
午点　点心　红枣银耳羹　红枣无核4g　银耳0.5g　冰糖3g
　　　水果　无籽红提　30g
晚餐　菜品　红烧杂菜虾仁　河虾仁25g　杂菜3g
　　　　　　番茄炒蛋蒜苗牛肉丝　蒜苗4g　牛肉丝15g
　　　　　　百叶丝炒菜苋　菜苋70g　厚百叶8g
　　　　　　莲藕海带汤　海带5g　莲藕10g
睡前　牛奶　150-180ml

体弱加餐　葱油鸡翅

中大班

早点　牛奶　110ml-120ml
　　　点心　花式饼干　7-8g
午餐　主食　米饭　中班大米60g　大班大米70g
　　　菜品　洋葱鳝丝　洋葱4g　鳝筒35g
　　　　　　肉糜炖蛋（鸭蛋）　夹心肉10g　鸭蛋15g
　　　　　　黄瓜炒腐竹　黄瓜80g　腐竹8g
　　　汤羹　萝卜菌菇汤（蟹味菇、金针菇）　萝卜8g　蟹味菇3g　金针菇3g
午点　点心　蔓越莓米发糕　蔓越莓3g　米糕预拌粉25g
　　　　　　红枣银耳羹　红枣无核4g　银耳0.5g　冰糖3g
　　　水果　无籽红提　30g
晚餐　菜品　红烧杂菜虾仁　河虾仁25g　杂菜3g
　　　　　　番茄炒蛋蒜苗牛肉丝　蒜苗4g　牛肉丝15g
　　　　　　百叶丝炒菜苋　菜苋70g　厚百叶8g
　　　　　　莲藕海带汤　海带5g　莲藕10g
睡前　牛奶　150-180ml

体弱加餐　葱油鸡翅

星期二

托小班

早点	牛奶	100ml
	点心	花式饼干 5-6g
午餐	主食	意面 意面 托班35g 小班40g 甜饭 糯米10g 血糯米5g
	菜品	肉酱通心粉 鸡蛋20g 肉糜25g 鸡毛菜80g 红椒8g 白芝麻1g 意面酱8g
	汤羹	豆苗竹荪鸽子汤 豆苗5g 竹荪0.3g 鸽子净5g
午点	点心	蜜汁豆腐干 蜜汁豆干20g
		生菜鲜虾粥 生菜10g 青虾仁6g 糯米4g 大米15g
	水果	小芭蕉 40g
晚餐	菜品	照烧银鳕鱼 银鳕鱼25g
		番茄炒蛋 鸡蛋30g 番茄酱6g
		番茄6g
		上汤花菜 花菜50g 红椒2g
		荠菜豆腐汤 荠菜4g 豆腐15g
睡前	牛奶	150-180ml

体弱加餐 小米糕

中大班

体弱加餐 小米糕

早点	牛奶	110ml-120ml
	点心	花式饼干 7-8g
午餐	主食	意面 意面 中班45g 大班55g
		甜饭 糯米10g 血糯米5g
	菜品	肉酱通心粉 鸡蛋20g 肉糜25g 甘蓝80g
		红椒8g 白芝麻1g 意面酱8g
	汤羹	豆苗竹荪鸽子汤 豆苗5g 竹荪0.3g 鸽子净5g
午点	点心	蜜汁豆腐干 蜜汁豆干15g
		生菜鲜虾粥 生菜10g 青虾仁6g 糯米4g 大米15g
	水果	小芭蕉 40g
晚餐	菜品	照烧银鳕鱼 银鳕鱼25g
		番茄炒蛋 鸡蛋30g 番茄酱6g 番茄6g
		上汤花菜 花菜50g 红椒2g
		荠菜豆腐汤 荠菜4g 豆腐15g
睡前	牛奶	150-180ml

星期三

托小班

早点　牛奶　100ml

　　　点心　花式饼干　5-6g

午餐　主食　米饭　托班大米50g　小班大米55g

　　　菜品　蜜汁鸭糕　鸭胸肉25g　　茄汁鹌鹑蛋　鹌鹑蛋25g

　　　　　　三鲜白菜（木耳、胡萝卜）　白菜90g　木耳0.3g　胡萝卜5g

　　　汤羹　香菜油豆腐粉丝汤　香菜1g　油豆腐8g　粉丝3g

午点　点心　芝士肉松卷　芝士5g　肉松2g　自发粉25g

　　　　　　香浓芝麻糊　芝麻糊15g

　　　水果　小番茄　30g

晚餐　菜品　红烧鳝筒　鳝筒25g

　　　　　　香菇炒肉丁　香菇5g　腿肉15g

　　　　　　清炒米苋　米苋60g

　　　　　　毛菜山药汤　毛菜5g　山药10g

睡前　牛奶　150-180ml

体弱加餐　盐水鸭肫

中大班

早点　牛奶　110ml-120ml

　　　点心　花式饼干　7-8g

午餐　主食　米饭　中班大米60g　大班大米70g

　　　菜品　蜜汁鸭糕　鸭腿35g

　　　　　　茄汁鹌鹑蛋　鹌鹑蛋25g

　　　　　　三鲜白菜（木耳、胡萝卜）　白菜90g　木耳0.3g　胡萝卜5g

　　　汤羹　香菜油豆腐粉丝汤　香菜1g　油豆腐8g　粉丝3g

午点　点心　芝士肉松卷　芝士5g　肉松2g　自发粉25g

　　　　　　香浓芝麻糊　芝麻糊15g

　　　水果　小番茄　30g

晚餐　菜品　红烧鳝筒　鳝筒25g

　　　　　　香菇炒肉丁　香菇5g　腿肉15g

　　　　　　清炒米苋　米苋60g

　　　　　　毛菜山药汤　毛菜5g　山药10g

睡前　牛奶　150-180ml

体弱加餐　盐水鸭肫

星期四

托小班

早点	牛奶	100ml
	点心	花式饼干　5-6g
午餐	主食	糙米饭　糙米5g　托班大米45g　小班大米50g
	菜品	青椒牛肉丝　牛肉丝20g　青椒3g　芦笋三文鱼　三文鱼30g　芦笋5g
		香菇炒塔菜　香菇4g　塔菜85g
	汤羹	竹笋鸭血豆腐汤　竹笋2g　鸭血4g　豆腐20g
午点	点心	糯米糖藕　糖藕15g
		青菜肉丝年糕汤　青菜8g　肉丝6g　年糕25g
	水果	灯笼果　30g
晚餐	菜品	照烧鸡肉饭　鸡腿35g　西芹40g　胡萝卜6g
		鸡枞菌6g　照烧酱6g
		生菜豚骨汤　生菜6g　猪骨5g
睡前	牛奶	150-180ml

过敏食谱　清蒸鲈鱼
体弱加餐　芝士卷

中大班

过敏食谱　清蒸鲈鱼
体弱加餐　芝士卷

早点	牛奶	110ml-120ml
	点心	花式饼干　7-8g
午餐	主食	糙米饭　糙米5g　中班大米55g　大班大米65g
	菜品	青椒牛肉丝　牛肉丝20g　青椒3g
		芦笋三文鱼　三文鱼30g　芦笋5g
		香菇炒塔菜　香菇4g　塔菜85g
	汤羹	竹笋鸭血豆腐汤　竹笋2g　鸭血4g　豆腐20g
午点	点心	糯米糖藕　莲藕10g　糯米8g
		青菜肉丝年糕汤　青菜8g　肉丝6g　年糕25g
	水果	灯笼果　30g
晚餐	菜品	照烧鸡肉饭　鸡腿35g　西芹40g　胡萝卜6g　鸡枞菌6g
		照烧酱6g
睡前	牛奶	生菜豚骨汤　生菜6g　猪骨5g
		150-180ml

星期五

托小班

早点	牛奶	100ml
	点心	花式饼干　5-6g
午餐	主食	米饭　托班大米30g　小班大米35g　　拇指馒头　拇指馒头20g
	菜品	海鲜烩饭　青虾仁10g　鱿鱼圈15g　胡萝卜6g　青豆4g　卷心菜70g
		红烧鸡翅　鸡中翅30g
	汤羹	奶油玉米蘑菇汤（培根）　奶油块1g　玉米粒4g　蘑菇4g　培根4g
午点	点心	虎皮卷　虎皮卷30g
		燕麦红豆饮　燕麦4g　赤豆4g　红糖2g
	水果	青提　30g
晚餐	菜品	阿利茄汁宽面　番茄8g　白菜40g　香菇5g　夹心肉20g
		鸡蛋10g　春笋净6g　番茄酱5g
		虾饺　虾饺20g
睡前	牛奶	150-180ml

> 过敏食谱　牛肉烩饭
> 体弱加餐　蜜汁干

中大班

> 过敏食谱　牛肉烩饭
> 体弱加餐　蜜汁干

早点	牛奶	110ml-120ml
	点心	花式饼干　7-8g
午餐	主食	米饭　中班大米40g　大班大米50g　　拇指馒头　拇指馒头20g
	菜品	海鲜烩饭　青虾仁10g　鱿鱼圈15g　胡萝卜6g　青豆4g　卷心菜70g
		红烧鸡翅　鸡中翅30g
	汤羹	奶油玉米蘑菇汤（培根）　奶油块1g　玉米棒20g　蘑菇4g　培根4g
午点	点心	虎皮卷　虎皮卷30g
		燕麦桂圆饮　燕麦4g　桂圆干6g　红糖2g
	水果	青提　30g
晚餐	菜品	阿利茄汁宽面　番茄8g　白菜40g　香菇5g　夹心肉20g　鸡蛋10g
		春笋净6g　番茄酱5g
		虾饺　虾饺20g
睡前	牛奶	150-180ml

十二月份膳食营养分析及小结

（记账法膳食调查评价）

平衡膳食五项标准：

① 热量摄入量占供给量85%—90%为中等，90%以上为好。蛋白质占供给量80%以上。

蛋白质

平均每人摄入量：**50.24**
占平均供给量(%)：**105.78%**

0%　　　　　80%

热量

平均每人摄入量：**1384.2**
占平均供给量(%)：**91.91%**

0%　　　　　85%　90%

② 蛋白质、脂肪、碳水化合物重量比值为1：1：4-5

③ 三大营养素产热量占总热量：蛋白质12-15%，脂肪25-30%，碳水化合物50%-60%：

④ 动物蛋白+豆类蛋白质的摄入量>50%

⑤ 动物食品的热量+豆类食品的热量摄入量>20%

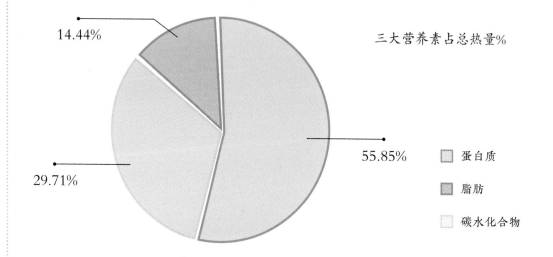

三大营养素占总热量%

14.44%

55.85%

29.71%

☐ 蛋白质

▨ 脂肪

☐ 碳水化合物

	蛋白质	脂肪	碳水化合物
平均每人每日摄入量(克)	50.24	45.93	194.25
比值	1	0.91	3.87
三大营养素产热量(千卡)	200.96	413.37	777

动物蛋白+豆类蛋白

摄入量：**27.14**
占总蛋白%：**54.00%**

0%　　　　　　50%

动物热量+豆类热量

摄入量：**374.42**
占总热量%：**27.05%**

0%　　　　　　20%

全天候带量食谱一月第一周

（中大班、托小班）

星期一

托小班

体弱加餐　虾饺

早点	牛奶	100ml
	点心	花式饼干　5-6g
午餐	主食	河粉　60g　　炒饭　大米15g
	菜品	香肠炒河粉　香肠15g　韭黄35g　黄豆芽25g　小葱2g　　番茄蛋炒饭　番茄20g　鸡蛋20g
	汤羹	虫草花草鸡汤　虫草花2g　淮山药10g　草鸡10g
午点	点心	营养菜粥　香菇5g　青菜10g　大米15g　　香蕉飞饼　飞饼15g　香蕉10g
	水果	葡萄　45g
晚餐	菜品	味噌银鳕鱼　银鳕鱼25g　　芋头鸭丁　芋头15g　鸭胸25g
		腐竹菠菜　腐竹5g　菠菜65g　　菌菇豆腐羹　蘑菇5g　香菇5g　绢豆腐15g
睡前	牛奶	150-180ml

中大班

体弱加餐　虾饺

早点	牛奶	110ml-120ml
	点心	花式饼干　7-8g
午餐	主食	河粉　70-80g　　炒饭　大米15g
	菜品	香肠炒河粉　香肠15g　韭黄35g　黄豆芽25g　小葱2g
		番茄蛋炒饭　番茄20g　鸡蛋20g
	汤羹	虫草花草鸡汤　虫草花2g　淮山药10g　草鸡10g
午点	点心	营养菜粥　香菇5g　青菜10g　大米15g
		香蕉飞饼　飞饼15g　香蕉10g
	水果	葡萄　45g
晚餐	菜品	味噌银鳕鱼　银鳕鱼25g
		芋头鸭丁　芋头15g　鸭胸25g
		腐竹菠菜　腐竹5g　菠菜65g
		菌菇豆腐羹　蘑菇5g　香菇5g
		绢豆腐15g
睡前	牛奶	150-180ml

星期二

托小班

早点	牛奶	100ml
	点心	花式饼干　5-6g
午餐	主食	高粱饭　高粱米5g　小班50g
	菜品	腐乳小肉　南乳汁5g　夹心肉25g
		彩椒鸡丁　青圆椒5g　红圆椒5g　鸡胸肉30g
		蒜蓉米苋　大蒜头2g　米苋70g
	汤羹	鱼片粉皮汤　青蒜5g　龙利鱼8g　粉皮10g
午点	点心	红豆沙圆子羹　豆沙8g　芝麻汤圆25g　　素鸭　素鸭10g
	水果	帝王蕉　55g
晚餐	菜品	京葱猪肝　猪肝10g　京葱5g　　红烧羊肉　羊肉　35g
		番茄西葫芦　番茄20g　西葫芦60g
		紫菜虾皮蛋花汤　紫菜1g　虾皮1g　鸡蛋5g
睡前	牛奶	150-180ml

过敏食谱
河海鲜：鸡毛菜肉糜粉皮汤
体弱加餐　桂花糕

中大班

早点	牛奶	110ml-120ml
	点心	花式饼干　7-8g
午餐	主食	高粱饭　高粱米5g　中班55g　大班65g
	菜品	腐乳肋排　南乳汁5g　肋排35g
		彩椒鸡丁　青圆椒5g　红圆椒5g　鸡胸肉30g
		蒜蓉米苋　大蒜头2g　米苋70g
	汤羹	鱼片粉皮汤　青蒜5g　龙利鱼8g　粉皮10g
午点	点心	红豆沙圆子羹　豆沙8g　芝麻汤圆25g
		素鸭　素鸭10g
	水果	帝王蕉　55g
晚餐	菜品	京葱猪肝　猪肝10g　京葱5g
		红烧羊肉　羊肉35g
		番茄西葫芦　番茄20g　西葫芦60g
		紫菜虾皮蛋花汤　紫菜1g　虾皮1g
		鸡蛋5g
睡前	牛奶	150-180ml

过敏食谱
河海鲜：鸡毛菜肉糜粉皮汤
体弱加餐　桂花糕

星期三

托小班

早点　牛奶　100ml
　　　点心　花式饼干　5-6g
午餐　主食　软米饭　小班55g
　　　菜品　香煎牛小排　牛排30g　　芦笋口菇虾仁　芦笋5g　口蘑5g　青虾仁20g
　　　　　　马兰头豆干　马兰头60g　香干5g
　　　汤羹　腌笃鲜　小排15g　百叶丝8g　竹笋5g
午点　点心　奶香枣泥包　自发粉20g　无核红枣8g　雀巢奶粉10g
　　　　　　时蔬面片汤　番茄10g　蘑菇2g　宽面条10g
　　　水果　海南千禧　50g
晚餐　菜品　酱鸽　乳鸽45g　　香椿炒蛋　香椿头5g　鸡蛋15g
　　　　　　荷塘月色　荷兰豆30g　莲藕30g　胡萝卜10g　黑木耳2g
　　　　　　芥蓝苗百叶汤　芥蓝苗10g　百叶丝5g
睡前　牛奶　150-180ml

过敏食谱
河海鲜：葱油鸡翅
体弱加餐　鸡中翅

中大班

早点　牛奶　110ml-120ml
　　　点心　花式饼干　7-8g
午餐　主食　软米饭　中班60g　大班70g
　　　菜品　香煎牛小排　牛排30g　　芦笋口菇虾仁　芦笋5g　口蘑5g　青虾仁20g
　　　　　　马兰头豆干　马兰头60g　香干5g
　　　汤羹　腌笃鲜　小排15g　百叶丝8g　竹笋5g
午点　点心　奶香枣泥包　自发粉20g　无核红枣8g　雀巢奶粉10g
　　　　　　时蔬面片汤　番茄10g　蘑菇2g　宽面条10g
　　　水果　海南千禧　50g
晚餐　菜品　酱鸽　乳鸽45g　　香椿炒蛋　香椿头5g　鸡蛋15g
　　　　　　荷塘月色　荷兰豆30g　莲藕30g　胡萝卜10g　黑木耳2g
　　　　　　芥蓝苗百叶汤　芥蓝苗10g　百叶丝5g
睡前　牛奶　150-180ml

过敏食谱
河海鲜：葱油鸡翅
体弱加餐　鸡中翅

星期四

托小班

早点	牛奶	100ml
	点心	花式饼干　5-6g
午餐	主食	燕麦饭　燕麦5g　托班大米45g　小班大米50g
	菜品	三色鱼丁　黄瓜10g　胡萝卜5g　鲈鱼55g　麻油酱香鸡肝　鸡肝10g
		莴笋黑木耳　莴笋70g　木耳1g
	汤羹	西湖牛肉羹　荠菜5g　牛肉5g　绢豆腐20g
午点	点心	自制三鲜蒸饺　水饺皮20g　西葫芦10g　鸭蛋8g
		银耳雪梨小米羹　雪梨10g　小米10g　银耳2g　冰糖2g
	水果	砂糖橘　55g
晚餐	菜品	香酥鸭　香酥鸭15g
		鲜虾菌菇鸡蛋面（毛菜汤底）　海鲜菇10g　基围虾35g　鸡蛋15g　面条55g　毛菜50g
睡前	牛奶	150-180ml

过敏食谱

河海鲜：三色肉丁

体弱加餐　鹌鹑蛋

中大班

早点	牛奶	110ml-120ml
	点心	花式饼干　7-8g
午餐	主食	燕麦饭　燕麦5g　中班大米55g　大班大米65g
	菜品	三色鱼丁　黄瓜10g　胡萝卜5g　鲈鱼55g
		麻油酱香鸡肝　鸡肝10g　芝麻酱10g
		莴笋黑木耳　莴笋70g　木耳1g
	汤羹	西湖牛肉羹　荠菜5g　牛肉5g　绢豆腐20g
午点	点心	自制三鲜蒸饺　水饺皮20g　西葫芦10g　鸭蛋8g
		银耳雪梨小米羹　雪梨10g　小米10g　银耳2g　冰糖2g
	水果	砂糖橘　55g
晚餐	菜品	香酥鸭　香酥鸭15g
		鲜虾菌菇鸡蛋面（毛菜汤底）
		海鲜菇10g　基围虾35g　鸡蛋15g
		面条55g　毛菜50g
睡前	牛奶	150-180ml

过敏食谱

河海鲜：三色肉丁

体弱加餐　鹌鹑蛋

星期五

托小班

早点　牛奶　100ml

　　　点心　花式饼干　5-6g

午餐　主食　软米饭　托班大米50g　小班大米55g

　　　菜品　红烧鸭肉圆　鸭胸肉30g　夹心肉10g

　　　　　　洋葱炒蛋　洋葱10g　草鸡蛋20g

　　　　　　蒜蓉空心菜　空心菜75g

　　　汤羹　毛菜麻腐汤　毛菜10g　麻腐20g　虾皮1g

午点　点心　椰蓉面包　椰蓉面包30g

　　　　　　山楂陈皮茶　干山楂1g　陈皮1g　苹果5g　冰糖2g

　　　水果　黑提　45g

晚餐　菜品　爆炒花蛤　花蛤30g

　　　　　　青椒牛肉丝　青圆椒5g　牛肉丝30g

　　　　　　黄瓜胡萝卜　黄瓜60g　胡萝卜10g

　　　　　　罗宋汤　牛心菜10g　土豆5g　洋葱5g　番茄5g　番茄酱4g

睡前　牛奶　150-180ml

体弱加餐　素肠

中大班

早点　牛奶　110ml-120ml

　　　点心　花式饼干　7-8g

午餐　主食　软米饭　中班大米60g　大班大米70g

　　　菜品　红烧鸭翅　鸭翅45g

　　　　　　洋葱炒蛋　洋葱10g　草鸡蛋25g

　　　　　　蒜蓉空心菜　空心菜75g

　　　汤羹　毛菜麻腐汤　毛菜10g　麻腐20g　虾皮1g

午点　点心　椰蓉面包　椰蓉面包30g

　　　　　　山楂陈皮茶　干山楂1g　陈皮1g　苹果5g　冰糖2g

　　　水果　黑提　45g

晚餐　菜品　爆炒花蛤　花蛤30g

　　　　　　青椒牛肉丝　青圆椒5g　牛肉丝30g

　　　　　　黄瓜胡萝卜　黄瓜60g　胡萝卜10g

　　　　　　罗宋汤　牛心菜10g　土豆5g　洋葱5g　番茄5g　番茄酱4g

睡前　牛奶　150-180ml

体弱加餐　素肠

全天候带量食谱一月第二周

（中大班、托小班）

星期一

托小班

过敏食谱

河海鲜：咖喱鸡块

体弱加餐　小素鸡

早点	牛奶	100ml
	点心	花式饼干　5-6g
午餐	主食	软米饭　托班大米50g　小班大米55g
	菜品	红烧杂菜虾仁　泰国河虾仁25g　杂菜3g　番茄炒蛋　鸡蛋30g　番茄酱6g　番茄6g
		百叶丝炒菜苋　菜苋85g　厚百叶丝8g
	汤羹	葱花菌菇萝卜肉皮汤　葱0.5g　羊肚菌3g　松茸菌3g　萝卜6g　肉皮3g
午点	点心	红糖蜂糕　红糖3g　自发粉25g　雀巢奶粉10g　菠菜土豆汤　菠菜6g　土豆4g
	水果	青提　40g
晚餐	菜品	沙茶牛肉　沙茶酱3g　牛肉丝20g　豉汁鲈鱼　豆豉2g　鲈鱼35g　腐竹黄瓜　腐竹4g　黄瓜75g
		茼蒿菜山药汤　茼蒿菜6g　山药6g
睡前	牛奶	150-180ml

中大班

过敏食谱

河海鲜：咖喱鸡块

体弱加餐　小素鸡

早点	牛奶	110ml-120ml
	点心	花式饼干　7-8g
午餐	主食	软米饭　中班大米60g　大班大米70g
	菜品	红烧杂菜虾仁　泰国河虾仁25g　杂菜3g　番茄炒蛋　鸡蛋30g　番茄酱6g　番茄6g
		百叶丝炒菜苋　菜苋85g　厚百叶丝8g
	汤羹	葱花菌菇萝卜肉皮汤　葱0.5g　羊肚菌3g　松茸菌3g　萝卜6g　肉皮3g
午点	点心	红糖蜂糕　红糖3g　自发粉25g　雀巢奶粉10g
		菠菜土豆汤　菠菜6g　土豆4g
	水果	青提　40g
晚餐	菜品	沙茶牛肉　沙茶酱3g　牛肉丝20g
		豉汁鲈鱼　豆豉2g　鲈鱼35g
		腐竹黄瓜　腐竹4g　黄瓜75g
		茼蒿菜山药汤　茼蒿菜6g
		山药6g
睡前	牛奶	150-180ml

星期二

托小班

早点　牛奶　100ml

　　　点心　花式饼干　5-6g

午餐　主食　面条　小班40g

　　　　　　虾饺　虾饺20g

　　　菜品　阿利茄汁宽面　番茄15g　白菜60g　香菇5g　夹心肉30g

　　　　　　　　　　　　　　鸡蛋15g　春笋净6g　番茄酱5g

午点　点心　蜜汁豆干　蜜汁干15g

　　　　　　潮汕鸭肉芋头粥　鸭肉10g　杭白菜5g　糯米5g　大米10g　芋头15g

　　　水果　蓝莓　30g

晚餐　菜品　蜜汁鸭肉　鸭胸25g

　　　　　　芹菜炒墨鱼　芹菜4g　墨鱼20g

　　　　　　香干炒马兰头　香干8g　马兰头70g

　　　　　　芙蓉牛肉羹　香菜1g　牛肉糜4g　鸭蛋4g

睡前　牛奶　150-180ml

体弱加餐　糯米烧卖

中大班

体弱加餐　糯米烧卖

早点　牛奶　110ml-120ml

　　　点心　花式饼干　7-8g

午餐　主食　面条　中班50g　大班60g

　　　菜品　虾饺　虾饺20g

　　　　　　阿利茄汁宽面　番茄15g　白菜60g　香菇5g　夹心肉30g　鸡蛋15g

　　　　　　　　　　　　　　春笋净6g　番茄酱5g

午点　点心　蜜汁豆干　蜜汁干15g

　　　　　　潮汕鸭肉芋头粥　鸭肉10g　杭白菜5g　糯米5g　大米10g　芋头15g

　　　水果　蓝莓　30g

晚餐　菜品　蜜汁鸭腿　鸭腿35g

　　　　　　芹菜炒墨鱼　芹菜4g　墨鱼20g

　　　　　　香干炒马兰头　香干8g　马兰头70g

　　　　　　芙蓉牛肉羹　香菜1g　牛肉糜4g　鸭蛋4g

睡前　牛奶　150-180ml

星期三

托小班

早点	牛奶	100ml
	点心	花式饼干　5-6g
午餐	主食	糙米饭　糙米5g　托班大米45g　小班大米50g
	菜品	红烧鳝丝　茭白4g　鳝丝25g　蒜苗牛肉丝　蒜苗5g　牛肉丝25g
		上汤花菜　花菜80g　千页豆腐5g　红椒4g
	汤羹	荠菜蘑菇豆腐汤　荠菜4g　豆腐20g　蘑菇4g
午点	点心	黑洋酥包　黑洋酥8g　自发粉25g　雀巢奶粉10g
		玉米须茶　玉米须6g　薏米5g
	水果	砂糖橘　40g
晚餐	菜品	秋葵酿虾滑　虾滑20g　秋葵10g　茄汁小肉　腿肉25g
		清炒鸡毛菜　鸡毛菜75g
		西洋菜蘑菇火腿丝汤　西洋菜5g　蘑菇4g　火腿丝4g
睡前	牛奶	150-180ml

> **过敏食谱**
>
> 河海鲜：乳鸽
>
> 体弱加餐　芋艿

中大班

> **过敏食谱**
>
> 河海鲜：乳鸽
>
> 体弱加餐　芋艿

早点	牛奶	110ml-120ml
	点心	花式饼干　7-8g
午餐	主食	糙米饭　糙米5g　中班大米55g　大班大米65g
	菜品	红烧鳝筒　茭白4g　鳝筒45g　蒜苗牛肉丝　蒜苗5g　牛肉丝25g
		上汤花菜　花菜80g　千页豆腐5g　红椒4g
	汤羹	荠菜蘑菇豆腐汤　荠菜4g　豆腐20g　蘑菇4g
午点	点心	黑洋酥包　黑洋酥8g　自发粉25g　雀巢奶粉10g
		玉米须茶　玉米须6g　薏米5g
	水果	砂糖橘　40g
晚餐	菜品	秋葵酿虾滑　虾滑20g　秋葵10g　茄汁小肉　腿肉25g
		清炒鸡毛菜　鸡毛菜75g
		西洋菜蘑菇火腿丝汤　西洋菜5g　蘑菇4g　火腿丝4g
睡前	牛奶	150-180ml

星期四

托小班

过敏食谱

河海鲜：羊排

体弱加餐　奶香刀切

早点　牛奶　100ml

　　　点心　花式饼干　5-6g

午餐　主食　藜麦饭　藜麦5g　托班大米45g　小班大米50g

　　　菜品　糖醋排条　去骨排条25g　白芝麻0.5g　　蒲汁三文鱼　三文鱼35g　芝麻酱7g

　　　　　　芥蓝胡萝卜　芥蓝75g　胡萝卜6g

　　　汤羹　毛菜鸭血粉丝汤　鸡毛菜10g　鸭血5g　粉丝3g

午点　点心　蓝莓提拉蛋糕　低筋粉20g　糖粉3g　黄油5g　蓝莓酱5g

　　　　　　红糖姜片葱白水　红糖3g　葱2g　姜2g

　　　水果　小芭蕉　50g

晚餐　菜品　奥尔良鸡翅　鸡中翅30g　　韭菜炒蛋　韭菜4g　鸡蛋20g　　白灼广东菜心　广东菜心75g

　　　　　　番茄金针菇牛尾汤　番茄4g　金针菇2g　牛尾4g

睡前　牛奶　150-180ml

中大班

早点　牛奶　110ml-120ml

　　　点心　花式饼干　7-8g

午餐　主食　藜麦饭　藜麦5g　中班大米55g　大班大米65g

　　　菜品　糖醋排条　去骨排条25g　白芝麻0.5g　　蒲汁三文鱼　三文鱼35g　芝麻酱7g

　　　　　　芥蓝胡萝卜　芥蓝75g　胡萝卜6g

　　　汤羹　毛菜鸭血粉丝汤　鸡毛菜10g　鸭血5g　粉丝3g

午点　点心　蓝莓提拉蛋糕　低筋粉20g　糖粉3g　黄油5g　蓝莓酱5g

　　　　　　红糖姜片葱白水　红糖3g　葱2g　姜2g

　　　水果　小芭蕉　50g

晚餐　菜品　奥尔良鸡翅　鸡中翅30g　　韭菜炒蛋　韭菜4g　鸡蛋20g

　　　　　　白灼广东菜心　广东菜心75g

　　　　　　番茄金针菇牛尾汤　番茄4g　金针菇2g　牛尾4g

睡前　牛奶　150-180ml

过敏食谱

河海鲜：羊排

体弱加餐　奶香刀切

233

星期五

托小班

早点	牛奶	100ml
	点心	花式饼干　5-6g
午餐	主食	软米饭　托班大米50g　小班大米55g
	菜品	卤汁鹌鹑蛋　鹌鹑蛋20g
		照烧鸡肉饭　去骨鸡腿肉35g　西芹60g　胡萝卜6g
		鸡枞菌6g　照烧酱6g
	汤羹	生菜百叶结豚骨汤　生菜10g　百叶结6g　汤骨5g
午点	点心	什锦荞麦面　培根6g　洋葱6g　木耳0.3g　荞麦面20g
		香甜玉米棒　玉米25g
	水果	灯笼果　35g
晚餐	菜品	炸酱面　胡萝卜5g　黄瓜5g　杏鲍菇5g　腿肉40g　千页豆腐8g　甜面酱2g
		上汤娃娃菜　娃娃菜45g　黑木耳0.3g
睡前	牛奶	150-180ml

体弱加餐　牛肉丸

中大班

体弱加餐　牛肉丸

早点	牛奶	110ml-120ml
	点心	花式饼干　7-8g
午餐	主食	软米饭　中班大米60g　大班大米70g
	菜品	卤汁鹌鹑蛋　鹌鹑蛋20g
		照烧鸡肉饭　去骨鸡腿肉35g　西芹60g　胡萝卜6g　鸡枞菌6g　照烧酱6g
	汤羹	生菜百叶结豚骨汤　生菜10g　百叶结6g　汤骨5g
午点	点心	什锦荞麦面　培根6g　洋葱6g　木耳0.3g　荞麦面20g
		香甜玉米棒　玉米25g
	水果	灯笼果　35g
晚餐	菜品	炸酱面　胡萝卜5g　黄瓜5g　杏鲍菇5g　腿肉40g　千页豆腐8g　甜面酱2g
		上汤娃娃菜　娃娃菜45g　黑木耳0.3g
睡前	牛奶	150-180ml

全天候带量食谱一月第三周

（中大班、托小班）

星期一

托小班

早点　牛奶　100ml

　　　点心　花式饼干　5-6g

午餐　主食　馄饨　小馄饨皮35g　炒饭　大米20g

　　　菜品　荠菜鲜肉馄饨（紫菜开洋汤底）　荠菜15g　青菜35g　夹心肉25g　香菇5g　紫菜0.5g　开洋1g

　　　　　　青瓜蛋炒饭　黄瓜25g　鸡蛋15g　杂菜5g　蟹肉棒5g　蜜汁干　蜜汁干10g

午点　点心　白萝卜牛肉粥　白萝卜10g　牛肉糜5g　大米15g

　　　　　　自制红糖发糕　自发粉10g　红糖2g　无核红枣2g　雀巢奶粉10g

　　　水果　金桔　50g

晚餐　菜品　酱香鸡杂　鸡胗10g　鸡心10g　青椒10g　　双笋虾仁　莴笋5g　春笋5g　虾仁30g

　　　　　　杭白菜小油丁　杭白菜55g　小油丁5g　素罗宋汤　番茄5g　牛心菜5g　土豆5g　洋葱5g　番茄酱5g

睡前　牛奶　150-180ml

中大班

早点　牛奶　110ml-120ml

　　　点心　花式饼干　7-8g

午餐　主食　馄饨　馄饨皮40-50g　炒饭　大米20g

　　　菜品　荠菜鲜肉馄饨（紫菜开洋汤底）　荠菜15g　青菜40g　夹心肉25g　香菇5g　紫菜0.5g　开洋1g

　　　　　　青瓜蛋炒饭　黄瓜25g　鸡蛋15g　杂菜5g　蟹肉棒5g　蜜汁干　蜜汁干10g

午点　点心　白萝卜牛肉粥　白萝卜10g　牛肉糜5g　大米15g

　　　　　　自制红糖发糕　自发粉10g　红糖2g　无核红枣2g　雀巢奶粉10g

　　　水果　金桔　50g

晚餐　菜品　酱香鸡杂　鸡胗10g　鸡心10g　青椒10g

　　　　　　双笋虾仁　莴笋5g　春笋5g　虾仁30g

　　　　　　杭白菜小油丁　杭白菜55g　小油丁5g

　　　　　　素罗宋汤　番茄5g　牛心菜5g　土豆5g

　　　　　　　　　洋葱5g　番茄酱5g

睡前　牛奶　150-180ml

星期二

托小班

早点	牛奶	100ml
	点心	花式饼干　5-6g
午餐	主食	小米饭　小米5g　小班50g
	菜品	秘制口水鸡　香菜2g　白芝麻1g　无骨鸡腿30g
		茄汁松仁鳜鱼　番茄酱5g　鳜鱼30g　松仁3g
		上汤菠菜　菠菜80g　火腿肉1g
	汤羹	娃娃菜肥牛粉丝汤　娃娃菜10g　肥牛5g　粉丝5g
午点	点心	自制玉米刀切　自发粉15g　玉米粉5g　雀巢奶粉10g　日式拉面　拉面10g　西葫芦5g　夹心肉糜5g
	水果	蓝莓　40g
晚餐	菜品	羊排　羊排30g　茄汁蛋酪　鸡蛋30g　杏鲍菇西蓝花　杏鲍菇5g　西蓝花70g
		番茄菌菇豆腐汤　番茄10g　蟹味菇5g　绢豆腐15g
睡前	牛奶	150-180ml

> 过敏食谱
> 河海鲜：茄汁小肉圆
> 体弱加餐　素鸭

中大班

早点	牛奶	110ml-120ml
	点心	花式饼干　7-8g
午餐	主食	小米饭　小米5g　中班55g　大班65g
	菜品	秘制口水鸡　香菜2g　白芝麻1g　无骨鸡腿30g　茄汁松仁鳜鱼　番茄酱5g　鳜鱼30g　松仁3g
		上汤菠菜　菠菜80g　火腿肉1g
	汤羹	娃娃菜肥牛粉丝汤　娃娃菜10g　肥牛5g　粉丝5g
午点	点心	自制玉米刀切　自发粉15g　玉米粉5g　雀巢奶粉10g　日式拉面　拉面10g　西葫芦5g　夹心肉糜5g
	水果	蓝莓　40g
晚餐	菜品	羊排　羊排30g　茄汁蛋酪　鸡蛋30g　杏鲍菇西蓝花　杏鲍菇5g　西蓝花70g
		番茄菌菇豆腐汤　番茄10g　蟹味菇5g　绢豆腐15g
睡前	牛奶	150-180ml

> 过敏食谱
> 河海鲜：茄汁小肉圆
> 体弱加餐　素鸭

星期三

托小班

早点	牛奶	100ml
	点心	花式饼干　5-6g
午餐	主食	软米饭　小班55g
	菜品	蜜汁虾仁　虾仁25g
		话梅小肉　话梅糖5g　梅肉丁25g
		什锦炒素　牛心菜80g　胡萝卜5g　油面筋3g
	汤羹	毛菜蛋花汤　毛菜10g　鸡蛋8g
午点	点心	水果白玉甜羹　猕猴桃5g　橘子5g　小圆子20g　冰糖2g
		自制葱香曲奇　低筋粉8g　黄油8g　糖粉2g　鸡蛋2g　小葱2g
	水果	海南千禧　50g
晚餐	菜品	姜母鸭　鸭块30g　清凉鱼丁　黄瓜10g　鲈鱼35g
		红烧茄子　杭茄70g　山药笋尖乳鸽汤　山药10g　扁尖5g　乳鸽10g
睡前	牛奶	150-180ml

过敏食谱
河海鲜：红烧牛腩
体弱加餐　鸡蛋

中大班

过敏食谱
河海鲜：红烧牛腩
体弱加餐　鸡蛋

早点	牛奶	110ml-120ml
	点心	花式饼干　7-8g
午餐	主食	软米饭　中班60g　大班70g
	菜品	蜜汁基围虾　基围虾50g
		话梅小肉　话梅糖5g　梅肉丁25g
		什锦炒素　牛心菜80g　胡萝卜5g　油面筋3g
	汤羹	毛菜蛋花汤　毛菜10g　鸡蛋8g
午点	点心	水果白玉甜羹　猕猴桃5g　橘子5g　小圆子20g　冰糖2g
		自制葱香曲奇　低筋粉8g　黄油8g　糖粉2g　鸡蛋2g　小葱2g
	水果	海南千禧　50g
晚餐	菜品	姜母鸭　鸭块30g
		清凉鱼丁　黄瓜10g　鲈鱼35g
		红烧茄子　杭茄70g
		山药笋尖乳鸽汤　山药10g　扁尖5g　乳鸽10g
睡前	牛奶	150-180ml

星期四

托小班

早点	牛奶	100ml
	点心	花式饼干　5-6g
午餐	主食	红豆饭　红豆3g　小班52g
	菜品	蛤蜊肉炖蛋　蛤蜊肉10g　鸡蛋25g
		酱爆鸭丁　红圆椒5g　青圆椒5g　鸭胸肉20g
		芹菜炒百叶　芹菜80g　百叶丝5g
	汤羹	三鲜菌菇汤　海鲜菇5g　香菇5g　绢豆腐20g
午点	点心	自制笋丁肉包　自发粉25g　竹笋5g　夹心肉10g　雀巢奶粉10g
		无糖藕粉　枸杞1g　藕粉5g
	水果	砂糖橘　55g
晚餐	菜品	咖喱鸡肉饭　卷心菜30g　胡萝卜10g　西蓝花20g　鸡胸肉30g　咖喱5g
		豆芽炒香干　黄豆芽15g　香干10g
		海带小排汤　海带丝5g　小排15g
睡前	牛奶	150-180ml

体弱加餐　红薯

中大班

早点	牛奶	110ml-120ml
	点心	花式饼干　7-8g
午餐	主食	红豆饭　红豆3g　中班57g　大班67g
	菜品	蛤蜊肉炖蛋　蛤蜊肉10g　鸡蛋25g
		酱爆鸭丁　红圆椒5g　青圆椒5g　鸭胸肉20g
		芹菜炒百叶　芹菜80g　百叶丝5g
	汤羹	三鲜菌菇汤　海鲜菇5g　香菇5g　绢豆腐20g
午点	点心	自制笋丁肉包　自发粉25g　竹笋5g　夹心肉10g　雀巢奶粉10g
		无糖藕粉　枸杞1g　藕粉5g
	水果	砂糖橘　55g
晚餐	菜品	咖喱鸡肉饭　卷心菜30g　胡萝卜10g　西蓝花20g　鸡胸肉30g　咖喱5g
		豆芽炒香干　黄豆芽15g　香干10g
		海带小排汤　海带丝5g　小排15g
睡前	牛奶	150-180ml

体弱加餐　红薯

星期五

托小班

体弱加餐　小刀切

早点	牛奶	100ml
	点心	花式饼干　5-6g
午餐	主食	炒饭　小班55g
	菜品	咖喱牛肉饭　牛腱30g　土豆40g　洋葱10g　胡萝卜10g　芦笋10g　原味咖喱5g
		盐水鹌鹑蛋　鹌鹑蛋20g
	汤羹	芋艿玉米排骨汤　芋艿15g　玉米10g　排骨10g
午点	点心	热狗包　热狗包30g　柠檬薏仁山药水　柠檬5g　薏仁5g　山药5g　冰糖2g
	水果	黑提　50g
晚餐	菜品	莴笋百合目鱼花　莴笋10g　目鱼25g　百合3g　糖醋里脊肉　里脊肉25g
		清炒芦蒿　芦蒿80g　菌菇蛋花汤　蘑菇5g　海鲜菇5g　鸡蛋8g
睡前	牛奶	150-180ml

中大班

早点	牛奶	110ml-120ml
	点心	花式饼干　7-8g
午餐	主食	炒饭　中班60g　大班70g
	菜品	咖喱牛肉饭　牛腱30g　土豆40g　洋葱10g　胡萝卜10g　芦笋10g　原味咖喱5g
		盐水鹌鹑蛋　鹌鹑蛋20g
	汤羹	芋艿玉米排骨汤　芋艿15g　玉米10g　排骨10g
午点	点心	热狗包　热狗包30g　柠檬薏仁山药水　柠檬5g　薏仁5g　山药5g　冰糖2g
	水果	黑提　50g
晚餐	菜品	莴笋百合目鱼花　莴笋10g　目鱼25g　百合3g　糖醋里脊肉　里脊肉25g
		清炒芦蒿　芦蒿80g
		菌菇蛋花汤　蘑菇5g　海鲜菇5g　鸡蛋8g
睡前	牛奶	150-180ml

体弱加餐　小刀切

全天候带量食谱一月第四周

（中大班、托小班）

星期一

托小班

早点	牛奶	100ml
	点心	花式饼干　5-6g
午餐	主食	面条　面条40g　　炒饭　大米15g
	菜品	洋葱鳝丝面　洋葱15g　鳝丝35g　毛菜45g
		海苔蛋炒饭　拌饭海苔2g　花菜25g　鸡蛋15g　方腿5g　香干5g
午点	点心	红枣雪梨杂粮粥　无核红枣2g　雪梨10g　大米10g　杂粮米5g
		自制肉松卷　自发粉15g　肉松5g　雀巢奶粉10g
	水果	金桔　40g
晚餐	菜品	芙蓉鸡片　青圆椒5g　红圆椒5g　鸡胸肉40g　　生菜炒腐竹　生菜70g　腐竹5g
		虾仁豆腐羹　虾仁10g　绢豆腐20g
睡前	牛奶	150-180ml

> 过敏食谱
> **河海鲜：排条面**
> 体弱加餐　鸡胗

中大班

早点	牛奶	110ml-120ml
	点心	花式饼干　7-8g
午餐	主食	面条　面条40-50g　　炒饭　大米20g
	菜品	洋葱鳝丝面　洋葱15g　鳝丝35g　毛菜45g
		海苔蛋炒饭　拌饭海苔2g　花菜25g　鸡蛋15g　方腿5g　香干5g
午点	点心	红枣雪梨杂粮粥　无核红枣2g　雪梨10g　大米10g　杂粮米5g
		自制肉松卷　自发粉15g　肉松5g　雀巢奶粉10g
	水果	金桔　40g
晚餐	菜品	芙蓉鸡片　青圆椒5g　红圆椒5g　鸡胸肉40g
		生菜炒腐竹　生菜70g　腐竹5g
		虾仁豆腐羹　虾仁10g　绢豆腐20g
睡前	牛奶	150-180ml

> 过敏食谱
> **河海鲜：排条面**
> 体弱加餐　鸡胗

星期二

托小班

早点	牛奶	100ml
	点心	花式饼干　5-6g
午餐	主食	软米饭　小班55g
	菜品	大盘鸡　青圆椒10g　鸡块40g
		干煎带鱼（去刺）　带鱼中段35g
		菠菜炒豆皮　菠菜75g　豆皮5g
	汤羹	彩什锦丸子汤　粉条5g　杏鲍菇5g　青菜5g　肉丸5g
午点	点心	自制南瓜豆沙卷　自发粉20g　豆沙8g　雀巢奶粉10g　南瓜5g
		珍珠面疙瘩　面疙瘩8g　番茄5g　生菜5g　鸡蛋5g
	水果	砂糖橘　50g
晚餐	菜品	虎皮蛋　鸡蛋25g　番茄炖牛肉　番茄10g　牛腩20g
		杭白菜小油丁　杭白菜70g　小油丁5g
		山药玉米小排汤　山药10g　玉米棒10g　小排15g
睡前	牛奶	150-180ml

体弱加餐　鹌鹑蛋

中大班

体弱加餐　鹌鹑蛋

早点	牛奶	110ml-120ml
	点心	花式饼干　7-8g
午餐	主食	软米饭　中班60g　大班70g
	菜品	大盘鸡　青圆椒10g　鸡块40g
		干煎带鱼　带鱼中段35g
		菠菜炒豆皮　菠菜75g　豆皮5g
	汤羹	彩什锦丸子汤　粉条5g　杏鲍菇5g　青菜5g　肉丸5g
午点	点心	自制南瓜豆沙卷　自发粉20g　豆沙8g　雀巢奶粉10g　南瓜5g
		珍珠面疙瘩　面疙瘩8g　番茄5g　生菜5g　鸡蛋5g
	水果	砂糖橘　50g
晚餐	菜品	虎皮蛋　鸡蛋25g
		番茄炖牛肉　番茄10g　牛腩20g
		杭白菜小油丁　杭白菜70g　小油丁5g
		山药玉米小排汤　山药10g　玉米棒10g　小排15g
睡前	牛奶	150-180ml

星期三

托小班

早点	牛奶	100ml
	点心	花式饼干 5-6g
午餐	主食	黑米饭 黑米5g 小班50g
	菜品	红烧羊肉 羊肉糜25g 洋葱10g
		蒜叶炒蛋 青蒜叶10g 鸡蛋20g
		葱油莴笋 小葱2g 莴笋65g
	汤羹	冬瓜干贝汤 冬瓜10g 老豆腐10g 干贝2g
午点	点心	自制菌菇包 自发粉25g 蘑菇8g 洋葱8g 黑木耳1g 雀巢奶粉10g
		鸡头米甜汤 干桂花1g 鸡头米10g 冰糖2g
	水果	圣女果 40g
晚餐	菜品	糖醋鲳鱼（去刺） 鲳鱼40g 莲藕鸭丝 莲藕15g 鸭胸20g
		手撕包菜 杭白菜60g 小油丁5g
		番茄肥牛粉丝汤 番茄10g 金针菇5g 粉丝5g 肥牛10g
睡前	牛奶	150-180ml

过敏食谱
河海鲜：冬瓜肉皮汤
体弱加餐 芋艿

中大班

过敏食谱
河海鲜：冬瓜肉皮汤
体弱加餐 芋艿

早点	牛奶	110ml-120ml
	点心	花式饼干 7-8g
午餐	主食	黑米饭 黑米5g 中班55g 大班65g
	菜品	烤羊排 羊排35g 洋葱10g
		蒜叶炒蛋 青蒜叶10g 鸡蛋20g
		葱油莴笋 小葱2g 莴笋65g
	汤羹	冬瓜干贝汤 冬瓜10g 老豆腐10g 干贝2g
午点	点心	自制菌菇包 自发粉25g 蘑菇8g 洋葱8g 黑木耳1g 雀巢奶粉10g
		鸡头米甜汤 干桂花1g 鸡头米10g 冰糖2g
	水果	圣女果 40g
晚餐	菜品	糖醋鲳鱼 鲳鱼40g
		莲藕鸭丝 莲藕15g 鸭胸20g
		手撕包菜番茄 杭白菜60g 小油丁5g
		肥牛粉丝汤 番茄10g 金针菇5g 粉丝5g
睡前	牛奶	150-180ml

星期四

托小班

早点	牛奶	100ml
	点心	花式饼干　5-6g
午餐	主食	软米饭　小班55g
	菜品	菠萝鸭　番茄酱5g　菠萝10g　鸭肉20g
		盐水虾　基围虾40g
		西葫芦炒三丝　西葫芦55g　胡萝卜10g　香菇5g
	汤羹	裙带菜蛋花汤　海带丝5g　鸡蛋5g　绢豆腐10g
午点	点心	鲜蔬片儿汤　芥蓝5g　木耳1g　馄饨皮10g
		葡萄干核桃糕　葡萄干2g　核桃仁5g　红糖2g　自发粉15g
	水果	红提　40g
晚餐	菜品	黑松露鹅肝　黑松露5g　鹅肝25g
		南瓜芝士培根焗饭　南瓜40g　胡萝卜10g　奶酪碎10g　培根15g
		萝卜鲫鱼汤　白萝卜10g　鲫鱼25g
睡前	牛奶	150-180ml

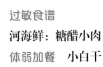

过敏食谱

河海鲜：糖醋小肉

体弱加餐　小白干

中大班

早点	牛奶	110ml-120ml
	点心	花式饼干　7-8g
午餐	主食	软米饭　中班60g　大班70g
	菜品	菠萝鸭　番茄酱5g　菠萝10g　鸭块40g
		盐水虾　基围虾40g
		西葫芦炒三丝　西葫芦55g　胡萝卜10g　香菇5g
	汤羹	裙带菜蛋花汤　海带丝5g　鸡蛋5g　绢豆腐10g
午点	点心	鲜蔬片儿汤　芥蓝5g　木耳1g　馄饨皮10g
		葡萄干核桃糕　葡萄干2g　核桃仁5g　红糖2g　自发粉15g
	水果	红提　40g
晚餐	菜品	黑松露鹅肝　黑松露5g　鹅肝25g
		南瓜芝士培根焗饭　南瓜40g　胡萝卜10g
		奶酪碎10g　培根15g
		萝卜鲫鱼汤　白萝卜10g　鲫鱼25g
睡前	牛奶	150-180ml

过敏食谱

河海鲜：糖醋小肉

体弱加餐　小白干

星期五

托小班

早点	牛奶	100ml
	点心	花式饼干　5-6g
午餐	主食	玉米饭　玉米糁3g　小班52g
	菜品	秋葵炒蛋　秋葵10g　草鸡蛋35g　　肉末豆腐　夹心肉10g　绢豆腐20g
		蒜蓉茼蒿菜　大蒜头2g　茼蒿70g
	汤羹	莲藕乳鸽汤　枸杞1g　莲藕10g　乳鸽15g
午点	点心	羊角包　羊角包30g　　圆葱苹果水　洋葱5g　苹果5g　冰糖2g
	水果	蓝莓　30g
晚餐	菜品	腐乳肉　腐乳汁5g　五花肉25g　　盐水草虾（去壳）　草虾35g
		油焖笋丁　竹笋75g　　丝瓜口蘑汤　丝瓜15g　蘑菇5g　鸡蛋5g
睡前	牛奶	150-180ml

体弱加餐　南瓜饼

中大班

早点	牛奶	110ml-120ml
	点心	花式饼干　7-8g
午餐	主食	玉米饭　玉米糁3g　中班57g　大班67g
	菜品	秋葵炒蛋　秋葵10g　草鸡蛋35g　　肉末豆腐　夹心肉10g　绢豆腐20g
		蒜蓉茼蒿菜　大蒜头2g　茼蒿70g
	汤羹	莲藕乳鸽汤　枸杞1g　莲藕10g　乳鸽15g
午点	点心	羊角包　羊角包30g　圆葱苹果水　洋葱5g　苹果5g　冰糖2g
	水果	蓝莓　30g
晚餐	菜品	腐乳肉　腐乳汁5g　五花肉25g
		盐水草虾　草虾35g
		油焖笋丁　竹笋75g
		丝瓜口蘑汤　丝瓜15g　蘑菇5g
		鸡蛋5g
睡前	牛奶	150-180ml

体弱加餐　南瓜饼

一月份膳食营养分析及小结

（记账法膳食调查评价）

平衡膳食五项标准：

1 热量摄入量占供给量85%—90%为中等，90%以上为好。蛋白质占供给量80%以上。

蛋白质

平均每人摄入量：**50.12**
占平均供给量(%)：**105.96%**

0%　　　　80%

热量

平均每人摄入量：**1461.4**
占平均供给量(%)：**97.43%**

0%　　　　85%　90%

2 蛋白质、脂肪、碳水化合物重量比值为1：1：4-5

3 三大营养素产热量占总热量：蛋白质12-15%，脂肪25-30%，碳水化合物50%-60%：

④ 动物蛋白+豆类蛋白质的摄入量>50%

⑤ 动物食品的热量+豆类食品的热量摄入量>20%

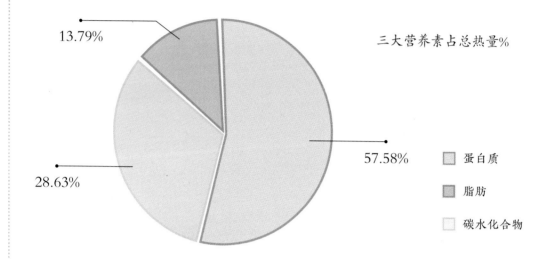

三大营养素占总热量%

13.79%

57.58%

28.63%

☐ 蛋白质

▨ 脂肪

☐ 碳水化合物

	蛋白质	脂肪	碳水化合物
平均每人每日摄入量(克)	50.12	46.25	209.29
比值	1	0.92	4.18
三大营养素产热量(千卡)	200.48	416.25	837.16

动物蛋白+豆类蛋白

摄入量：**29.55**

占总蛋白%：**58.97%**

0%　　　　　50%

动物热量+豆类热量

摄入量：**416.71**

占总热量%：**28.52%**

0%　　　　　20%

全天候带量食谱二月第一周

（中大班、托小班）

星期一

托小班

体弱加餐　鸡蛋

早点	牛奶	100ml
	点心	花式饼干　5-6g
午餐	主食	水饺　水饺皮35g　　炒饭　大米20g
	菜品	五福牛肉水饺　大白菜55g　干香菇2g　夹心肉20g　牛肉15g　开洋2g　玉米粒5g
		什锦炒饭　莴笋15g　鸡蛋15g　杂菜10g　方腿5g
午点	点心	生菜干贝粥　生菜15g　干贝2g　大米15g
		自制燕麦饼干　低筋面粉10g　即食燕麦2g　红糖5g　黄油8g　雀巢奶粉6g
	水果	圣女果　40g
晚餐	菜品	虾仁炒蛋　鸭蛋20g　虾仁20g　　红烧鸡翅　鸡中翅25g
		蘑菇青菜　青菜65g　蘑菇10g　　荠菜肉糜豆腐羹　荠菜10g　肉糜5g　绢豆腐20g
睡前	牛奶	150-180ml

中大班

体弱加餐　鸡蛋

早点	牛奶	110ml-120ml
	点心	花式饼干　7-8g
午餐	主食	水饺　水饺皮40-50g　　炒饭　大米20g
	菜品	五福牛肉水饺　大白菜60g　干香菇2g　夹心肉25g　牛肉15g　开洋2g　玉米粒5g
		什锦炒饭　莴笋15g　鸡蛋15g　杂菜10g　方腿5g
午点	点心	生菜干贝粥　生菜15g　干贝2g　大米15g
		自制燕麦饼干　低筋面粉10g　即食燕麦2g　红糖5g
		黄油8g　雀巢奶粉6g
	水果	圣女果　40g
晚餐	菜品	虾仁炒蛋　鸭蛋20g　虾仁20g
		红烧鸡翅　鸡中翅25g
		蘑菇青菜　青菜65g　蘑菇10g
		荠菜肉糜豆腐羹　荠菜10g　肉糜5g
		绢豆腐20g
睡前	牛奶	150-180ml

247

星期二

托小班

早点	牛奶	100ml
	点心	花式饼干　5-6g
午餐	主食	藜麦饭　藜麦5g　托班大米45g　小班大米50g
	菜品	茄汁鳜鱼片　番茄酱5g　白芝麻2g　鲈鱼60g
		葱爆猪肝　猪肝15g
		芹菜木耳　红圆椒5g　黄椒5g　黑木耳1g　芹菜80g
	汤羹	翡翠龙骨竹荪汤　毛菜15g　平菇5g　竹荪5g　龙骨10g
午点	点心	自制红枣蜂糕　自发粉15g　蜂蜜1g　无核红枣2g　奶粉5g
		菠菜鸡蛋宽面条　菠菜10g　草鸡蛋5g　宽面条15g
	水果	蓝莓　30g
晚餐	菜品	板栗鸭丁　板栗肉10g　鸭胸肉丁30g　黑木耳螺肉　木耳5g　螺肉20g
		蒜蓉娃娃菜　大蒜头2g　娃娃菜70g　番茄香菇蛋汤　番茄15g　香菇5g　鸭蛋10g
睡前	牛奶	150-180ml

体弱加餐　花卷

中大班

早点	牛奶	110ml-120ml
	点心	花式饼干　7-8g
午餐	主食	藜麦饭　藜麦5g　中班大米60g　大班大米65g
	菜品	茄汁鳜鱼片　番茄酱5g　白芝麻2g　鲈鱼60g
		葱爆猪肝　猪肝15g
		芹菜木耳　红圆椒5g　黄椒5g　黑木耳1g　芹菜80g
	汤羹	翡翠龙骨竹荪汤　毛菜15g　平菇5g　竹荪5g　龙骨10g
午点	点心	自制红枣蜂糕　自发粉15g　蜂蜜1g　无核红枣2g　奶粉6g
		菠菜鸡蛋宽面条　菠菜10g　草鸡蛋5g　宽面条15g
	水果	蓝莓　30g
晚餐	菜品	板栗鸭丁　板栗肉10g　鸭胸肉丁30g
		黑木耳螺肉　木耳5g　螺肉20g
		蒜蓉娃娃菜　大蒜头2g　娃娃菜70g
		番茄香菇蛋汤　番茄15g　香菇5g　鸭蛋10g
睡前	牛奶	150-180ml

体弱加餐　花卷

星期三

托小班

早点	牛奶	100ml
	点心	花式饼干　5-6g
午餐	主食	糙米饭　糙米2g　托班大米48g　小班大米53g
	菜品	红烧大明虾　大明虾50g　奶酪碎5g　鲜汁贡丸　贡丸25g
		黄瓜黑木耳　黄瓜70g　黑木耳1g
	汤羹	裙带菜金针豆腐羹　裙带菜2g　虾皮1g　金针菇5g　草菇5g　内酯豆腐20g
午点	点心	自制奶酪卷　自发粉25g　奶酪片8g
		枸杞荸荠山药羹　枸杞1g　荸荠5g　山药5g　黄冰糖2g
	水果	红提　40g
晚餐	菜品	茄汁排条　排条35g
		包菜粉丝炒蛋　包菜15g　粉丝8g　鸡蛋15g
		蒜蓉菠菜　大蒜头2g　菠菜55g
		冬瓜肉片汤　冬瓜20g　猪肉15g
睡前	牛奶	150-180ml

过敏食谱

河海鲜：粉蒸肉

体弱加餐　豆腐干

中大班

早点	牛奶	110ml-120ml
	点心	花式饼干　7-8g
午餐	主食	糙米饭　糙米2g　中班大米63g　大班大米68g
	菜品	红烧大明虾　大明虾50g　奶酪碎5g　鲜汁贡丸　贡丸25g
		黄瓜黑木耳　黄瓜70g　黑木耳1g
	汤羹	裙带菜金针豆腐羹　裙带菜2g　虾皮1g　金针菇5g　草菇5g　内酯豆腐20g
午点	点心	自制奶酪卷　自发粉25g　奶酪片8g
		枸杞荸荠山药羹　枸杞1g　荸荠5g　山药5g　黄冰糖2g
	水果	红提　40g
晚餐	菜品	茄汁排条　排条35g
		包菜粉丝炒蛋　包菜15g　粉丝8g　鸡蛋15g
		蒜蓉菠菜　大蒜头2g　菠菜55g
		冬瓜肉片汤　冬瓜20g　猪肉15g
睡前	牛奶	150-180ml

过敏食谱

河海鲜：粉蒸肉

体弱加餐　豆腐干

星期四

托小班

早点	牛奶	100ml
	点心	花式饼干　5-6g
午餐	主食	软米饭　托班大米50g　小班大米55g
	菜品	三杯鸡　蚝油2g　青圆椒10g　鸡胸30g　香肠炒蛋　香肠5g　鸭蛋20g
		塔菜冬笋　塔菜80g　冬笋10g
	汤羹	娃娃菜虾皮粉丝汤　娃娃菜15g　虾皮2g　粉丝2.5g
午点	点心	自制荠菜肉包　自发粉25g　荠菜5g　夹心肉10g
		缤纷水果羹　枸杞1g　黄冰糖4g　苹果10g　香蕉10g　小西米2g　芋圆5g
	水果	砂糖橘　50g
晚餐	菜品	香菇冬笋目鱼　目鱼20g　香菇5g　冬笋15g　甜面酱5g
		京葱大排面　京葱5g　大排50g　腐竹菠菜　腐竹8g　菠菜70g
睡前	牛奶	150-180ml

过敏食谱

河海鲜：娃娃菜粉丝汤

体弱加餐　红烧牛肉

中大班

早点	牛奶	110ml-120ml
	点心	花式饼干　7-8g
午餐	主食	软米饭　中班大米65g　大班大米70g
	菜品	三杯鸡　蚝油2g　青圆椒10g　鸡腿45g　香肠炒蛋　香肠5g　鸭蛋20g
		塔菜冬笋　塔菜80g　冬笋10g
	汤羹	娃娃菜虾皮粉丝汤　娃娃菜15g　虾皮2g　粉丝2.5g
午点	点心	自制荠菜肉包　自发粉25g　荠菜5g　夹心肉10g
		缤纷水果羹　枸杞1g　黄冰糖4g　苹果10g　香蕉10g　小西米2g　芋圆5g
	水果	砂糖橘　50g
晚餐	菜品	香菇冬笋目鱼　目鱼20g　香菇5g　冬笋15g　甜面酱5g
		京葱大排面　京葱5g　大排50g
		腐竹菠菜　腐竹8g　菠菜70g
睡前	牛奶	150-180ml

过敏食谱

河海鲜：娃娃菜粉丝汤

体弱加餐　红烧牛肉

星期五

托小班

早点	牛奶	100ml
	点心	花式饼干　5-6g
午餐	主食	软米饭　托班大米50g　小班大米55g
	菜品	台式卤肉饭　梅肉20g　五花肉15g　胡萝卜10g　青豆5g　香菇5g　卤豆干10g　牛心菜50g
		盐水鸽蛋　鸽子蛋20g
	汤羹	滑子菇扁尖老鸭汤　滑子菇8g　厚百叶5g　扁尖2g　老鸭15g
午点	点心	红豆面包　红豆面包30g
		莲藕雪梨水　莲藕5g　雪梨10g　冰糖2g
	水果	黑提　45g
晚餐	菜品	盐水鸭胗　鸭胗15g　　芝麻带鱼　芝麻2g　东海带鱼50g
		上汤西葫芦　培根5g　西葫芦75g
		葱香萝卜小排汤　香葱2g　白萝卜15g　小排10g
睡前	牛奶	150-180ml

体弱加餐　麻薯

中大班

体弱加餐　麻薯

早点	牛奶	110ml-120ml
	点心	花式饼干　7-8g
午餐	主食	软米饭　中班大米65g　大班大米70g
	菜品	台式卤肉饭　梅肉20g　五花肉15g　胡萝卜10g　青豆5g　香菇5g
		卤豆干10g　牛心菜50g
		盐水鸽蛋　鸽子蛋20g
	汤羹	滑子菇扁尖老鸭汤　滑子菇8g　厚百叶5g　扁尖2g　老鸭15g
午点	点心	红豆面包　红豆面包30g
		莲藕雪梨水　莲藕5g　雪梨10g　冰糖2g
	水果	黑提　45g
晚餐	菜品	盐水鸭胗　鸭胗15g
		芝麻带鱼　芝麻2g　东海带鱼50g
		上汤西葫芦　培根5g　西葫芦75g
		葱香萝卜小排汤　香葱2g　白萝卜15g　小排10g
睡前	牛奶	150-180ml

全天候带量食谱二月第二周

（中大班、托小班）

星期一

托小班

过敏食谱
河海鲜：什锦蛋炒饭
体弱加餐　鸭丁

早点	牛奶	100ml
	点心	花式饼干　5-6g
午餐	主食	年糕　年糕55g　炒饭　大米20g
	菜品	娃娃菜胡萝卜肉丝汤年糕　娃娃菜60g　胡萝卜10g　肉丝25g　竹笋5g　无锡甜豆干　无锡甜豆干10g
		海鲜蛋炒饭　芦笋15g　红圆椒5g　鸭蛋15g　香葱2g　鱿鱼5g　蚝油2g　香肠5g
午点	点心	燕麦红枣粥　燕麦米5g　糯米5g　无核红枣2g　大米10g
		芝士玉米飞饼　芝士碎8g　黄油2g　玉米粒10g　飞饼15g
	水果	葡萄　40g
晚餐	菜品	肉糜炖蛋　肉糜15g，鸡蛋20g　　红烧昂刺鱼　昂刺鱼35g
		香芹胡萝卜炒千张　西芹65g　千张30g　胡萝卜8g　　西湖牛肉羹　香菜8g　牛肉5g　绢豆腐20g
睡前	牛奶	150-180ml

中大班

过敏食谱
河海鲜：什锦蛋炒饭
体弱加餐　鸭丁

早点	牛奶	110ml-120ml
	点心	花式饼干　7-8g
午餐	主食	年糕　年糕60-70g　炒饭　大米20g
	菜品	娃娃菜胡萝卜肉丝汤年糕　娃娃菜60g　胡萝卜10g　肉丝25g　竹笋5g
		无锡甜豆干　无锡甜豆干10g
		海鲜蛋炒饭　芦笋15g　红圆椒5g　鸭蛋15g　香葱2g　鱿鱼5g　蚝油2g　香肠5g
午点	点心	燕麦红枣粥　燕麦米5g　糯米5g　无核红枣2g　大米10g
		芝士玉米飞饼　芝士碎8g　黄油2g　玉米粒10g　飞饼15g
	水果	葡萄　40g
晚餐	菜品	肉糜炖蛋　肉糜15g，鸡蛋20g
		红烧昂刺鱼　昂刺鱼35g
		香芹胡萝卜炒千张　西芹65g　千张30g
		胡萝卜8g
		西湖牛肉羹　香菜8g　牛肉5g
		绢豆腐20g
睡前	牛奶	150-180ml

星期二

托小班

早点	牛奶	100ml
	点心	花式饼干　5-6g
午餐	主食	高粱饭　高粱米5g　托班大米45g　小班大米50g
	菜品	韭菜炒蛋　韭菜10g　草鸡蛋30g　酱香鸭肫　鸭肫15g
		西蓝花虾皮胡萝卜　西蓝花60g　胡萝卜10g　虾皮5g
	汤羹	番茄鱼丸粉丝汤　番茄20g　金针菇2.5g　鱼丸3.5g　粉丝2.5g
午点	点心	自制萝卜丝包　面粉25g　夹心肉8g　白萝卜20g　小葱2g
		椰香芝麻糊　芝麻糊10g　椰浆5g
	水果	青提　40g
晚餐	菜品	洋葱鱿鱼　洋葱15　鱿鱼20g
		菲力牛排　牛排30g
		蜇皮白菜　奶白菜70g　海蜇12g
		松仁苹果白玉羹　鸡蛋10g　苹果12g　豆腐10g　松子仁3g
睡前	牛奶	150-180ml

过敏食谱

河海鲜：西蓝花胡萝卜

体弱加餐　香干

中大班

过敏食谱

河海鲜：西蓝花胡萝卜

体弱加餐　香干

早点	牛奶	110ml-120ml
	点心	花式饼干　7-8g
午餐	主食	高粱饭　高粱米5g　中班大米60g　大班大米65g
	菜品	韭菜炒蛋　韭菜10g　草鸡蛋30g
		酱香鸭肫　鸭肫15g
		西蓝花虾皮胡萝卜　西蓝花60g　胡萝卜10g　虾皮5g
	汤羹	番茄鱼丸粉丝汤　番茄20g　金针菇2.5g　鱼丸3.5g　粉丝2.5g
午点	点心	自制萝卜丝包　面粉25g　夹心肉8g　白萝卜20g　小葱2g
		椰香芝麻糊　芝麻糊10g　椰浆5g
	水果	青提　40g
晚餐	菜品	洋葱鱿鱼　洋葱15　鱿鱼20g
		菲力牛排　牛排30g
		蜇皮白菜　奶白菜70g　海蜇12g
		松仁苹果白玉羹　鸡蛋10g　苹果12g　豆腐10g　松子仁3g
睡前	牛奶	150-180ml

星期三

托小班

早点	牛奶	100ml
	点心	花式饼干　5-6g
午餐	主食	软米饭　托班大米50g　小班大米55g
	菜品	茨菇烧小肉丁　五花肉30g　茨菇10g
		咸蛋黄焗虾球　咸蛋黄5g　虾仁20g
		麻酱生菜　生菜70g　芝麻酱5g
	汤羹	菌菇素汤　鸡腿菇5g　白灵菇5g　百叶丝5g　杭白菜10g
午点	点心	鲜肉小馄饨　小馄饨皮20g　夹心肉10g　紫菜0.5g　虾皮2g
		巧克力核桃片　巧克力核桃片10g
	水果	海南千禧　40g
晚餐	菜品	嘟嘟鱼头煲　多宝鱼40g　芹菜35g　香干10g
		港式豉油皇炒面　韭黄10g　银芽20g　蚝油4g　香肠10g
		冬瓜虾皮蛋羹　冬瓜15g　虾皮5g　鸡蛋15g
睡前	牛奶	150-180ml

过敏食谱
河海鲜：咸蛋黄炖牛肉
体弱加餐　黑米糕

中大班

早点	牛奶	110ml-120ml
	点心	花式饼干　7-8g
午餐	主食	软米饭　中班大米65g　大班大米70g
	菜品	茨菇烧肉　五花肉30g　茨菇10g　咸蛋黄焗虾球　咸蛋黄5g　虾仁20g
		麻酱生菜　生菜70g　芝麻酱5g
	汤羹	菌菇素汤　鸡腿菇5g　白灵菇5g　百叶丝5g　杭白菜10g
午点	点心	鲜肉小馄饨　小馄饨皮20g　夹心肉10g　紫菜0.5g　虾皮2g
		巧克力核桃片　核桃片10g
	水果	海南千禧　40g
晚餐	菜品	嘟嘟鱼头煲　多宝鱼40g　芹菜35g　香干10g
		港式豉油皇炒面　韭黄10g　银芽20g
		蚝油4g　香肠10g
		冬瓜虾皮蛋羹　冬瓜15g　虾皮5g
		鸡蛋15g
睡前	牛奶	150-180ml

过敏食谱
河海鲜：咸蛋黄炖牛肉
体弱加餐　黑米糕

星期四

托小班

早点	牛奶	100ml
	点心	花式饼干　5-6g
午餐	主食	红豆饭　红豆5g　托班大米45g　小班大米50g
	菜品	杏鲍菇牛肉丝　菠萝10g　杏鲍菇5g　洋葱5g　牛肉35g
		胡萝卜熘肝尖　猪肝15g　胡萝卜5g　青椒茭白丝　青圆椒10g　茭白60g　素肠15g
	汤羹	豆苗草菇豆腐羹　豆苗15g　草菇5g　内酯豆腐15g
午点	点心	自制南瓜刀切　面粉25g　日本南瓜8g　雀巢奶粉6g　丝瓜蛋花开洋汤　丝瓜10g　草鸡蛋5g　开洋3g
	水果	红提　40g
晚餐	菜品	板栗烧鸡肉粒　草鸡50g　栗子10g
		干贝芦笋　干贝10g　芦笋20g
		清炒茼蒿　茼蒿60g
		菌菇大白菜锅巴汤　大白菜10g　海鲜菇10g　锅巴5g
睡前	牛奶	150-180ml

体弱加餐　蛋酪

中大班

早点	牛奶	110ml-120ml
	点心	花式饼干　7-8g
午餐	主食	红豆饭　红豆5g　中班60g　大班65g
	菜品	杏鲍菇牛肉片　菠萝10g　杏鲍菇5g　洋葱5g　牛肉35g
		胡萝卜熘肝尖　猪肝15g　胡萝卜5g
		青椒茭白丝　青圆椒10g　茭白60g　素肠15g
	汤羹	豆苗草菇豆腐羹　豆苗15g　草菇5g　内酯豆腐15g
午点	点心	自制南瓜刀切　面粉25g　日本南瓜8g　雀巢奶粉6g
		丝瓜蛋花开洋汤　丝瓜10g　草鸡蛋5g　开洋3g
	水果	红提　40g
晚餐	菜品	板栗烧鸡　草鸡50g　栗子10g
		干贝芦笋　干贝10g　芦笋20g
		清炒茼蒿　茼蒿60g
		菌菇大白菜锅巴汤　大白菜10g　海鲜菇10g　锅巴5g
睡前	牛奶	150-180ml

体弱加餐　蛋酪

星期五

托小班

早点　牛奶　100ml

　　　点心　花式饼干　5-6g

午餐　主食　软米饭　托班大米50g　小班大米55g

　　　菜品　味嘟嘟咖喱鸡肉饭　咖喱4g　芥蓝50g　土豆10g　杂菜5g　鸡胸肉30g　卤汁干10g

　　　　　　茄汁鸽蛋　番茄酱7g　鸽蛋20g

　　　汤羹　冬瓜竹笋小排汤　竹笋5g　冬瓜15g　黑木耳1g　小排15g

午点　点心　菠萝包　菠萝包30g

　　　　　　红豆薏米水　红豆5g　薏仁米2g　山芋5g　冰糖2g

　　　水果　香蕉　50g

晚餐　菜品　蜜汁叉烧　叉烧酱4g　芝麻1g　梅肉20g　龙井虾仁　茶叶2g　虾仁30g

　　　　　　针菇炒菠菜　菠菜70g　金针菇10g　番茄蛋汤　番茄20g　鸡蛋10g

睡前　牛奶　150-180ml

体弱加餐　米饼

中大班

体弱加餐　米饼

早点　牛奶　110ml-120ml

　　　点心　花式饼干　7-8g

午餐　主食　软米饭　中班大米65g　大班大米70g

　　　菜品　味嘟嘟咖喱鸡肉饭　咖喱4g　芥蓝50g　土豆10g　杂菜5g

　　　　　　　　　　　　　　　鸡胸肉30g　卤汁干10g

　　　　　　茄汁鸽蛋　番茄酱7g　鸽蛋20g

　　　汤羹　冬瓜竹笋小排汤　竹笋5g　冬瓜15g　黑木耳1g　小排15g

午点　点心　菠萝包　菠萝包30g

　　　　　　红豆薏米水　红豆5g　薏仁米2g　山芋5g　冰糖2g

　　　水果　香蕉　50g

晚餐　菜品　蜜汁叉烧　叉烧酱4g　芝麻1g　梅肉20g

　　　　　　龙井虾仁　茶叶2g　虾仁30g

　　　　　　针菇炒菠菜　菠菜70g　金针菇10g

　　　　　　番茄蛋汤　番茄20g　鸡蛋10g

睡前　牛奶　150-180ml

全天候带量食谱二月第三周

（中大班、托小班）

星期一

托小班

早点	牛奶	100ml
	点心	花式饼干　5-6g
午餐	主食	馄饨　馄饨皮40g　　炒饭　大米20g
	菜品	三鲜馄饨（紫菜虾皮汤底）　腿肉30g　竹笋5g　胡萝卜10g　娃娃菜60g
		鲍鱼什锦炒饭　小鲍鱼肉8g　香肠5g　青椒5g　茭白10g　洋葱2g
午点	点心	香甜南瓜粥　大米10g　糯米5g　日本南瓜10g　冰糖2g
		自制葱香曲奇　低筋面粉10g　小葱2g　黄油8g
	水果	青提　40g
晚餐	菜品	红烧多宝鱼　多宝鱼35g　　海带排骨　海带20g　肋排35g
		双色花菜　花菜50g　西蓝花50g　胡萝卜10g
		大白菜鱼骨粉皮汤　大白菜20g　粉皮15g
睡前	牛奶	150-180ml

过敏食谱
河海鲜：香肠时蔬蛋炒饭
体弱加餐　草虾

中大班

早点	牛奶	110ml-120ml
	点心	花式饼干　7-8g
午餐	主食	馄饨　馄饨皮50-60g　　炒饭　大米20g
	菜品	三鲜馄饨（紫菜虾皮汤底）　腿肉30g　竹笋5g　胡萝卜10g　娃娃菜60g
		鲍鱼什锦炒饭　小鲍鱼肉8g　香肠5g　青椒5g　茭白10g　洋葱2g
午点	点心	香甜南瓜粥　大米10g　糯米5g　日本南瓜10g　冰糖2g
		自制葱香曲奇　低筋面粉10g　小葱2g　黄油8g
	水果	青提　40g
晚餐	菜品	红烧多宝鱼　多宝鱼35g
		海带排骨　海带20g　肋排35g
		双色花菜　花菜50g　西蓝花50g　胡萝卜10g
		大白菜鱼骨粉皮汤　大白菜20g　粉皮15g
睡前	牛奶	150-180ml

过敏食谱
河海鲜：香肠时蔬蛋炒饭
体弱加餐　草虾

星期二

托小班

早点	牛奶	100ml
	点心	花式饼干　5-6g
午餐	主食	软米饭　托班大米50g　小班大米55g
	菜品	培根炒蛋　培根5g　草鸡蛋25g
		柠香鱼片　柠檬5g　黑鱼50g
		空心菜百叶丝　空心菜70g　百叶丝5g
	汤羹	青蒜龙骨豆腐汤　青大蒜5g　内酯豆腐20g　龙骨10g
午点	点心	自制萝卜牛肉包　面粉30g　胡萝卜5g　牛肉15g
		水果银耳羹　白心火龙果10g　苹果5g　银耳2g　黄冰糖2g　紫薯5g
	水果	葡萄　40g
晚餐	菜品	番茄滑蛋　番茄10g　鸡蛋25g
		咖喱土豆牛肉　牛腩35g　土豆20g
		火腿卷心菜　卷心菜60g　火腿肉5g
		菠菜粉丝虾皮汤　菠菜20g　虾皮5g　粉丝2.5g
睡前	牛奶	150-180ml

过敏食谱
河海鲜：牛肉丸
体弱加餐　鸡胗

中大班

早点	牛奶	110ml-120ml
	点心	花式饼干　7-8g
午餐	主食	软米饭　中班大米65g　大班大米70g
	菜品	培根炒蛋　培根5g　草鸡蛋25g
		柠香鱼片　柠檬5g　黑鱼50g
		空心菜百叶丝　空心菜70g　百叶丝5g
	汤羹	青蒜龙骨豆腐汤　青大蒜5g　内酯豆腐20g　龙骨10g
午点	点心	自制萝卜牛肉包　面粉30g　胡萝卜5g　牛肉15g
		水果银耳羹　白心火龙果10g　苹果5g　银耳2g　黄冰糖2g　紫薯5g
	水果	葡萄　40g
晚餐	菜品	番茄滑蛋　番茄10g　鸡蛋25g
		咖喱土豆牛肉　牛腩35g　土豆20g
		火腿卷心菜　卷心菜60g　火腿肉5g
		菠菜粉丝虾皮汤　菠菜20g　虾皮5g　粉丝2.5g
睡前	牛奶	150-180ml

过敏食谱
河海鲜：牛肉丸
体弱加餐　鸡胗

星期三

托小班

早点　牛奶　100ml

　　　点心　花式饼干　5-6g

午餐　主食　黑米饭　黑米5g　托班大米45g　小班大米50g

　　　菜品　三鲜烩牛肉　番茄15g　干香菇5g　牛肉50g

　　　　　　蟹柳腰果西蓝花　蟹肉15g　西蓝花20g　腰果5g

　　　　　　清炒米苋　米苋 65g

　　　汤羹　生菜豆衣蛋花汤　生菜15g　豆腐衣5g　草鸡蛋5g

午点　点心　奶香玉米披萨　中筋粉15g　粟米10g　芝麻2g　奶酪碎15g　奶粉2.5g

　　　　　　蓬蒿菜片儿汤　蓬蒿菜10g　小馄饨皮10g

　　　水果　蜜柑　50g

晚餐　菜品　素鸭　素鸭20g　　黄瓜丁炒虾仁　黄瓜15g　虾仁25g

　　　　　　青菜香菇　青菜70g　香菇10g　　口菇山药豆腐汤　山药15g　口菇10g　绢豆腐15g

睡前　牛奶　150-180ml

过敏食谱

河海鲜：胡萝卜炒西蓝花

体弱加餐　鹌鹑蛋

中大班

早点　牛奶　110ml-120ml

　　　点心　花式饼干　7-8g

午餐　主食　黑米饭　黑米5g　托班大米60g　小班大米65g

　　　菜品　三鲜烩牛肉　番茄15g　干香菇5g　牛肉50g

　　　　　　蟹柳腰果西蓝花　蟹肉15g　西蓝花20g　腰果5g

　　　　　　清炒米苋　米苋 65g

　　　汤羹　生菜豆衣蛋花汤　生菜15g　豆腐衣5g　草鸡蛋5g

午点　点心　奶香玉米披萨　中筋粉15g　粟米10g　芝麻2g　奶酪碎15g　奶粉2.5g

　　　　　　蓬蒿菜片儿汤　蓬蒿菜10g　小馄饨皮10g

　　　水果　蜜柑　50g

晚餐　菜品　素鸭　素鸭20g

　　　　　　黄瓜丁炒虾仁　黄瓜15g　虾仁25g

　　　　　　青菜香菇　青菜70g　香菇10g

　　　　　　口菇山药豆腐汤　山药15g　口菇10g

　　　　　　　　　　　绢豆腐15g

过敏食谱

河海鲜：胡萝卜炒西蓝花

体弱加餐　鹌鹑蛋

睡前　牛奶　150-180ml

星期四

托小班

早点	牛奶	100ml
	点心	花式饼干　5-6g
午餐	主食	燕麦饭　燕麦5g　托班大米45g　小班大米50g
	菜品	铁板蒜蓉虾仁　大蒜头2g　虾仁20g
		盐水鸭　鸭胸肉25g
		京素什锦　黄豆芽15g　黑木耳5g　莲藕30g　芦笋30g
	汤羹	三鲜汤　大白菜15g　肉丝8g　冬笋5g　百叶丝5g　虾米1g　肉皮8g
午点	点心	香椿猪肝粥　香椿2g　猪肝5g　大米15g
		香蕉飞饼　香蕉10g　飞饼15g
	水果	圣女果　40g
晚餐	菜品	萝卜炖肉　白萝卜25g　夹心肉15g　卤味鸡胗　鸡胗10g
		黄芽菜肉丝海鲜年糕　黄芽菜50g　肉丝15g　蟹肉10g　冬笋10g
睡前	牛奶	150-180ml

体弱加餐　芋艿

中大班

体弱加餐　芋艿

早点	牛奶	110ml-120ml
	点心	花式饼干　7-8g
午餐	主食	燕麦饭　燕麦5g　中班大米60g　大班大米65g
	菜品	铁板蒜蓉虾　大蒜头2g、基围虾40g
		盐水鸭　鸭块40g
		京素什锦　黄豆芽15g　黑木耳5g　莲藕30g　芦笋30g
	汤羹	三鲜汤　大白菜15g　肉丝8g　冬笋5g　百叶丝5g
		虾米1g　肉皮8g
午点	点心	香椿猪肝粥　香椿2g　猪肝5g　大米15g
		香蕉飞饼　香蕉10g　飞饼15g
	水果	圣女果　40g
晚餐	菜品	萝卜炖肉　白萝卜25g　夹心肉15g
		卤味鸡胗　鸡胗10g
		黄芽菜肉丝海鲜年糕　黄芽菜50g　肉丝15g　蟹肉10g　冬笋10g
睡前	牛奶	150-180ml

星期五

托小班

体弱加餐　黄金糕

早点　牛奶　100ml

　　　点心　**花式饼干**　5-6g

午餐　主食　**软米饭**　托班大米50g　小班大米55g

　　　菜品　**上海菜饭**　花王菜20g　荠菜40g　胡萝卜5g　五花肉25g　咸肉4g

　　　　　　五香豆干鹌鹑蛋　鹌鹑蛋15g　豆干10g

　　　汤羹　**番茄土豆乳鸽汤**　番茄10g　土豆10g　乳鸽15g

午点　点心　**羊角包**　羊角包30g　　**雪梨芦根甘蔗水**　雪梨5g　芦根2g　甘蔗10g

　　　水果　**蓝莓**　30g

晚餐　菜品　**烤亲亲肠**　亲亲肠10g　　**清蒸鸦片鱼（去刺）**　鸦片鱼50g

　　　　　　炒合菜　土豆30g　芹菜30g　甜椒15g　　**南瓜疙瘩汤**　南瓜25g　小麦粉10g　鸡蛋5g

睡前　牛奶　150-180ml

中大班

早点　牛奶　110ml-120ml

　　　点心　**花式饼干**　7-8g

午餐　主食　**炒饭**　中班大米65g　大班大米70g

　　　菜品　**上海菜饭**　花王菜20g　荠菜40g　胡萝卜5g　五花肉25g　咸肉4g

　　　　　　五香豆干鹌鹑蛋　鹌鹑蛋15g　豆干10g

　　　汤羹　**番茄土豆乳鸽汤**　番茄10g　土豆10g　乳鸽15g

午点　点心　**羊角包**　羊角包30g　雪梨芦根甘蔗水　雪梨5g　芦根2g　甘蔗10g

　　　水果　**蓝莓**　30g

晚餐　菜品　**烤亲亲肠**　亲亲肠10g　　**清蒸鸦片鱼**　鸦片鱼50g

　　　　　　炒合菜　土豆30g　芹菜30g　甜椒15g

　　　　　　南瓜疙瘩汤　南瓜25g　小麦粉10g

　　　　　　鸡蛋5g

睡前　牛奶　150-180ml

体弱加餐　黄金糕

261

全天候带量食谱二月第四周

（中大班、托小班）

星期一

托小班

早点	牛奶	100ml
	点心	花式饼干　5-6g
午餐	主食	血糯米饭　血糯米5g　托班大米45g　小班大米50g
	菜品	木须肉　腿肉20g　木耳0.1g　黄瓜2g　　松鼠鲈鱼　鲈鱼50g　松子3g
		胡萝卜炒鸡毛菜　胡萝卜4g　鸡毛菜90g
	汤羹	莲藕蘑菇蛋花汤　蘑菇6g　莲藕8g　鸡蛋6g
午点	点心	抹茶核桃卷　抹茶粉0.5g　核桃仁3g　自发粉25g　奶粉5g
		丝瓜毛豆腐竹汤　丝瓜8g　毛豆肉4g　腐竹3g
	水果	巨峰葡萄　40g
晚餐	菜品	脆皮乳鸽　乳鸽30g　　燕皮蛋饺　蛋饺20g　　番茄西葫芦　番茄15g　西葫芦75g
		菠菜油豆腐粉丝汤　菠菜10g　油豆腐5g　粉丝3g
睡前	牛奶	150-180ml

过敏食谱
河海鲜：牛排
体弱加餐　牛肉丸

中大班

早点	牛奶	110ml-120ml
	点心	花式饼干　7-8g
午餐	主食	血糯米饭　血糯米5g　中班大米60克　大班大米65克
	菜品	木须肉　腿肉20g　木耳0.1g　黄瓜2g　　松鼠鲈鱼　鲈鱼50g　松子3g
		胡萝卜炒鸡毛菜　胡萝卜4g　鸡毛菜90g
	汤羹	莲藕蘑菇蛋花汤　蘑菇6g　莲藕8g　鸡蛋6g
午点	点心	抹茶核桃卷　抹茶粉0.5g　核桃仁3g　自发粉25g　奶粉5g
		丝瓜毛豆腐竹汤　丝瓜8g　毛豆肉4g　腐竹3g
	水果	巨峰葡萄　40g
晚餐	菜品	脆皮乳鸽　乳鸽30g　　燕皮蛋饺　蛋饺20g
		番茄西葫芦　番茄15g　西葫芦75g
		菠菜油豆腐粉丝汤　菠菜10g　油豆腐5g
		粉丝3g
睡前	牛奶	150-180ml

过敏食谱
河海鲜：牛排
体弱加餐　牛肉丸

星期二

托小班

早点　牛奶　100ml

　　　点心　花式饼干　5-6g

午餐　主食　乌冬面　乌冬面40g

　　　　　　黑糯米糕　黑糯米糕30g

　　　菜品　鸽蛋　鸽蛋25g

　　　　　　日式炒乌冬　牛肉片20g　韭菜50　银芽20g　青椒10g　胡萝卜6g

　　　汤羹　生菜裙带菜猪骨味噌汤　生菜10g　裙带菜5g　筒骨6g　味噌酱4g

午点　点心　蜜汁豆干　蜜汁豆腐干20g　芋艿　芋艿10g

　　　　　　三丁粥（杏鲍菇、莴笋、肉丁）　杏鲍菇6g　莴笋8g　腿肉4g　大米15g

　　　水果　小芭蕉　50g

晚餐　菜品　豆豉银鳕鱼　银鳕鱼25g　爆炒鸭胗　鸭胗25g

　　　　　　蚝油生菜　生菜85g　番茄榨菜山药汤　番茄5g　山药10g　榨菜3g

睡前　牛奶　150-180ml

体弱加餐　鹅肝

中大班

早点　牛奶　110ml-120ml

　　　点心　花式饼干　7-8g

午餐　主食　乌冬面　乌冬面50-60g

　　　　　　黑糯米糕　黑糯米糕30g

　　　菜品　鸽蛋　鸽蛋25g

　　　　　　日式炒乌冬　牛肉片20g　韭菜50g　银芽20g　青椒10g　胡萝卜6g

　　　汤羹　生菜裙带菜猪骨味噌汤　生菜10g　裙带菜5g　筒骨6g　味噌酱4g

午点　点心　蜜汁豆干　蜜汁豆腐干20g　芋艿　芋艿10g

　　　　　　三丁粥（杏鲍菇、莴笋、肉丁）　杏鲍菇6g　莴笋8g　腿肉4g　大米15g

　　　水果　小芭蕉　50g

晚餐　菜品　豆豉银鳕鱼　银鳕鱼25g　爆炒鸭胗　鸭胗25g

　　　　　　蚝油生菜　生菜85g　番茄榨菜山药汤　番茄5g　山药10g　榨菜3g

睡前　牛奶　150-180ml

体弱加餐　鹅肝

星期三

托小班

早点	牛奶	100ml
	点心	花式饼干　5-6g
午餐	主食	软米饭　托班大米50g　小班大米55g
	菜品	蒜苗炒肉丝　蒜苗6g　腿肉20g
		响油鳝丝　鳝丝30g　平菇炒菠菜　平菇8g　菠菜95g
	汤羹	番茄冬瓜扁尖汤　番茄5g　冬瓜10g　扁尖2g
午点	点心	芝士培根卷　自发粉25g　芝士片6g　培根4g　葛根粉　葛根粉15g
	水果	青提　40g
晚餐	菜品	土豆炖牛肉　土豆4g　牛腩30g
		洋葱炒蛋　洋葱5g　鸡蛋20g
		地三鲜　土豆20g　刀豆30g　茄子30g
		白菜菌菇麻腐汤　白菜8g　金针菇2g　蘑菇2g　麻腐4g
睡前	牛奶	150-180ml

过敏食谱

河海鲜：酱乳鸽

体弱加餐　葱油鸡翅

中大班

过敏食谱

河海鲜：酱乳鸽

体弱加餐　葱油鸡翅

早点	牛奶	110ml-120ml
	点心	花式饼干　7-8g
午餐	主食	软米饭　中班大米65克　大班大米70克
	菜品	蒜苗炒肉丝　蒜苗6g　腿肉20g　红烧鳝筒　鳝筒45g
		平菇炒菠菜　平菇8g　菠菜95g
	汤羹	番茄冬瓜扁尖汤　番茄5g　冬瓜10g　扁尖2g
午点	点心	芝士培根卷　自发粉25g　芝士片6g　培根4g
		葛根粉　葛根粉15g
	水果	青提　40g
晚餐	菜品	土豆炖牛肉　土豆4g　牛腩30g
		洋葱炒蛋　洋葱5g　鸡蛋20g
		地三鲜　土豆20g　刀豆30g　茄子30g
		白菜菌菇麻腐汤　白菜8g　金针菇2g　蘑菇2g　麻腐4g
睡前	牛奶	150-180ml

星期四

托小班

早点	牛奶	100ml
	点心	花式饼干　5-6g
午餐	主食	玉米饭　玉米糁3g　托班大米47g　小班大米52g
	菜品	蛤蜊炖蛋　蛤蜊肉10g　鸡蛋20g　　陈皮鸭肉丁　鸭胸肉30g　陈皮1g
		双菇炒双花　西蓝花40g　花菜40g　香菇6g　秀珍菇6g
	汤羹	荠菜豆腐虾米汤　荠菜6g　内酯豆腐25g　虾米3g
午点	点心	红枣蒸南瓜　无核红枣2g　南瓜20g
		娃娃菜木耳方腿年糕汤　娃娃菜10g　木耳0.2g　方腿6g　年糕25g
	水果	千禧番茄　40g
晚餐	菜品	腐乳汁小排　腐乳汁3g　小排30g　　三色鱼片　杂菜5g　黑木耳0.1g　鱼片20g
		清炒油麦菜　油麦菜85g　　香菜粉皮鱼头汤　香菜3g　粉皮3g　鱼头5g
睡前	牛奶	150-180ml

过敏

河海鲜：肉糜炖蛋

体弱加餐　米馒头

中大班

早点	牛奶	110ml-120ml
	点心	花式饼干　7-8g
午餐	主食	玉米饭　玉米糁3g　中班大米62g　大班大米67g
	菜品	蛤蜊炖蛋　蛤蜊肉10g　鸡蛋20g　　陈皮鸭腿　鸭腿45g　陈皮1g
		双菇炒双花　西蓝花40g　花菜40g　香菇6g　秀珍菇6g
	汤羹	荠菜豆腐虾米汤　荠菜6g　内酯豆腐25g　虾米3g
午点	点心	红枣蒸南瓜　无核红枣2g　南瓜20g　娃娃菜木耳方腿年糕汤　娃娃菜10g　木耳0.2g　方腿6g　年糕25g
	水果	千禧番茄　40g
晚餐	菜品	腐乳汁小排　腐乳汁3g　小排30g
		三色鱼片　杂菜5g　黑木耳0.1g　鱼片20g
		清炒油麦菜　油麦菜85g
		香菜粉皮鱼头汤　香菜3g　粉皮3g
		鱼头5g
睡前	牛奶	150-180ml

过敏

河海鲜：肉糜炖蛋

体弱加餐　米馒头

星期五

托小班

早点	牛奶	100ml
	点心	花式饼干　5-6g
午餐	主食	烩饭　大米50g　　红糖馒头　红糖馒头15g
	菜品	泰式菠萝炒饭　鸡胸肉35g　青虾仁15g　西芹30g　牛心菜40g　胡萝卜6g　凤梨肉8g　腊肉4g
		手撕红糖馒头
	汤羹	茼蒿芋艿老鸭汤　茼蒿菜8g　芋艿8g　老鸭净8g
午点	点心	戚风蛋糕　戚风蛋糕30g
		百香果甜橙水　百香果2g　甜橙20g　冰糖3g
	水果	姑娘果　35g
晚餐	菜品	芹菜水饺　水饺皮15g　芹菜50g　肉糜30g　香菇5g　粟米5g
		大素鸡　素鸡20g
		番茄白玉菇蛋花汤　番茄10g　白玉菇5g　鸡蛋8g
睡前	牛奶	150-180ml

体弱加餐　粉蒸肉

中大班

体弱加餐　粉蒸肉

早点	牛奶	110ml-120ml
	点心	花式饼干　7-8g
午餐	主食	烩饭　大米50-60g　　红糖馒头　红糖馒头15g
	菜品	泰式菠萝炒饭　鸡胸肉35g　青虾仁15g　西芹30g　牛心菜40g
		胡萝卜6g　凤梨肉8g　腊肉4g
		手撕红糖馒头
	汤羹	茼蒿芋艿老鸭汤　茼蒿菜8g　芋艿8g　老鸭净8g
午点	点心	戚风蛋糕　戚风蛋糕30g
		百香果甜橙水　百香果2g　甜橙20g　冰糖3g
	水果	姑娘果　35g
晚餐	菜品	芹菜水饺　水饺皮15g　芹菜50g　肉糜30g　香菇5g　粟米5g
		大素鸡　素鸡20g
		番茄白玉菇蛋花汤　番茄10g　白玉菇5g　鸡蛋8g
睡前	牛奶	150-180ml

二月份膳食营养
分析及小结
（记账法膳食调查评价）

平衡膳食五项标准：

1 热量摄入量占供给量85%—90%为中等，90%以上为好。蛋白质占供给量80%以上。

蛋白质
平均每人摄入量：**50.05**
占平均供给量(%)：**105.82%**

0%　　　　　80%

热量
平均每人摄入量：**1417.55**
占平均供给量(%)：**94.50%**

0%　　　　85%　90%

2 蛋白质、脂肪、碳水化合物重量比值为1：1：4-5

3 三大营养素产热量占总热量：蛋白质12-15%，脂肪25-30%，碳水化合物50%-60%：

④ 动物蛋白+豆类蛋白质的摄入量>50%

⑤ 动物食品的热量+豆类食品的热量摄入量>20%

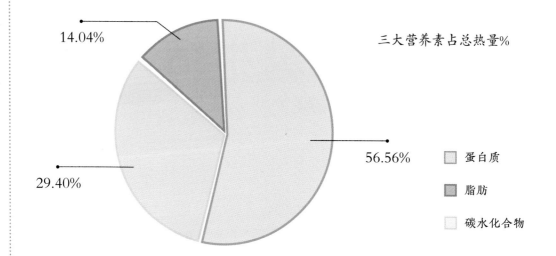

三大营养素占总热量%

14.04%

29.40%

56.56%

☐ 蛋白质

▨ 脂肪

☐ 碳水化合物

	蛋白质	脂肪	碳水化合物
平均每人每日摄入量(克)	50.05	46.57	201.6
比值	1	0.93	4.03
三大营养素产热量(千卡)	200.2	419.13	806.4

【动物蛋白+豆类蛋白】

摄入量：**28.55**
占总蛋白%：**57.04%**

0%　　　　　50%

【动物热量+豆类热量】

摄入量：**382.11**
占总热量%：**26.96%**

0%　　　　　20%

徐汇区托幼机构
创新食谱推荐

2023

丝瓜虾仁盅

推荐适用幼儿年龄段：

3岁以上人群

原料配比：

丝瓜300g、虾700g（三七配比）、蒜、料酒、盐

制作步骤：

1. 丝瓜洗净去皮、切成小段；鲜虾洗净去壳、留尾、去沙线备用。
2. 丝瓜用小刀挖掉一部分瓤，做成丝瓜盅。
3. 用刀在顶部，来回斜刀切出小花边；余料可以留着做汤用。
4. 卷起虾肉，塞在处理好的丝瓜盅里，再在每跟丝瓜段上面摆放一只虾呈现造型。
5. 将蒜、料酒、盐制作成调味料，增鲜美味。
6. 虾仁丝瓜盅进行摆盘，放入锅蒸8-10分钟即可出锅。

烹饪过程建议与意见：

1. 丝瓜尽量挑选粗支一些，有助于蒸熟之后保留原有的汤汁勾芡，保存味道更鲜美。
2. 注意煮的时间不宜过长，避免把虾仁蒸老。

· 推荐园所 ·

上海市徐汇区东安一村幼儿园

推荐理由：

　　每每换季，3-6岁的幼儿容出现易胃口等都先反复和变化，因此，我们可以在食谱中提供一些以低脂、低盐、多维、清淡为主。丝瓜虾仁盅中虾肉味美、蛋白质含量高，脂肪含量低，易被人体消化吸收，具有滋阴明目、软坚、益精润脏的作用。丝瓜性凉、味甘，具有清热、解毒、有止咳化痰、凉血止血等功效，因此这特别适宜幼儿夏季以及换季时候食用，具有润五脏、止消渴、养阳养心的功效。此外，丰富的钙元素帮助幼儿补充钙质，有助于幼儿促进骨骼的生长发育。

推荐适用幼儿年龄段：

3-6岁

大桔大利
——橘子馒头

原料配比：

面粉350、克胡萝卜150克、南瓜50克、菠菜50克

制作步骤：

1. 先把胡萝卜、南瓜切成片，菠菜切碎，分别加水煮熟并捞出后，用破壁机或者料理机分别打成泥。
2. 分别在胡萝卜泥、南瓜泥、菠菜泥中加入面粉，和成面团并发酵。
3. 将胡萝卜面团捏成一瓣一瓣"橘肉"，再捏拢组合成"橘子"形状。
4. 将南瓜、白面面团分别擀圆形皮，放点油黏在一起。
5. 用面皮把"橘子"包裹起来，再用菠菜面团捏成梗形状插入装饰。
6. 用牙签戳几下表现橘皮，放蒸箱里蒸煮15-20分钟完成。

烹饪过程建议与意见：

馒头蒸好后别急着取出，关火焖一会，可以保证馒头的口感以及表面不回缩。

· 推荐园所 ·

上海市徐汇区东安一村幼儿园

推荐理由：

胡萝卜，是为数不多的橙色蔬菜之一，幼儿品尝后可以有效补充人体所需要的维生素A，对保护视力和皮肤都有好处。橘子颜色好看，胡萝卜和南瓜是营养价值非常丰富的蔬菜。将馒头搭配胡萝卜汁做成橘子的造型，不仅颜值高能吸引幼儿进食乐趣，里面的南瓜、胡萝卜、菠菜汁中锁住的蔬菜价值也一并获取。

黄金白玉球

推荐适用幼儿年龄段：

2-6岁

原料配比：

肉糜150g、鹌鹑蛋100g、黄小米15g、枸杞少许
（一个黄金白玉球肉糜30g、鹌鹑蛋20g、黄小米3g、枸杞
1粒）

制作步骤：

1. 小米在水中浸泡3小时备用，小葱切圈，姜切末
2. 鹌鹑蛋先放在锅中煮熟，之后剥皮备用。
3. 在剁好的肉馅中加入切好的小葱和姜，适量盐、生抽、黄酒、
   搅拌均匀后倒入食用油，搅匀腌制5分钟。
4. 将肉馅放在手中摊平，把剥好的鹌鹑蛋放在肉馅上，包成球状
5. 将浸泡好的小米沥出水分，包好的肉丸在小米上滚几圈，使肉
   丸表面裹满小米粒。
6. 在丸子上插入枸杞点缀后放在蒸锅中，水开后蒸15分钟出锅

烹饪过程建议与意见：

1. 肉糜也可以换成水产类的虾泥或者禽类的鸭肉泥等，可塑性强
2. 菜肴最后也可以进行调酱汁勾芡，味道更浓郁鲜美。

· 推荐园所 ·

上海市徐汇区果果幼儿园

推荐理由：

　　黄金白玉球食材选择健康营养，运用
较易操作的烹饪方法，把一个鹌鹑蛋的原
汁原味都保留在了鲜嫩的猪肉中，确保营
养的最大化。

　　用小米制成的金黄色外皮包裹着肉
馅，喷香的肉丸中又带着小米的清爽，中
心是Q弹的鹌鹑蛋，不油不腻，恰到好处。

推荐适用幼儿年龄段：

2-6岁

可可栗子酥

原料配比：

炼乳40g、低筋粉120g、白芝麻10g、熟栗子仁80g、阿华田4g、牛奶少许（一个可可栗子酥：炼乳5g、低筋粉15g、白芝麻0.2g、熟栗子仁10g、阿华田0.5g、 牛奶0.5ml）

制作步骤：

1. 板栗剥壳煮熟，加少许牛奶压成泥，搓成小圆子大小。
2. 蛋黄和炼乳搅拌均匀
3. 低筋面粉加入阿华田粉过筛一遍
4. 将蛋黄炼奶倒入过筛后的粉，用刮刀翻拌成无干粉的团。
5. 包上保鲜膜送入冰箱冷藏30分钟。
6. 面团取出分成8份，包入栗子仁，搓尖顶部，整形成栗子形状
7. 底部刷上少许蛋清，沾上白芝麻
8. 烤箱160度，烘烤18分钟。

· 推荐园所 ·

上海市徐汇区果果幼儿园

推荐理由：

这款金秋限定美食是满满板栗馅儿的可可栗子酥，外层是曲奇的口感，内里软糯。板栗是秋日的季节性食物，它既是种子又是果实，被誉为"秋果之王"，营养丰富，能在秋冬天起到养心安神，健脾补肾气的作用，可可栗子酥这个点心外脆内软，造型可爱，色香味俱全，在每年10-12月十分适合学龄期儿童食用，孩子们吃起来特别舒爽！

秋日栗子烧菓子

2023 学年
徐汇区托幼机构创新菜

推荐适用幼儿年龄段：

3-6岁幼儿

原料配比：

每位幼儿：（根据幼儿年龄特点适量增减）

栗子肉6g、可可粉1g、低筋粉12g、白芝麻0.5g、黄油1.5g、鸡蛋2g、绵白糖1.5g、蜂蜜1.5g

制作步骤：

1. 选择饱满光泽、口感香甜的圆栗；选择色泽洁白、后味香醇的白芝麻；选择绵密细软、微黄透明的天然洋槐蜜。

2. 黄油软化，待用；炼乳中加入鸡蛋液，充分搅拌均匀后加入黄油待用；低筋面粉中筛入可可粉，倒入鸡蛋液、炼乳、黄油混合物，揉成团；圆栗煮熟打碎，加适量蜂蜜和绵白糖待用；（中大班幼儿采用煮熟的一小颗圆栗肉）

3. 取适量搅拌好的面团搓圆压平；包入做好的栗子馅（圆栗肉），搓揉成团；用各种栗子模具压成形，用手稍揉搓变得更加立体；底部沾上白芝麻；放入烤箱150度20分钟烘烤完成。

烹饪过程建议与意见：

1. 本道点心制作过程中将圆栗打成泥，混合了少许栗子碎，增加了口感的同时更加适合幼龄儿童咀嚼吞咽，在为中大班儿童制作时，可以放入一整颗小圆栗肉，让小朋友在吃的过程中进一步了解栗子的不同形状。

2. 烘烤过程中，注意控制烤箱温度，温度过高会造成点心表面开裂，影响感官，也会造成表面过干过硬，不利于幼儿咀嚼。

3. 表面压花模具较为扁平，在压制后，需将栗子烧果子拿起稍微搓圆，使得外形更加立体、生动。

· 推荐园所 ·

上海市徐汇区汇霖幼儿园

推荐理由：

一、食材选择：

1、多层口感，激发味蕾；

本次选取了香甜粉糯的新鲜圆栗作为主要材料。它富含不饱和脂肪酸和维生素C含量丰富。可以健脾养胃、润肺止咳、促进视力发育，提高免疫力。

二、创意塑形，自主挑选

选择了多种模具作为造型供幼儿自主挑选，富有童趣。

秋日缤纷包

原料配比：

自发粉25 克、南瓜5 克、火龙果5 克、栗子馅15 克、白砂糖2 克

制作步骤：

1. 南瓜蒸熟，火龙果榨汁备用。
2. 将南瓜揉进自发粉里，搅拌成絮状，揉成光滑的面团，用火龙果汁制作火龙果面团。
3. 面剂子擀成薄片，分别放入栗子馅料，做出造型。
4. 面醒发 20 分钟，水开上锅蒸 10 分钟左右，焖三分钟即可。

烹饪过程建议与意见：

揉面过程中加入少许食用油，可使面团表面更加光滑，造型更加精致。

· 推荐园所 ·
上海市徐汇区机关建国幼儿园

推荐理由：

栗子不仅含有大量淀粉，而且含有丰富的蛋白质、脂肪、B族维生素等多种营养成分，能供给人体较多的热能，并能帮助脂肪代谢，具有健脾养胃、强筋健骨、补充营养等作用。南瓜具有促进生长发育、利尿通便、保护胃黏膜等功效。

制作出来的点心外观小巧可爱，馅料细腻，适合幼儿食用。

秋色宜人

2023 学年
徐汇区托幼机构创新菜

推荐适用幼儿年龄段：

2-3 岁

原料配比：

芒果40克、红腰豆（熟）2克、青豆2克、黑虎虾仁40克

制作步骤：

1. 黑虎虾仁加入淀粉、盐、油后抓拌腌制。
2. 芒果对半切开，将芒果肉挖出放入榨汁机榨汁。
3. 起锅烧水，水烧开后放入虾仁烫熟，捞出。
4. 开水中放入青豆，滴少许油保持颜色，煮熟后捞出。
5. 开水中放入红腰豆，烫一下后捞出。
6. 起锅放入少许水，水开后放入刚打好的芒果汁，搅拌均匀后加入水淀粉。
7. 烧至芒果酱冒泡后放入烫熟的虾仁，让每只虾均匀地裹上芒果酱后盛出，摆盘，放入青豆、红腰豆点缀。

烹饪过程建议与意见：

在锅内适当翻炒，让每只虾均匀地裹上芒果酱，使其颜色金黄，味道鲜美，激发幼儿食欲。

· 推荐园所 ·

上海市徐汇区机关建国幼儿园

推荐理由：

　　芒果富含糖类、维生素、蛋白质、硒、钙、磷、钾、铁、膳食纤维等，营养价值很高，常吃能起到帮助消化、润肠通便、祛痰止咳等功效。虾仁含有丰富的蛋白质。有促进生长发育、改善贫血，保护视力、增强免疫力的功效，适宜于儿童食用。

　　水果与菜肴的融合，新颖有特色。手工制作的芒果酱汁酸甜可口，能够提升幼儿的食欲。

推荐适用幼儿年龄段:

3-6岁

豆腐布朗尼

原料配比:

内酯豆腐240g、黑巧克力60g、可可粉20g、中筋面粉30g、牛奶15g、玉米淀粉10g、鸡蛋60g、蜂蜜20g、糖50g

制作步骤:

1. 黑巧克力融化,倒入热牛奶,搅拌均匀。
2. 取蛋液。
3. 空盆中倒入内酯豆腐、牛奶巧克力浆、蛋液、蜂蜜、糖,搅拌均匀至无颗粒感。
4. 倒入可可粉、中筋面粉,继续搅拌至无结块。
5. 倒入烤盘中,平铺均匀。
6. 烤箱预热180℃,放入烤箱烤至成形。
7. 取出切成适合幼儿食用的小块。
8. 放入烤箱烤至全熟。

烹饪过程建议与意见:

1. 可以根据儿童喜好添加水果、坚果等食材,增加口感和风味
2. 在倒入可可粉和中筋面粉之前,将两种粉末过筛,防止结块。
3. 根据烤箱性能和食材厚度调整烘烤时间,确保完全熟透。

· 推荐园所 ·

上海市徐汇区康沁幼儿园

推荐理由:

内酯豆腐的加入让布朗尼的质地变得更加绵密细腻,湿润且清爽,口感丰富又有层次感。巧克力浓郁的香气可以消除内酯豆腐的豆腥气。与牛奶融合,使布朗尼的气味更醇厚甜香。烤制后表面形成一层薄薄的脆皮,呈现浓郁的深棕色,外形饱满而略带光泽,膨胀松软的质地,看着就有想要咬一口的冲动。

内酯豆腐富含蛋白质、钙质和膳食纤维,巧克力富含碳水化合物、脂肪及抗氧化剂。这种组合使得布朗尼能够提供均衡的营养比例及丰富的营养素,更符合幼儿生长发育的需求。

豆腐布朗尼制作步骤相对简单,适合在幼儿园等集体用餐单位制作。

香橙银鳕鱼块

2023 学年
徐汇区托幼机构创新菜

推荐适用幼儿年龄段：

3-6岁

原料配比：

银鳕鱼中段300g、香橙200g、鸡蛋60g、葱3g、姜1g、淀粉50g、水200ml、盐0.5g、料酒15ml、油2ml

制作步骤：

1. 橙子2/3挤出橙汁，1/3切片备用。
2. 空盘中放入银鳕鱼、橙汁、葱、姜、料酒、盐混合均匀。
3. 放入橙子片一同腌制入味。
4. 取蛋液，搅拌均匀后，取一半，银鳕鱼依次裹上全蛋液、淀粉。
5. 锅中刷少量油，银鳕鱼放入锅中煎至成形，盛出备用。
6. 另一半全蛋液倒入淀粉内，继续搅拌，制成蛋粉糊。
7. 蛋粉糊倒入锅中，小火煮黏稠。
8. 放入银鳕鱼，熟透后收汁出锅。

烹饪过程建议与意见：

1. 银鳕鱼本身含有少量盐分，腌制时适当减少盐量的使用。
2. 在制作蛋粉糊时，可适量加入牛奶，以增加口感和香气。
3. 煮蛋粉糊时，用小火慢慢煮，以免粘锅或煮糊。
4. 银鳕鱼肉质较嫩，不宜频繁翻动，避免鱼块破碎。

· 推荐园所 ·

上海市徐汇区康沁幼儿园

推荐理由：

这道菜肴从银鳕鱼腌制起就加入了鲜榨的橙汁与橙片，使香橙与银鳕鱼充分融合，去除银鳕鱼腥味的同时增加了橙子特有的酸甜口感。香煎瞬间锁住了银鳕鱼中的水分与香气，让肉质外酥里嫩并伴有果香。最后用橙汁勾薄芡，使菜肴颜色更为鲜亮。色、香、味都十分适合幼儿对于食物的喜好，能够激发幼儿的进食兴趣。

银鳕鱼富含优质蛋白质和不饱和脂肪酸，以及促进大脑发育的EPA和DHA，有益于幼儿的生长发育。橙子富含维生素C，常吃能够增强免疫力，帮助儿童抵抗疾病。

2023 学年
徐汇区托幼机构创新菜

踏雪寻梅

原料配比：

原料：目鱼50g-100g、鸡蛋清100g、牛奶100ml、鱼子酱少许

调料：料酒2g、盐1g、湿生粉50g、味精0.5g、胡椒粉少许

制作步骤：

1. 将目鱼切成小粒，用盐、生粉和胡椒粉腌一下，再起油锅把目鱼粒滑油成熟待用。

2. 在蛋清里放入少许牛奶和湿淀粉搅拌均匀。

3. 起锅烧热，放入油，烧至1-2成倒入蛋清，用勺子轻轻翻动，当芙蓉蛋清浮上来即可取出。

4. 在锅中烧热放入少许油，加入料酒、盐、胡椒粉、味精调味，再倒入鱼子酱、目鱼粒和芙蓉蛋清翻炒一下，用湿淀粉勾芡即可装盆。

烹饪过程建议与意见：

制作芙蓉时牛奶、蛋清、湿淀粉的比值1:1:0.5，先放牛奶和蛋清搅拌均匀，然后再放湿淀粉，油温要低，大致是1-2成左右倒入芙蓉液，不断搅拌，避免粘底。

· 推荐园所 ·

上海市徐汇区科技幼儿园

推荐理由：

目鱼含丰富的蛋白质，也含有碳酸钙、壳角质、粘液质，及少量氯化钠、磷酸钙、镁盐等，有滋补肝肾，养血，通经，明目功效。通过食用目鱼，可以达到提高免疫力，健脑，增强记忆力。

此菜色泽白中透红，口感鲜嫩丝滑，值得尝试。

柿柿如意

推荐适用幼儿年龄段：

3-6岁

原料配比：

主料：自发粉250克+30克（制作叶子）、南瓜泥140-150克、糖10克、枣泥馅50克、抹茶粉2克、清水15毫升

工具：剪刀、刮板

制作步骤：

1. 先将南瓜切片隔水蒸好。待其放凉后（30℃-40℃左右）和面粉、糖拌匀成柳絮状后用双手将面团揉匀，盖上保鲜膜醒发30分钟。

2. 另用一个碗把抹茶粉和面粉放在一起加少量水拌匀后用保鲜膜包好醒发30分钟备用。

3. 把枣泥分成大小均匀的小圆球大约每个4-5克之间备用。

4. 南瓜面团醒好后，再次将面团排气揉成长条，分成若干个小面剂（20克左右）。

5. 取出面剂中的3克面团放在一边，把17克左右的面团揉圆，用大拇指放在面团当中不停地转圈使面团成为一个凹字形。然后用刮板在面团外（平均）压出四条线作为柿子的纹路（要压地深点哦）。把前面剩余的3克面团揉圆后用大拇指压出两边薄中间厚的圆形，大小和之前做的面团一致。

6. 再取绿色的面团2克左右做成柿子上的叶子。揉圆压成圆形，用剪刀或手捏出叶子的形状，粘少许水把叶子蘸在盖子的顶上。

7. 在凹形面坯中放入事先准备好的枣泥，把盖子放在边上，醒发20分钟后，水开入锅蒸8分钟左右取出。

· 推荐园所 ·

上海市徐汇区科技幼儿园

烹饪过程建议与意见：

因使用的是自发粉，面团醒发20分钟左右即可。时间过长，面粉容易发酸。

推荐理由：

南瓜内含有维生素和果胶，富有B1胡萝卜素。膳食纤维。钾、镁、锌。铅等各种维生素。南瓜有助于人体增强免疫力。促进生长发育、预防便秘等。红枣具有健脾益胃、补血益气等作用，制成枣泥后很适合幼儿食用。

托斯卡纳奶油虾

原料配比：

食材：大虾仁200克、奶油80克

辅料：白芯火龙果、牛油果、红、黄圣女果适量

调料：白葡萄酒5g、黄油5g、黑胡椒少许、橄榄油10g、盐2g、糖2g、欧芹碎少许

制作步骤：

1. 虾仁开虾背去虾线，加入盐、黑胡椒碎、橄榄油抓匀腌制好备用。
2. 各种水果改刀成小丁，水烧开下水果烫熟备用。
3. 热锅下橄榄油，下虾仁把两面煎至变色夹出备用。
4. 锅中下黄油，喷白葡萄酒炒香煮，加入奶油80克小火煮浓稠下虾仁、黑胡椒碎，拌匀，再放水果翻炒均出锅撒上欧芹碎即可。

烹饪过程建议与意见：

锅里下黄油喷白葡萄酒爆香后，放入牛奶烧制时要换小火慢慢煮至浓稠，不能用大火。

· 推荐园所 ·

上海市徐汇区科技幼儿园

推荐理由：

虾含有20％的蛋白质，是蛋白质含量很高的食品之一，含有的氨基酸种类、数量和比例都比较合适人体吸收，是优质蛋白质的良好来源。并富含钙、碘等矿物质，尤其是虾皮含有丰富的钙，能提供幼儿成长所需的蛋白质、钙等多种营养素。

猪肉芝士蘑菇堡

推荐适用幼儿年龄段：

2-6岁

原料配比：

口蘑150g、猪肉糜100克、洋葱50克、光芋艿30克、芝士1片、圣女果10克、生抽、老抽各2克，胡椒粉、盐少许，水100克。

制作步骤：

1. 食材洗净，蘑菇去根备用。
2. 猪肉糜中加入适量生抽、盐调味，搅打上劲。
3. 依次将洋葱、芋艿、圣女果、芝士片切成小丁，洋葱切成末备用。
4. 锅中加入适量食用油。油热放入洋葱丁煸炒爆香后，放入芋艿丁、猪肉糜煸炒，放入生抽、胡椒粉、盐调色调味。
5. 蘑菇馅炒熟出锅，装盘备用。
6. 洗净的蘑菇放入平锅中煎香一面，边缘变色后关火翻面。
7. 把炒好的蘑菇馅料填入蘑菇盖中，锅中加入少许盐水盖盖焖煮3到5分钟。
8. 放上芝士片、圣女果丁，加盖焖至芝士融化，即可出锅装盘。

烹饪过程建议与意见：

填好蘑菇馅料后加入温盐水可使蘑菇易入味。

煎煮过程中翻面需关火，口蘑易出汁，时间不宜过长。

· 推荐园所 ·

上海市徐汇区科技幼儿园

推荐理由：

　　洋葱能够促进胃肠蠕动及消化腺的分泌，增进食欲，促进消化。口蘑中含有硒、钙、镁、锌等十几种微量元素且含大量植物纤维，通便排毒。芋艿是秋季的时令蔬菜，增加了蘑菇馅软糯的口感。汉堡造型孩子易接受，喜爱度高。

森林之王

推荐适用幼儿年龄段:

2-6岁

原料配比:

鸡蛋6个、无蔗糖酸奶165克、玉米油75克、低筋面粉120克、玉米淀粉36克、细砂糖60克

制作步骤:

1. 分离蛋清蛋黄,蛋清放冰箱冷藏
2. 玉米油加酸奶拌匀至乳化筛入低筋面粉和玉米淀粉拌匀
3. 加入蛋黄搅拌拌匀
4. 蛋清加糖打发至8分发
5. 将一半的蛋清糊倒入蛋黄糊搅拌均匀后倒回蛋清糊中轻轻搅拌均匀
6. 蛋糕糊装入裱花袋,挤入纸杯中8分满即可
7. 放入烤箱150度烤约45分钟
8. 蛋糕出炉晾凉,表面撒上肉松做出小狮子造型

烹饪过程建议与意见:

蛋清糊和蛋黄糊搅拌时一定轻轻搅拌避免消泡。
蛋糕烤完焖5分钟再拿出这样烤的蛋糕才不会开裂回缩。

· 推荐园所 ·

上海市徐汇区科技幼儿园

推荐理由:

　　酸奶蛋白质含量高气味奶香,蛋糕口感绵软,肉松鲜香。
　　造型可爱孩子容易接受。

蔬菜山药饼

2023 学年
徐汇区托幼机构创新菜

推荐适用幼儿年龄段：

3-6岁幼儿

原料配比：

每位幼儿：（根据幼儿年龄特点适量增减）

1. 铁棍山药150g
2. 面粉15g
3. 胡萝卜20g
4. 粟米粒20g

青豆20g

制作步骤：

将铁棍山药蒸熟后压成泥，加入胡萝卜碎、粟米粒、青豆，加入15g面粉揉成团，取一小块压成饼状，刷油后放至笼屉蒸15-20分钟即可完成。

烹饪过程建议与意见：

若该点心想提供给托班幼儿，可将杂菜切至细末再加入山药泥中，便于托班幼儿食用，防止呛咳。

· 推荐园所 ·

上海市徐汇区乐山幼儿园

推荐理由：

　　山药与杂菜中含有丰富的胡萝卜素，在体内可转化为有助于保护视力的维生素A，且山药中的胆碱和卵磷脂有效促进大脑皮层的发育，而淀粉酶可以健脾和胃、辅助消化，有助于幼儿的免疫力提高。在操作上便捷、快速，能够投入到日常幼儿午点中，故此推荐。

2023 学年
徐汇区托幼机构创新菜

大吉（桔）大利
——橘子大福

推荐适用幼儿年龄段：

2-6岁

原料配比：

分量：8个

材料：山药250g、砂糖橘8个、椰蓉适量、炼乳适量、糯米粉适量

制作步骤：

1. 山药去皮后切段
2. 放入盘子里上锅蒸熟
3. 取出蒸透的山药，用勺子碾压成山药泥
4. 在山药泥里加入适量糯米粉、炼乳搅拌均匀上锅蒸熟
5. 把砂糖橘全部剥皮
6. 取山药泥搓成球然后压扁，中间放上橘子
7. 用虎口将山药泥向上推，直到包拢再搓圆
8. 最后粘一层椰蓉
9. 对半切开，漂亮的橘子大福就做好了

烹饪过程建议与意见：

1. 山药去皮时，记得戴手套，不然会粘手也容易会让手发痒
2. 大福里面的水果可以替换成草莓等幼儿喜欢的水果，冷藏后味道更好
3. 山药品种没有要求，当然不同品种或产地，含水量可能有差异，如果太干不能搓成团，可以逐步加少量牛奶来调节黏度

· 推荐园所 ·

上海市徐汇区龙华幼儿园

推荐理由：

　　橘子大福做法非常简单，用山药替代了本身的糯米外皮，热量降低的同时，丝毫不影响美味。内心包入水果之后，又增加了清新自然的口感，白色山药外衣搭配上里面包的水果，切开后有着明显的颜色反差，颜值很高。山药口感绵软，还被称为食中之药，山药有健脾益胃，润肺止咳，增强免疫力的作用，山药中含有大量的淀粉酶，多酚氧化酶，维生素等物质，为幼儿补充身体所需的多种营养成分，促进幼儿的大脑和骨骼发育。橘子含有丰富的维生素C，可以预防感冒、促进消化，非常适合秋冬季品尝。所以这个搭配组合，还是很有创意的。

多彩蘑菇包

推荐适用幼儿年龄段:

30-36个月月龄的托班幼儿

原料配比:

紫薯2个、奶粉1包、面粉1包、炼乳1瓶、白砂糖1包、水一瓶

制作步骤:

1. 紫薯切块蒸熟。自发粉（100克）、水（50克）揉成团，醒发（10分钟）备用。

2. 蒸熟的紫薯（50克）、面粉（100克）、水（20克）中，醒发（10分钟）备用。

3. 紫薯（100克）、炼乳（3克）、白砂糖（3克）、奶粉（3克），搅拌成馅料备用。

4. 白面团和紫薯面团（7克）下剂，擀成圆皮。

5. 紫饼上小孔，紫饼和白饼叠放加馅料（4克）做蘑菇头形状。

6. 取白面团（2.5克），搓成条制作蘑菇蒂。

7. 蘑菇包放盘中，醒发至1.5倍大，蒸熟即可。

烹饪过程建议与意见:

1. 食材新鲜度：选新鲜食材，确保食物美观和口感。

2. 面团制作：揉面团要求至面滑、有弹性，确保蘑菇包外皮韧性足够、内部柔软。

3. 馅料均匀分配：包蘑菇包时，确保面团贴合均匀，避免气泡和裂口，馅料分配均匀以保持色彩多样性。

4. 创意装饰：尝试不同蘑菇形状和装饰，增添创意元素。使用额外面团制作蘑菇帽或菌褶，增强蘑菇包的真实感。

· 推荐园所 ·

上海市徐汇区龙山幼儿园

推荐理由:

1. 摆盘特色：以饼干屑为泥土，蘑菇摆放其中，象征破土而出，向阳生长。

2. 形状特点：精致小巧，适合抓握。口感软糯，便于自主进食。

3. 营养特色：点心内馅选用五谷粗粮，富含微量元素，营养均衡。处理成沙泥状，口感细腻、甜度适中，与蘑菇包色彩搭配。

4. 制作特点：点心馅料采用常见易买到的食材，制作过程简单蒸煮，适合家庭亲子合作，有推广价值。

30-36个月月龄的托班幼儿

菠菜鲜虾圈

2023 学年
徐汇区托幼机构创新菜

原料配比：

菠菜50克、基围虾6个、鸡蛋2个、小麦淀粉10克、黑芝麻适量、糖适量、盐适量

制作步骤：

1. 将基围虾去壳去虾线。
2. 鸡蛋打入碗中，做到蛋黄和蛋清分离。
3. 菠菜去根洗净，焯水后备用。
4. 将菠菜、虾和蛋清一起放入粉碎机中，搅拌至泥状。
5. 加入10克小麦淀粉，少量糖、盐，搅拌均匀后将混合物装入裱花袋中。
6. 在盘上挤出菜泥形成一个小圈，接着将蛋黄倒入这个小圈中，撒上适量的黑芝麻，然后进蒸箱蒸熟即可。

烹饪过程建议与意见：

1. 制作这道菜品时要确保食材新鲜，尤其是虾的新鲜度直接影响食物的口感。
2. 在制作菜泥时，要确保将蛋清、虾和菠菜充分混合均匀，加入适量的小麦淀粉，以赋予菜肴所需的黏稠度，菜泥的均匀混合能确保菠菜鲜虾圈外脆内嫩。
3. 还可以尝试用不同的形状进行制作，独特富有营养，又具创新的菠菜鲜虾圈更能深受孩子的喜爱。

· 推荐园所 ·

上海市徐汇区龙山幼儿园

推荐理由：

1. 年龄特点：托班幼儿。

2. 摆盘特色：菠菜鲜虾圈摆盘独具创意，食材取自制作过程的原材料，吸引幼儿关注并展示原始食材来源。

3. 形状特点：精致小巧的外观，像小圆环一般，方便托班幼儿抓握和自主进食，提供愉悦的口感和视觉享受。

4. 营养特色：菠菜鲜虾圈融合多种食材，提供均衡营养。蔬菜提供维生素和纤维，蛋和虾提供高质量蛋白质。多元化的食材确保幼儿获得全面营养，健康快乐进餐。

5. 制作特点：菠菜鲜虾圈使用常见易采购的食材，制作简单，适合亲子合作，同时教育幼儿有关食物制作和健康饮食的知识，值得推广。

推荐适用幼儿年龄段:

3-6岁

水晶胡萝卜棒

原料配比:

玉米淀粉100g、南瓜100g、芹菜梗50g、自发粉200g、水100g、糖30g

制作步骤:

水晶胡萝卜棒:

先把南瓜切丁蒸熟,和玉米粉拌在一起,捏成形后再插上芹菜梗。

小白兔包:

自发粉和水,糖揉成团,醒发半小时,再做造型。

· 推荐园所 ·

上海市徐汇区梅陇幼儿园

推荐理由:

南瓜能够为机体补充丰富的膳食纤维,进而能够促进肠道蠕动,维持良好的肠道微生态,对于预防和治疗便秘的好处会非常的明显;也能够为机体提供丰富的β-胡萝卜素,对于提高视力水平、缓解视疲劳,和增进皮肤的细腻程度,作用会非常的明显;补充碳水化合物,提供能量,在缓解疲劳、恢复体力方面的功效会比较明显;提高肌肉力量和缓解疲劳。

栗蓉秋虫遇见莓香米糕

推荐适用幼儿年龄段：

托小班

原料配比：

大米粉100克、糯米粉35克、白糖10克、酵母2克、温水适量、草莓酱9克、栗子蓉6克、食用油少许、芹菜24克、阳光葡萄21克、黑芝麻6粒

制作步骤：

1. 取大米粉100克、糯米粉35克、白糖10克、酵母2克，加温水，搅拌至粘稠糊，醒发30分钟。

2. 给模具内里刷薄薄一层油，避免米糊粘连。将发酵好的米糊搅动排气，依次往模具内倒入米糊，爱心模具内倒入一半左右的米糊，圆形模具内倒入三分之一左右的米糊。送入蒸箱，蒸20分钟，焖5分钟后取出。

3. 将煮熟的美芹叶切段，铺入栗子蓉；再用美芹切出细丝，做"秋虫"的触角；葡萄上划小口，插入"触角"，用糯米粉（边角料）和黑芝麻做出"秋虫"的眼睛。

4. 取圆形米糕，在中间部分填入栗子蓉，将米糕竖立做成"秋虫"的身体，装盘。

5. 将草莓酱挤入爱心米糕的中心凹槽，用勺子将草莓酱铺平，莓香米糕完成。

烹饪过程建议与意见：

现在厨师所用的大米粉和糯米粉的比例适当，米糕做到了软糯适中，适合幼儿咀嚼，米糕制作方法简单易操作，造型可爱、受到幼儿的喜爱，也能确保幼儿的食用量。食材中的葡萄也可结合季节变化，更换成其他圆形水果，也能制作出同样的形态。

· 推荐园所 ·

上海市徐汇区平江路幼儿园

推荐理由：

米糕可以用黏性大的米或米粉蒸成，加工制作方便，且软糯可口，容易消化，适合托小班幼儿食用，可以帮助让幼儿逐渐过渡到能吃大米饭。

现在正值立冬时节，依据节气特点，选择了栗子蓉和草莓酱，配合不同模具造型而做出的花式米糕，让幼儿感到十足的趣味性。

莓香米糕造型可爱，松软香甜，吸引幼儿眼球，能引发幼儿的食欲，也适合幼儿娇嫩的肠胃。"秋虫"使用的食材不仅有米糕、栗蓉，美芹蒸熟后也变得软糯，便于幼儿咀嚼，配以甜甜的阳光葡萄，可爱的外观，清爽的口感，四者完美结合，让幼儿愿意大口嚼着吃。

推荐适用幼儿年龄段:

大班

三色蔬菜魔方

原料配比:

芥蓝100克、胡萝卜100克、山药100克、梨1只、圣女果2颗、白糖10克、盐2克、生粉少许

制作步骤:

1. 芥蓝、胡萝卜、山药和梨洗净。

2. 芥蓝和山药去皮。芥蓝皮放置备用,用作摆盘的装饰。

3. 芥蓝、胡萝卜、山药分别切成1.5立方厘米的小丁,用作"魔方"的组成部分。注意,山药切块后需放入盛有水的碗中,防止氧化。

4. 芥蓝、胡萝卜、山药小丁下锅焯水,加入盐,一分钟左右盛入已消毒的餐具中,然后进行一层层的"魔方"造型摆盘。

5. 摆盘后,三色蔬菜魔方放入蒸箱。

6. 在等待"魔方"蒸熟期间,制作梨汁。梨去皮,切块,倒入锅中,加适量水,小火慢熬。30分钟后,锅中加入已化开的生粉,接着捞出梨块,梨汁完成,装碗备用。

7. 从蒸箱中取出已蒸熟的三色蔬菜魔方,淋上香甜的梨汁。

8. 最后,进行摆盘装饰,圣女果制作成小白兔造型,芥蓝皮当做彩带绕在"魔方"周围,一道完整的"三色蔬菜魔方"制作完成。

烹饪过程建议与意见:

"三色蔬菜魔方"充分体现了简单的食材要用最简单的烹饪方式保留其原汁原味。通过蒸煮的烹饪方式,最大可能保留了食材营养价值,避免菜品营养素流失,也让三种芥蓝、胡萝卜、山药素菜变得软硬适中,方便幼儿咀嚼,制作步骤简单明了,也可以根据季节特点更换食材,适合集体制作和推广。

· 推荐园所 ·

上海市徐汇区平江路幼儿园

推荐理由:

"三色蔬菜魔方"主食材中的芥蓝,鲜脆清甜,秋天适量进食芥蓝对于预防秋燥和感冒有一定的效果;山药是我国卫健委公布的食药两用蔬菜,可改善体质;胡萝卜含有大量胡萝卜素,有补肝明目的作用,含有的维生素A是幼儿骨骼正常生长发育的必需物质。

"三色蔬菜魔方"在膳食搭配方面,色彩鲜活明亮,口味甜咸相融,食物软硬结合,颗粒分量均匀平分。在膳食烹饪方面,选择的烹饪方式以蒸煮为主,较好地保留了素菜的营养素,无煎炸无辛辣,符合托幼机构营养卫生要求,可操作性强。在素菜的色香味形方面,三种食材分别是橘色、绿色、白色,色彩对比鲜明,"魔方"形态方正,优美自然,主辅料配比合理,芥蓝、胡萝卜、山药基本做到采用1:1:1的黄金配比,营养均衡。

海苔虾饼

推荐适用幼儿年龄段：

2-6岁

原料配比：

剥好的虾150克、胡萝卜20克、玉米粒20克、蛋清一个、海苔一小包、淀粉少许、盐少许、料酒少许、白胡椒少许、葱少许

制作步骤：

1. 鲜虾去壳处理干净后剁成虾泥，加入料酒、盐、白胡椒、蛋清、淀粉搅拌均匀后腌制30以上。
2. 将胡萝卜切小丁，玉米焯水后放入腌好的虾肉里，加入葱花搅拌均匀。
3. 取出海苔片将虾泥平铺在海苔上，再撒上白芝麻，平底锅刷油小火将两面煎到熟透就好了。

烹饪过程建议与意见：

如果小朋友对白胡椒很敏感可以不放，保持小火慢煎，大火容易造成表面糊了中间还没熟透。

· 推荐园所 ·

上海市徐汇区瑞德幼儿园

推荐理由：

虾肉中含有很高的蛋白质，而蛋白质是组成人体一切细胞、组织的重要成分，所以小孩适量地吃虾能促进身体更好地生长发育。虾肉中还含有丰富的锌、钙、磷、硒等微量元素及丰富的维生素 A，孩子经常吃虾能保证骨骼的正常钙化，促进身高的发育，提高机体的免疫力。再加上玉米、胡萝卜及葱花配色，海苔和芝麻的增香，虾肉 Q 弹多汁，口感丰富，让小朋友爱不释手。

大理石松糕

原料配比：

糯米粉100 克、粘米粉200 克、糖粉80 克、黑芝麻40 克、水

制作步骤：

1. 将黑芝麻研磨成粉，取糯米粉、黏米粉和糖粉，少量多次加入水，搅拌揉搓均匀，达到一抓成团，一捏就散的状态，过筛后分成三份备用。
2. 在其中一份中加入适量黑芝麻粉，搅拌均匀，在另一份混合粉中加入更少量的芝麻粉，搅拌均匀后备用。
3. 将白色混合粉铺在底层，压实，铺上一层较深的混合粉压实，再撒上一层较浅的混合粉后压实，最后铺一层白色混合粉，刮掉多余混合粉，盖上模具，轻敲脱模。
4. 水开后放入蒸箱蒸 30 分钟，拿出装盘即可。

烹饪过程建议与意见：

过筛是为了让松糕口感更加细腻，筛子可以选择孔大一些的，适合批量制作，喜欢口感软一些可以适当增加糯米粉的比例。

· 推荐园所 ·

上海市徐汇区上海幼儿园

推荐理由：

　　黑芝麻素有"黑黄金"的称号，含钙量丰富，黑芝麻含有多种人体必需氨基酸，与维生素 B1、维生素 E 一同在人体产生作用，帮助幼儿骨骼和大脑发育。

　　松糕是我国的传统糕点，历史悠久，松糕使用糯米粉与黏米粉按比例混合，制作过程不使用动物油脂，更有利于幼儿消化吸收。近年来小麦及其制品过敏的孩子越来越多，使用米粉的糕点也是我们正在不断创新和探索的途径之一。

保卫胡萝卜

推荐适用幼儿年龄段:

2-6岁幼儿

原料配比:

胡萝卜泥50克、自发粉180克、菠菜汁13克、豆沙50克、白砂糖5克

· 推荐园所 ·

上海市徐汇区上海幼儿园

制作步骤:

1. 胡萝卜蒸熟加水打成泥,菠菜焯水加水打成泥后过筛备用。

2. 自发粉+胡萝卜泥+少许白砂糖搅拌成絮状,揉成光滑面团后,醒发20分钟备用。

3. 自发粉+菠菜汁+少许白砂糖搅拌成絮状,揉成光滑面团后,醒发20分钟备用。

4. 将醒发好的黄色面团切成20克左右的小剂子,将绿色面团切成10克左右的小剂子。

5. 黄色面团整理成胡萝卜的形状,绿色面团分成三小份,搓成水滴状沾水贴合在一起当叶子。

6. 黄色面团用筷子戳一个洞,将叶子塞进洞里捏紧,用刀在胡萝卜上划一些纹理。

7. 全部做好放入蒸锅盖上盖子放温暖处发酵至1.5倍大。

8. 面团变大变轻,轻按能快速回弹就是发酵好了,开火蒸15分钟即可。

推荐理由:

这款"保卫萝卜",造型别致,色彩搭配丰富,能够快速吸引孩子的注意力,提高幼儿的食欲。胡萝卜可以为孩子补充丰富的胡萝卜素和钙质、蔗糖、葡萄糖、磷、钾等营养物质,可以帮助宝宝预防皮肤干燥、保护视力,有助于促进宝宝的健康成长。

菠菜中含有大量的胡萝卜素,也是 B 族维生素、叶酸、铁和钾的最佳来源,能促进生长发育、增强抗病能力。菠菜含有大量的植物粗纤维,具有促进肠道蠕动的作用,利于排便,且能促进胰腺分泌,帮助消化。

烹饪过程建议与意见:

菠菜需要提前焯水后再打成汁。

莲叶田田

推荐适用幼儿年龄段:

2-6岁幼儿

原料配比:

莲藕50克、内酯豆腐200克、基围虾8只、青豆少许、青菜少许、胡椒粉少许、盐少许

制作步骤:

1. 鲜虾去壳去虾线去头、用刀背剁成泥;
2. 豆腐放进料理机中搅碎成泥,加淀粉,一点点胡椒粉和盐,顺时针搅匀;
3. 磨具刷油,豆腐泥倒入,摆上青豆,水开大火蒸十分钟,放凉脱模;
4. 青菜焯水铺底,剩下的萝卜和萝卜皮煮汤,略勾薄芡,摆盘淋入盘内即可。

烹饪过程建议与意见:

用于幼儿园食堂批量制作时可以使用托盘蒸煮,在模具或托盘上涂油,便于脱模。除了莲藕,冬季还可以使用萝卜,可以根据时令调整。

· 推荐园所 ·

上海市徐汇区上海幼儿园

推荐理由:

这道菜口感绵软,尤其适合托小班年龄段的幼儿,将豆腐和虾仁搅碎做成饼状,点缀青豆,外观漂亮,能引起幼儿兴趣。

虾仁和豆腐都是优质蛋白质,是幼儿生长发育所需营养,莲藕具有清热的作用,但是炒莲藕有时比较硬,幼儿有时不喜欢,与虾饼做在一起,比较清爽鲜美,受孩子欢迎。

2023 学年
徐汇区托幼机构创新菜

推荐适用幼儿年龄段：

2-6岁幼儿

遇见东坡

原料配比：

白萝卜300克，豆干300克；生抽5克，番茄沙司10克，淀粉15克、盐3克、糖10克、油适量。

制作步骤：

1. 白萝卜洗净去两头，大火煮沸后，放入白萝卜，蒸8分钟。
2. 白萝卜去皮，切成厚一些的小方片，在白萝卜片上撒上适量盐，然后均匀抹上淀粉。
3. 将豆干切成和白萝卜宽度一致的方片，然后按豆干、白萝卜、豆干的顺序摆好，制成素肉方。
4. 将素肉方放入蒸锅中大火蒸8分钟左右。
5. 油锅烧热，将素肉方小火四面煎一下，直至豆干变色。
6. 将素肉方再次放入锅中，蒸2分钟后取出。
7. 油锅烧热，放入生抽、番茄沙司、糖、盐、煮沸后加水淀粉勾芡，均匀淋在素方肉上，即可。

烹饪过程建议与意见：

幼儿吃的素方肉稍微多蒸一会，方便于幼儿咀嚼。另外，可以根据时令用冬瓜代替。

· 推荐园所 ·

上海市徐汇区上海幼儿园

推荐理由：

俗话说冬吃萝卜夏吃姜，白萝卜是当季菜，营养丰富，它所含的芥子油，淀粉酶和膳食纤维，具有促进消化，增强食欲，健脾胃和止咳化痰的作用，为食疗佳品。豆制品含丰富的钙、维生素D及大量优质蛋白，有利于补充幼儿身体所需的各种营养素。

其次，对于喜欢吃肉的肥胖儿和不喜欢吃萝卜的幼儿而言，这道菜营养均衡、多样化，形象逼真更容易得到幼儿喜爱。

花瓣板栗包

推荐适用幼儿年龄段：

2-6岁幼儿

原料配比：

红心火龙果1个、菠菜20克、紫薯20克、净南瓜20g、去壳的板栗100克、自发粉1包、白砂糖30克、牛奶20毫升

制作步骤：

1. 将板栗蒸40分钟，南瓜、紫薯各蒸20分钟，菠菜焯水后用冷水冲凉并用粉碎机打碎，过滤后留汁；

2. 将火龙果切小丁后用过滤网过出汁水备用，板栗蒸熟后，加入30克的白糖，20毫升的牛奶放入粉碎机粉碎，锅中烧热放20克的黄油，再把粉碎后的板栗放入锅中，小火慢慢翻炒直到成型，放一旁待凉备用；

   将50克自发粉放入5克糖，分别放入25克的南瓜泥、紫薯泥、菠菜汁和火龙果汁中，揉成四种颜色面团，再揉一点白色的面团做花蕊，用15-25克的面团放入10克的板栗馅包起来再用模具压成花瓣形，用工具在每个花瓣上压成花瓣的形状；花瓣中间几种颜色的花蕊，可以随意搭配，花瓣板栗包做好后醒10分钟上锅蒸15分钟，出锅装盘撒入干桂花即可，一道秋天专属的点心就可以开动了！

烹饪过程建议与意见：

菠菜和红心火龙果的汁水必须过滤，做出的馒头才会颜色漂亮。

· 推荐园所 ·

上海市市级机关第一幼儿园

推荐理由：

食物的色彩搭配比较容易吸引小朋友，食材比较健康。

碧玉山药塔

推荐适用幼儿年龄段：

托小班

原料配比：

铁棍山药 100g、菠菜 50g、鹌鹑蛋 10 个、淀粉 100g、枸杞若干

制作步骤：

1. 准备铁棍山药100g、菠菜50g、鹌鹑蛋10个、淀粉100g、枸杞若干。
2. 菠菜洗净，榨汁备用。
3. 山药切段蒸熟，压成泥，备用。
4. 将鹌鹑蛋的蛋黄蛋清分离。
5. 在山药泥内加入鹌鹑蛋清、适量淀粉、盐，倒入适量的菠菜汁，搅拌均匀，揉成面团。
6. 面团搓成长条，再段成同等大小的小球。将搓圆的面团握在手中，用大拇指按压成小碗。
7. 将鹌鹑蛋的蛋黄放置在面团上。
8. 将枸杞放在蛋黄上点缀，放入蒸箱中蒸 10 分钟即可。

烹饪过程建议与意见：

根据幼儿的喜好可以调整山药面团的甜咸口味，建议清淡为主。

· 推荐园所 ·

上海市徐汇区宛南实验幼儿园

推荐理由：

近年来，我园在每年的幼儿体检中发现，幼儿视力异常的人数日趋增多，幼儿的眼球发育需要维生素 A 和视黄醇的摄入。山药营养丰富，富含蛋白质、碳水化合物等营养素，不但能增进食欲，促进消化，更含有丰富的胡萝卜素和维生素A，有助于幼儿视力的发育。这道点心就如绿色的小碗上卧着一颗可爱的鹌鹑蛋，上有枸杞点缀，如同翡翠的眼睛一般，充满了童趣。

推荐适用幼儿年龄段：

3-6 岁幼儿

五丁烧卖

原料配比：

糯米1斤、肉糜半斤、笋2个、香菇10个、胡萝卜1根、青豆50g、甜玉米粒50g、饺子皮0.5斤

制作步骤：

1. 准备糯米 1 斤，肉糜半斤，笋 2 个，香菇 10 个，胡萝卜 1 根，青豆 50g，甜玉米粒 50g。

2. 糯米是提前浸泡好的，上蒸汽蒸 40 分钟。

3. 将笋和香菇切丁备用。胡萝卜切圆片，用模具刻出花朵造型。

4. 热锅冷油，肉糜煸香炒出油脂，放香菇丁、笋丁，继续翻炒。

5. 等炒出香味，放生抽、老抽、蚝油、盐、糖进行翻炒，最后倒入蒸好的糯米饭，拌匀翻炒盛出。

6. 拿出准备好的饺子皮，把炒好的糯米饭揉成团放进饺子皮里包成烧卖。

7. 将烧卖放在胡萝卜片上，然后再摆上青豆和玉米。最后放入蒸箱里蒸 10 分钟即可。

烹饪过程建议与意见：

蒸烧卖的过程中需控制好蒸的时长。

· 推荐园所 ·

上海市徐汇区宛南实验幼儿园

推荐理由：

近两年，我园幼儿营养不良发生率逐年上升，除了常规的荤菜，我们考虑到碳水量高的食物也能帮助营养不良幼儿改善其体质。我们尝试将食材胡萝卜、青豆、玉米、糯米等做成幼儿喜爱的点心。本道点心的食材中有胡萝卜、青豆、玉米、糯米。糯米营养价值高，富含的 B 族维生素，能加快体内的代谢，帮助营养不良幼儿增强肠胃功能。胡萝卜富含各类维生素和胡萝卜素，促进幼儿生长，保护幼儿视力，提高记忆力。

推荐适用幼儿年龄段：

中、大班

缤纷豆包

原料配比：

大油豆腐6个、鳕鱼200g、粟米50g、西蓝花50g、胡萝卜50g

制作步骤：

1. 准备大油豆腐6个，鳕鱼200g、粟米50g、西蓝花50g、胡萝卜50g。
2. 将大油豆腐切掉一面，中间用手指压紧实，留出空间备用。
3. 将切下的油豆腐切碎备用，将鳕鱼、西蓝花、胡萝卜切碎备用。
4. 热锅冷油，将鳕鱼丁、胡萝卜、粟米、油豆腐丁、西蓝花依次倒入锅中翻炒，加入少量的盐调味，用水淀粉勾芡后盛出。
5. 将炒好的馅料塞入油豆腐中，放入蒸箱中蒸10分钟即可。

烹饪过程建议与意见：

可以根据幼儿健康发展需求，调整食材种类和比例

· 推荐园所 ·

上海市徐汇区宛南实验幼儿园

推荐理由：

　　视力的保护除了遗传、环境等因素还与饮食息息相关，营养员通过头脑风暴，选择少糖、少盐、高蛋白的原材料，通过对膳食科学合理搭配，烹饪出有助于幼儿眼睛发育的创新菜。鳕鱼中富含维生素A、维生素D、锌等微量元素，其中的OMEGA-3脂肪酸可以帮助保持视网膜的健康，而其中的西蓝花、胡萝卜和粟米中也富含各类维生素、胡萝卜素和花青素等，对缓解眼睛疲劳、预防近视也有很大帮助。可爱有趣的造型更是深深地吸引幼儿，成为孩子们饭桌上最爱的一道菜肴。

蔬菜蒸蛋

推荐适用幼儿年龄段：

3-6 岁幼儿

原料配比：

草鸡蛋 1 斤、西蓝花 1 颗、胡萝卜 2 根、虾仁半斤

制作步骤：

1. 准备草鸡蛋 1 斤，西蓝花 1 颗，胡萝卜 2 根，虾仁半斤。
2. 将西蓝花、胡萝卜、虾仁分别切碎备用。
3. 把鸡蛋的蛋清蛋黄分离，放在两个碗里。
4. 在蛋清中加入西蓝花碎，胡萝卜碎，虾仁碎搅拌均匀。
5. 模具刷油，倒入蛋液，上锅蒸到表面凝固。
6. 从蒸箱中取出，淋入蛋黄液。
7. 再放入蒸箱里蒸 10 分钟，然后放凉切块即可。

烹饪过程建议与意见：

蒸蛋过程中须握好蒸的时间。

· 推荐园所 ·

上海市徐汇区宛南实验幼儿园

推荐理由：

　　近两年由于疫情，幼儿视力不良率不断攀升，我们尝试将护眼食材胡萝卜、西蓝花、鸡蛋等做成幼儿喜爱的点心和菜肴，丰富幼儿的每日餐点。本道点心的食材中有鸡蛋、西蓝花、胡萝卜和虾仁，其中鸡蛋含有丰富的卵磷脂，不仅能增强幼儿的记忆力，还能提高机体免疫力。西蓝花和胡萝卜富含各类维生素和胡萝卜素，促进幼儿生长，除了可以保护幼儿视力外，还能提高记忆力。而色彩鲜艳的蛋块更增添了孩子食用的兴趣。

藕遇虾滑

推荐适用幼儿年龄段：

3-6岁幼儿

原料配比：

藕500克、虾500克、胡萝卜100克、西蓝花200克、鸡蛋一个、半个柠檬

制作步骤：

1. 虾去壳，虾肉剁泥，胡萝卜、西蓝花切末，放入盐、糖、胡椒粉，挤入柠檬汁去腥制成虾滑，放入裱花袋中备用。
2. 藕清洗去皮，切成薄片，放入水中加少许盐备用。
3. 将虾滑挤压在切配好的藕片上，再将藕片卷起。
4. 放入蒸锅20分钟左右。
5. 锅中加入少许水，放入蚝油、糖调汁勾薄芡。淋在蒸熟的藕夹上即可。

烹饪过程建议与意见：

藕在粗加工时，要防止莲藕氧化，可把切好的莲藕放在淡盐水中浸泡一会儿，再放入清水中，清水中可倒入几滴白醋，即可保持原有的色泽。

· 推荐园所 ·

上海市徐汇区望德幼儿园

推荐理由：

藕有清热去火的功效，虾肉中含有丰富的蛋白质和微量元素，口感鲜嫩。蒸的烹饪方法最大程度保存了原材料的营养成份不流失，口感外脆里嫩，适合幼儿食用。

一举夺魁

推荐适用幼儿年龄段：

3-6岁幼儿

原料配比：

山药300克、秋葵100克、咸蛋黄40克、肉松30克、海苔碎20克、黑芝麻10克、炼乳10克、蜂蜜10克、葱油10克

制作步骤：

1. 山药去皮，切成小段上锅蒸熟，挤成泥状。

2. 加入炼乳、蜂蜜混合均匀。

3. 秋葵洗净，头部去掉一小段，沿着纹路划出至果蒂根部，去籽，开水下锅烫熟备用。

4. 咸蛋黄隔水蒸熟压成泥，加入黑芝麻、海苔碎、肉松，淋上适量的葱油，搅拌均匀，搓成一个个的小球备用。

5. 取一点山药摊平，将馅料包入其中，再用秋葵进行点缀，淋上适量的蓝莓酱即可。

烹饪过程建议与意见：

山药蒸的时间不宜过长，秋葵事先要进行焯水处理，清除掉秋葵中的黏液蛋白、草酸、鞣酸等物质，促进营养吸收。

· 推荐园所 ·

上海市徐汇区望德幼儿园

推荐理由：

　　秋葵跟山药都是我们日常生活中特别常见的蔬菜，营养价值高，搭配咸蛋黄、肉松、海苔碎之类的馅料，味道咸甜香绵，非常美味，而且这道点心的造型也很独特，视觉上会吸引孩子的食欲。

绣球干贝

推荐适用幼儿年龄段：

3-6 岁幼儿

原料配比：

干贝100克、小虾仁200克、猪肥膘75克、鸡蛋清30克、荸荠50克、豆腐50克、葱姜汁10克、料酒10克、生粉50克、油、盐适量

制作步骤：

1. 干贝冷水清洗，放入碗中，加入料酒、少许清水，蒸酥，将干贝抓成丝状待用。
2. 小虾仁清洗干净，切成虾茸放入碗中，猪肥膘剥去老皮，剁成茸跟虾仁茸、豆腐，把这些原材料放在一起，加入鸡蛋清、葱姜汁、盐，用力打上劲至白色，放入生粉，再搅拌均匀。
3. 用手挤成丸子放入干贝盆中，滚动，使干贝均匀裹在虾丸外面，放入蒸锅文火蒸熟即可。

烹饪过程建议与意见：

干贝在食材外面裹的时候，速度要快，避免食材不均匀

· 推荐园所 ·

上海市徐汇区望德幼儿园

推荐理由：

干贝的营养价值非常高，含有多种人体必需营养素，地梨清脆甘甜，加上豆腐的蛋白质，可以让幼儿的营养更丰富。

益智面包卷

推荐适用幼儿年龄段：

3-6 岁幼儿

原料配比：

面包300克、红薯150克、紫薯150克、炼乳30克、花生30克、核桃30克、红枣30克、鸡蛋50克、杏仁片10克

制作步骤：

1. 花生、核桃、红枣切小颗粒。
2. 红薯蒸熟压成泥，加入炼乳调匀备用。
3. 切片面包上均匀涂抹红薯泥，撒上花生碎核桃碎，红枣，把面包卷起来，卷紧。
4. 将卷起的面包切成菱形，刷上蛋黄液。
5. 在面包卷上撒上杏仁片，放入烤箱150度，烤5分钟即可。

烹饪过程建议与意见：

要选择切片面包

· 推荐园所 ·

上海市徐汇区望德幼儿园

推荐理由：

　　松软香甜，色泽金黄，面包含有丰富的蛋白质和碳水化合物，红薯的膳食纤维丰富，核桃补脑，红枣补血，多种食材的搭配，营养更全面，口感层次更丰富，适合幼儿园幼儿食用。

菠菜蜜豆卷

推荐适用幼儿年龄段：

3—6岁

原料配比：

菠菜汁140g、自发粉250g、白糖10g、蜜豆适量、食用油少许

制作步骤：

1. 菠菜洗净焯水去除草酸，打成菠菜糊
2. 自发粉加入白糖、菠菜汁揉面团后醒发
3. 面团擀成方片
4. 刷上一点油，撒上蜜豆
5. 面片对折，切成细条，一边卷一边调整形状
6. 发酵
7. 冷水上锅蒸15分钟

烹饪过程建议与意见：

发酵时，不要发得过大，可以更好地保持较好的形态

· 推荐园所 ·

上海市徐汇区位育幼儿园

推荐理由：

　　馒头这样做，不仅颜色好看，松软又香甜，做法也很简单，营养又美味。还可以使用胡萝卜汁、火龙果汁等调色，制作成不同颜色的卷。

饭团可爱多

推荐适用幼儿年龄段：

托小、中、大

原料配比：

大米 25g、南瓜 3g、金枪鱼 3g、沙拉酱 1g

制作步骤：

1. 先将南瓜切块，蒸熟压成泥
2. 取出提前煮好的米饭，和南瓜搅拌均匀
3. 将金枪鱼肉酱与沙拉酱搅拌调和成馅料
4. 把南瓜米饭取 20-25g 左右放到保鲜膜中，包上金枪鱼肉馅后搓团
5. 放入三角形模具中压形。
6. 确定形状后将海苔剪出的眼睛和爪子，胡萝卜雕刻的鸡冠和鼻子点缀装饰。
7. 最后将小鸡放入烤箱，上下火 120 度，烤 5 分钟即可食用。

烹饪过程建议与意见：

1. 米饭需蒸得软一些
2. 胡萝卜雕刻时可以用整根雕刻形状，再切片提高操作效率。

· 推荐园所 ·

上海市徐汇区乌鲁木齐南路幼儿园

推荐理由：

　　1.金枪鱼营养价值丰富，有补大脑、强筋骨、补钙护脏的作用，同时，金枪鱼脂肪含量低，可有效预防幼儿肥胖。作为深海鱼肉质鲜美，略带甜味，加上了米饭和色拉，丝滑带甜的口感令人难忘，吃一口就会爱上。

　　2.利用原始食材对米饭进行染色，不含色素添加剂，保留了食材的本味与营养素。

　　3.可可爱爱的造型富有童趣，深受幼儿喜爱，能提高食欲。小饭团除了做成小鸡，也可以运用不同的食材，制作出各种造型，比如可以用紫薯、菠菜等做出粉色、绿色等各色小花，为我们幼儿园的午点添加一道独特亮丽的风景线。

魔法小方

推荐适用幼儿年龄段:

托小

原料配比:

鸡蛋 50g、包菜 10g、胡萝卜 5g、适量盐

制作步骤:

1. 将包菜一叶叶撕开大片,入锅焯水
2. 捞出切成条状
3. 再将胡萝卜切丝备用
4. 碗中打入 3 个鸡蛋,加入少量盐,加入适量温水搅拌均匀
5. 把蛋液用磨具过筛,憋去浮沫
6. 磨具底部刷油,铺上油纸,将包菜和胡萝卜一起放入蛋液中轻轻搅拌
7. 盖上保鲜膜扎几个小孔
8. 放入蒸箱蒸 15 分钟左右,取出脱膜
9. 切成方形小块,再用蒸箱蒸 5 分钟左右

烹饪过程建议与意见:

1. 蒸蛋小技巧:蛋与水的比例 1:1.5,搅拌均匀过筛后憋去浮沫,盖上保鲜膜扎孔,这样蒸出来的蛋羹表面平整美观。
2. 托班班幼儿的菜肴,烹饪中注意清淡少盐

· 推荐园所 ·

上海市徐汇区乌鲁木齐南路幼儿园

推荐理由:

1. 托小班幼儿消化器官尚未完全发育成熟,咀嚼能力弱,同时处于视觉敏感期,这道菜口感细腻,入口即化,金黄的鸡蛋加入各色辅料,色彩靓丽,吸引眼球,非常适合低龄幼儿。

2. 鸡蛋作为主要食材,本身营养价值丰富。除了用包菜、胡萝卜以外,平时可根据需求,搭配黄瓜、彩椒、玉米、紫甘蓝、鱼籽、蟹柳等,色彩丰富,营养更全面。

3. 本道菜制作方法比较灵活,简单易操作,可以随意调整辅料和切配大小,因此取名"魔法小方"。并且使用蒸的烹饪方法,避免食材营养流失,是一道非常适合在幼儿园推广,集体制作的菜肴。

双色芋泥酥

推荐适用幼儿年龄段:

托小、中、大

原料配比:

油皮: 面粉 9g、水 4.2g、猪油 2.9g

油酥: 面粉 7.5g、猪油 4.1g、紫薯粉 1g

芋泥馅料: 芋头 15g、淡奶油 2g、黄油 1g、糖适量

制作步骤:

1. 荔浦芋头切块蒸熟,加入黄油、淡奶油、白砂糖作为馅料备用。

2. 制作水油皮:用面粉、水、猪油、糖粉混合;揉搓成团,用保鲜膜包裹静置醒发。

3. 制作油酥:用面粉、猪油、紫薯粉混合;揉搓成团。

4. 将水油皮擀平

5. 包裹油酥,静置

6. 压扁擀平成薄皮,双边向内折,再对折,静置9,再次擀平成薄皮

7. 将薄皮卷成长条,等分切多个剂子,每个 20 克左右。

8. 将每一块剂子擀成圆形薄片

9. 放入芋泥,包裹成球。

10. 放入烤箱160°,30min。

烹饪过程建议与意见:

1. 猪油使用膏状,也可用等量的无盐黄油代替。

2. 每一次揉团擀面后,需静置松弛 10 分钟左右,这样的延展性更好,油酥不易破裂。

· 推荐园所 ·

上海市徐汇区乌鲁木齐南路幼儿园

推荐理由:

1、这道点心,主要使用芋头为材料,芋头中含有一种天然的多糖类植物胶体,可以促进食欲、帮助消化,同时含有丰富的膳食纤维,对牙齿也有很好的保护作用。同时,有效帮助解决幼儿园粗粮摄入偏低的问题。

2、制作成芋泥酥外观上层次分明,飘香阵阵,入口清甜又绵密,外温内热,外干内润的口感非常神奇。

3、除了使用芋头,我们也尝试制作南瓜味、抹茶味等,变换口味和颜色,深受幼儿喜爱。

锦绣鱼球

推荐适用幼儿年龄段：

托小

原料配比：

鳜鱼 80g、胡萝卜 5g、黄瓜 5g、香菇 5g、百香果 10g
白砂糖、生粉、白胡椒粉、盐、麻油适量

制作步骤：

1. 鳜鱼去鳞去除内脏后洗净，切开分鱼头、鱼尾，鱼肉贴骨片下，去刺。
2. 鱼肉切成长条，倒入料酒、葱姜水、白砂糖、盐、胡椒粉、生粉、麻油适量。
3. 胡萝卜、香菇、黄瓜切丝后用盐腌制后过清水备用。
4. 将鱼肉、胡萝卜、香菇、黄瓜丝搅拌均匀，反复摔打后制成鱼球。
5. 鱼球装盘后隔水大火蒸 10-15 分钟。
6. 熬制百香果汁：将适当百香果洗净切开后挖出果肉，用少量水倒入锅中中火熬制，加入白糖后收汁用生粉勾芡
7. 出锅后淋上百香果汁即可。

烹饪过程建议与意见：

1. 鱼泥搅拌均匀后需要反复摔打，做鱼球时时注意把控好力道，这样做出来的鱼球肉质紧致，口感 Q 弹。
2. 蒸鱼的时间不宜过长，关注火候，保证肉质鲜嫩。
3. 鱼球大小应根据幼儿不同年龄合理制作。

· 推荐园所 ·

上海市徐汇区乌鲁木齐南路幼儿园

推荐理由：

1. 鳜鱼是一种营养价值较高的鱼类，含有丰富的蛋白质、脂肪和维生素，相比其他鱼类刺少肉多，易消化。

2. 托小班幼儿不宜食用带刺带骨的鱼类，因此我们将鳜鱼去刺去骨后的鱼肉做成球形，搭配各色蔬菜，色彩靓丽，味道鲜美，非常适合小年龄的幼儿食用。

3. 百香果酸酸甜甜的口味可以中和鱼的腥味，我们也尝试自制了番茄酱、橙汁酱、山楂汁作为料汁，同样颜色丰富、口感美味，也可以搭配这道鱼球给幼儿食用。

多彩刺猬包

推荐适用幼儿年龄段:

托小、中、大班

2023 学年
徐汇区托幼机构创新菜

原料配比:

1. 面粉：水＝1.75:1
2. 150g 面粉与 75 克水混合可做 8 个小刺猬的身体
3. 南瓜、紫薯、可可粉、肉糜适量

制作步骤:

1. 准备食材与用具：中筋面粉、南瓜、紫薯、可可粉、豆沙、肉糜;
2. 南瓜、紫薯提前蒸好备用，肉糜进行调味;
3. 将适量面粉分别与南瓜、紫薯混合揉成光滑的面团，加盖静置 20 分钟;
4. 取适量白色面团用擀面杖擀成面皮，放入豆沙或是肉糜作为馅料，再揉成团作刺猬的身体;
5. 取少量彩色面团用擀面杖擀成面皮切成半圆形，包裹在白色面团（刺猬身体）外面;
6. 在彩色表皮上用剪刀剪出刺猬的刺，再给小刺猬装上眼睛鼻子小耳朵;
7. 放入锅中蒸 20 分钟，出锅

烹饪过程建议与意见:

如作为午点注意内馅与面粉的定量总和以 25 克为宜

· 推荐园所 ·

上海市徐汇区五原路幼儿园

推荐理由:

营养价值思考:

作为午点，原材料简单干净，无添加剂产品，符合托幼机构营养卫生要求。采用蒸箱烧制，量大便捷，可推广度高。南瓜具有丰富的锌，是幼儿生长发育的重要物质，紫薯富含纤维素，保护肠胃。可可粉微量元素丰富。豆沙口感细腻，肉糜蛋白质含量高，幼儿喜吃。

烹饪创新思考:

造型童趣可爱，多彩颜色的运用，十分适合引起幼儿的兴趣，刺猬包的每一口都能吃到丰富多样的食材组合与造型组合，能够促进幼儿的食欲。馅料选择性多，不同口感有不同的体验，口感丰富。

拇指生煎

推荐适用幼儿年龄段：

3-6岁

原料配比：

主料：夹心肉500g、自发粉500g、水270克

配料：盐8g、六月鲜10g、胡椒粉2g、白糖5g、 葱5g、姜5g、料酒少许

制作步骤：

1. 自发面粉，加水揉面，醒发15分钟。

2. 姜片、葱丝热水泡一下。

3. 夹心肉切成小块，剁成肉糜，肉馅里加入六月鲜，盐、糖、胡椒粉、葱姜水、油，料酒拌匀。

4. 面粉醒发后，揉成细长条，揪成小剂子，擀成小面皮，包成小小的生煎包。

5. 锅底铺一层油，小火慢煎，底面煎黄了，加一圈水，出锅前加上黑芝麻。

烹饪过程建议与意见：

1. 发酵完的面团要反复揉，把里面空气排出，揉成光滑并不粘手。

2. 生煎包的大小尽量保持一致，以小朋友一口能入嘴为宜，这样生煎入锅后也能均匀成熟。

3. 用火不要太大，保持周边生煎受热均匀，底部变成金黄色时再加入水。

· 推荐园所 ·

上海市徐汇区乌鲁木齐南路幼儿园

推荐理由：

　　生煎是老上海特色传统点心，让幼儿从小体验上海特色美食，个头做成小小的，小巧可爱，让幼儿吃点心更有参与感，煎后撒上芝麻香气怡人，促进食欲，使幼儿吃点心更有兴趣，面皮自制，食材更健康，安全。

繁花似锦

推荐适用幼儿年龄段:

3-6岁

原料配比:

主料:夹心肉500g、自发粉500g、水270克

配料:盐8g、六月鲜10g、胡椒粉2g、白糖5g、 葱5g、姜5g、料酒少许

制作步骤:

1. 自发面粉,加水揉面,醒发15分钟。
2. 姜片、葱丝热水泡一下。
3. 夹心肉切成小块,剁成肉糜,肉馅里加入六月鲜,盐、糖、胡椒粉、葱姜水、油,料酒拌匀。
4. 面粉醒发后,揉成细长条,揪成小剂子,擀成小面皮,包成小小的生煎包。
5. 锅底铺一层油,小火慢煎,底面煎黄了,加一圈水,出锅前加上黑芝麻。

烹饪过程建议与意见:

1. 发酵完的面团要反复揉,把里面空气排出,揉成光滑并不粘手。
2. 生煎包的大小尽量保持一致,以小朋友一口能入嘴为宜,这样生煎入锅后也能均匀成熟。
3. 用火不要太大,保持周边生煎受热均匀,底部变成金黄色时再加入水。

· 推荐园所 ·

上海市徐汇区星辰幼儿园

推荐理由:

　　生煎是老上海特色传统点心,让幼儿从小体验上海特色美食,个头做成小小的,小巧可爱,让幼儿吃点心更有参与感,煎后撒上芝麻香气怡人,促进食欲,使幼儿吃点心更有兴趣,面皮自制,食材更健康,安全。

游鱼戏水

推荐适用幼儿年龄段：

托小、中、大班

原料配比：

1. 面粉：水＝1.75：1
2. 150g 面粉与 75 克水混合可做 8 个小刺猬的身体
3. 南瓜、紫薯、可可粉、肉糜适量

制作步骤：

1. 准备食材与用具：中筋面粉、南瓜、紫薯、可可粉、豆沙、肉糜；
2. 南瓜、紫薯提前蒸好备用，肉糜进行调味；
3. 将适量面粉分别与南瓜、紫薯混合揉成光滑的面团，加盖静置 20 分钟；
4. 取适量白色面团用擀面杖擀成面皮，放入豆沙或是肉糜作为馅料，再揉成团作刺猬的身体；
5. 取少量彩色面团用擀面杖擀成面皮切成半圆形，包裹在白色面团（刺猬身体）外面；
6. 在彩色表皮上用剪刀剪出刺猬的刺，再给小刺猬装上眼睛鼻子小耳朵；
7. 放入锅中蒸 20 分钟，出锅

烹饪过程建议与意见：

如作为午点注意内馅与面粉的定量总和以 25 克为宜

· 推荐园所 ·

上海市徐汇区星辰幼儿园

推荐理由：

营养价值思考：

作为午点，原材料简单干净，无添加剂产品，符合托幼机构营养卫生要求；采用蒸箱烧制，量大便捷，可推广度高；南瓜具有丰富的锌，是幼儿生长发育的重要物质，紫薯富含纤维素，保护肠胃；可可粉微量元素丰富；豆沙口感细腻，肉糜蛋白质含量高，幼儿喜吃。

烹饪创新思考：

造型童趣可爱，多彩颜色的运用，十分适合引起幼儿的兴趣，刺猬包的每一口都能吃到丰富多样的食材组合与造型组合，能够促进幼儿的食欲；馅料选择性多，不同口感有不同的体验，口感丰富。

百变印花（樱花）糕

2023 学年
徐汇区托幼机构创新菜

推荐适用幼儿年龄段：

小、中、大

原料配比：

基础款：（10 人份）
糯米粉 150 克、黏米粉 100 克、山药 50 克、糖粉 50 克
百变款：按照需要，选择可呈现的颜色的蔬果食材加入
如：南瓜、紫甘蓝、樱桃番茄、可可粉、抹茶粉等

制作步骤：

1. 山药（南瓜）去皮蒸熟捣成泥；
2. 糯米粉、黏米粉、糖粉搅拌均匀，加入食材，一起揉成团状，
   静置十分钟。
3. 面板撒上少去干粉，放上面团，擀成厚薄均匀（1cm 左右）
   的厚片；
4. 使用压花模具印刻成型；（可根据口味、颜色选择适合花型）
5. 进蒸箱（上汽）大火十分钟即可；
6. 摆盘撒上少许糖桂花（可根据具体印糕口味选择果酱或其他）

烹饪过程建议与意见：

1. 面团不易过湿、影响脱模成型。
2. 印刻过程中，选择纹路较深的，花色会更清晰。
3. 印刻时，模具可蘸取少量干粉，避免粘连、便于脱模。
4. 可根据年龄段（带量）的不同，选择大小不同的印刻模具。

· 推荐园所 ·

上海市徐汇区樱花园幼儿园

推荐理由：

1. 营养百变，常做常新。

可以根据季节、营养分析数据提示、特殊儿童需
求，幼儿反馈等，灵活调整食材与配料，不断创新。

是一道看似简单，但可以常做常新的"创意
新点"。

2. 色彩百变，营养丰富。

可选择蔬菜、水果、粗粮等作为配料，口感多
变，色彩丰富。

尤其是选用水果作配料，可以丰富幼儿食谱中
的水果种类，解决水果不能改刀的问题。

3. 造型百变，特殊关注。

选择适合的"印花模具"进行造型。童趣可
爱，不仅增加幼儿食欲，也便于幼儿通过色彩、造
型，了解印糕的口味。

同时，可以针对特殊儿童，进行造型或口味调
整，便于幼儿的选用。

熊仔枣夹糕

推荐适用幼儿年龄段：

原料配比：

山药15g、无核红枣5-6个、澄粉35克、糯米粉70克、可可粉适量

制作步骤：

1. 山药洗净后去皮，蒸熟。
2. 在山药、澄粉和糯米粉中加入适量的开水揉成面团。
3. 将山药面团分成适合的大小，搓圆备用。
4. 无核红枣对半切开，放入热温水中软化30秒。
5. 在山药面团上下两侧用红枣夹住。
6. 用山药面团压出熊仔耳朵的轮廓。
7. 可可粉加微量水后搅拌成糊，装入裱花袋，点缀出熊仔的五官造型。
8. 水开大火蒸15分钟即可。

烹饪过程建议与意见：

1. 红枣已自带甜味，在山药面团中不宜加入白糖。
2. 可以根据幼儿不同的年龄段，调整面团中粉的配比。如年龄较大的幼儿可加入适量木薯粉，增加Q弹的口感。
3. 可可粉液需要有较高的浓稠度，过稀会导致蒸熟后五官开裂。

·推荐园所·

上海市徐汇区长桥第二幼儿园

推荐理由：

1. 熊仔的卡通造型活泼可爱，深受幼儿的喜爱。

2. 熊仔枣夹糕口感软糯且自带甜味，不用额外加入白糖，适用于各个年龄段的幼儿食用。

3. 营养丰富。红枣富含维生素C，具有补中益气，养血安神的功效；山药能够增强皮肤表皮细胞的新陈代谢及肌肤保湿的功能，且有健脾益胃助消化的功能。

玉米馒头

推荐适用幼儿年龄段:

适用于2-6岁幼儿

原料配比:

山药15g、无核红枣5-6个、澄粉35克、糯米粉70克、可可粉适量

制作步骤:

1. 山药洗净后去皮, 蒸熟。
2. 在山药、澄粉和糯米粉中加入适量的开水揉成面团。
3. 将山药面团分成适合的大小, 搓圆备用。
4. 无核红枣对半切开, 放入热温水中软化30秒。
5. 在山药面团上下两侧用红枣夹住。
6. 用山药面团压出熊仔耳朵的轮廓。
7. 可可粉加微量水后搅拌成糊, 装入裱花袋, 点缀出熊仔的五官造型。
8. 水开大火蒸15分钟即可。

烹饪过程建议与意见:

1. 红枣已自带甜味, 在山药面团中不宜加入白糖。
2. 可以根据幼儿不同的年龄段, 调整面团中粉的配比。如年龄较大的幼儿可加入适量木薯粉, 增加Q弹的口感。
3. 可可粉液需要有较高的浓稠度, 过稀会导致蒸熟后五官开裂。

· 推荐园所 ·

上海市徐汇区长桥第二幼儿园

推荐理由:

1. 熊仔的卡通造型活泼可爱, 深受幼儿的喜爱。

2. 熊仔枣夹糕口感软糯且自带甜味, 不用额外加入白糖, 适用于各个年龄段的幼儿食用。

3. 营养丰富。红枣富含维生素C, 具有补中益气, 养血安神的功效; 山药能够增强皮肤表皮细胞的新陈代谢及肌肤保湿的功能, 且有健脾益胃助消化的功能。

闪亮幸运星

推荐适用幼儿年龄段：

适用于2-6岁幼儿

2023 学年
徐汇区托幼机构创新菜

原料配比：

秋葵6-7个、肉糜100g、胡萝卜25g

制作步骤：

1. 洗净秋葵，切去头尾，用筷子去除中间的秋葵籽。
2. 将秋葵焯水15秒，捞出备用。
3. 洗净胡萝卜，去皮后蒸至软烂。
4. 在肉糜与蒸好的胡萝卜中加入适量的盐和料酒，然后均匀搅拌。
5. 用裱花袋将胡萝卜肉泥挤入秋葵的中空部分。
6. 水开大火蒸3分钟定型后，取出，切成5毫米到1厘米的宽度后，再蒸5分钟即可。

烹饪过程建议与意见：

1. 胡萝卜的量需要合理控制，过多会导致内馅过于软烂，外观塌陷且影响口感。
2. 胡萝卜肉泥要挤满整个中空部分，这样造型会更加饱满。

· 推荐园所 ·

上海市徐汇区长桥第二幼儿园

推荐理由：

1. 五角星造型富有童趣，能够引起幼儿对食物的好奇心，促进食欲。

2. 口味鲜甜，且偏软的口感适用于各个年龄段的幼儿。

3. 荤素搭配，营养均衡。秋葵有保护皮肤、助消化、理肠胃、清肝毒，增强幼儿免疫力的功效。胡萝卜能够保护眼睛，丰富的膳食纤维可以促进肠胃蠕动。

4. 可改造性强。幼儿园可以根据实际情况，改变中间夹心的食物组成，比如可以用虾泥代替肉糜，山药代替胡萝卜等等。

花花小饭团

推荐适用幼儿年龄段：

2-3岁

原料配比：

米饭200g、胡萝卜50g、黄瓜50g、海苔碎5g、海苔片若干、照烧汁5g

制作步骤：

1. 将米饭煮熟，煮至稍软潮湿一些。
2. 将胡萝卜切丁，煮熟备用。
3. 将黄瓜去皮切丁备用。
4. 将米饭、胡萝卜丁、黄瓜丁、照烧汁、海苔碎均匀搅拌。
5. 取一小团米饭，放入三角模具中，压紧实。
6. 取出成型的三角饭团，用海苔片包裹饭团。
7. 放入烤箱加热。
8. 摆出可爱造型就制作完成了

烹饪过程建议与意见：

1. 制作饭团时，米饭建议软糯一些，不宜过干，既适宜托班幼儿咀嚼，又便于饭团成型、不散开；
2. 饭团取模后放入烤箱加热，不仅保证食品卫生，也有助于定型。建议烤箱温度不宜过高，温热以丰富口感即可。

· 推荐园所 ·

上海市徐汇区紫薇实验幼儿园

推荐理由：

营养丰富，提供成长所需。胡萝卜中富含益肝明目、增强免疫力的微量元素。黄瓜中的水分和细纤维素，既能补充水分又能促进肠道蠕动，助消化。低钠低盐的海苔中富含有利于幼儿智力发育、骨骼强健的微量元素，同时海藻多糖有抗病毒的活性，非常适合给免疫系统尚未完善的托班幼儿食用。

造型童趣，激发幼儿兴趣。米面是碳水化合物的主要来源，单一的米饭很难让幼儿始终保持兴趣，而一味的面食又无法满足其营养需求。紫薇尝试让米饭"变身"，多种蔬菜让色彩更丰富，饭团样式让造型更童趣，满足各类营养需求的同时引导幼儿自主动手、独立进餐。

菱角虾球

推荐适用幼儿年龄段:

适用于2-6岁幼儿

原料配比:

菱角250克、草虾500g、料酒5g、盐2g、白胡椒粉2g、生抽5g、生姜汁3g、番茄酱10g、淀粉5g、蛋清10g

制作步骤:

1. 新鲜菱角洗净取出菱角肉,剁碎备用。
2. 将草虾去头去壳,剔除虾线,将虾肉剁成泥。
3. 将菱角碎和虾肉泥放入搅拌碗中,加入料酒、生姜汁、淀粉、
4. 蛋清、胡椒粉、生抽、盐,用筷子顺着一个方向搅拌上劲。
5. 手上蘸水,舀一勺虾泥,从虎口挤出,即成虾球。
6. 锅中加水煮沸,把虾球放入锅中,煮8-10分钟左右。
7. 锅中倒入番茄酱加水调味熬成酱汁。将虾球捞出摆盘,倒入熬好的酱汁即可。
8. 水开大火蒸15分钟即可。

烹饪过程建议与意见:

此道菜中使用生姜汁代替生姜,可以让幼儿更易接受。并且使用甜中带酸的茄汁,刺激味蕾,能够激发幼儿的食欲。

· 推荐园所 ·

上海市徐汇区紫薇实验幼儿园

推荐理由:

应时而食,食在用心

秋季到来,昼夜温差较大,并且秋燥明显,这个季节,正是滋阴养阴防燥,润肺益胃的好时机。菱角作为应季食材,具有滋阴止渴功效,同时富含蛋白质及多种维生素。虾仁也是孩子们非常爱吃的食物,其营养丰富,含有大量的蛋白质,适量地吃虾仁能够促进宝宝的生长发育。

按需定制,食在美味

这道菜非常适合小班宝宝食用,虾仁剁成泥可以让虾仁肉质更加松软,更易消化,再搭配上酸酸甜甜的茄汁,能够刺激味蕾,让孩子爱上这道菜。菱角口感绵密的,泛着淡淡的清甜荷香,虾仁肉质饱满、新鲜美味简单的食材也能变成不简单的佳肴。

2023 学年
徐汇区托幼机构创新菜

山药小雪球

推荐适用幼儿年龄段：

4-5岁

原料配比：

山药200g、胡萝卜50g、苹果50g、鸡蛋1个、糖5g、椰蓉50g

制作步骤：

1. 山药去皮切成段、胡萝卜、苹果去皮切成小丁。
2. 山药、胡萝卜、苹果、鸡蛋放进蒸锅15-20分钟。
3. 山药、鸡蛋、胡萝卜、苹果，加入少许糖一起捣成泥。
4. 将拌好的山药泥搓成小球，再次放入蒸锅内蒸5分钟。取出山药球撒上椰蓉，装盘即可。

烹饪过程建议与意见：

蒸山药的时候尽量不要让蒸汽进入碗中，水分太多可能会影响最后成形。

· 推荐园所 ·

上海市徐汇区紫薇实验幼儿园

推荐理由：

关注食材，合理搭配。

山药具有补脾益气、养阴润燥的功效；鸡蛋黄具有补脑益智的功效；胡萝卜具有保护视力的功效；苹果具有增强免疫力，帮助消化的功效，这些食材都非常适合在秋季给幼儿食用。

充满童趣，形色兼备。

将食材混合做成球状，裹上香香的椰蓉，做上成一个有趣的小雪球，一口咬下去软软糯糯，细嚼夹杂着些许苹果的清脆，最后口中留存椰蓉的香甜，口感丰富。这道点心形色具备香糯可口，非常受孩子们的喜欢，也能让孩子爱上山药这个富含营养的食材。

一品鲜

推荐适用幼儿年龄段：

5-6岁

2023 学年
徐汇区托幼机构创新菜

原料配比：

海虾仁150g、鱿鱼50g、豆腐50g、黄瓜50g、胡萝卜50g、火腿30g、干贝30g、盐5g、糖10g、生粉20g、油100g、料酒20g、饮用水100g

制作步骤：

1. 取黄瓜切成5cm左右小段，在黄瓜段左右离端口5毫米处纵切一刀，切到黄瓜一半深，再连接起来，用勺子挖出黄瓜肉，上锅蒸2分钟备用。
2. 虾仁用食盐、料酒、白糖、淀粉，抓匀，腌制15分钟。
3. 豆腐、鱿鱼、火腿、黄瓜、胡萝卜切小丁备用。
4. 锅中烧开水将黄瓜、胡萝卜、豆腐、鱿鱼、虾仁、干贝、火腿焯水捞出。
5. 取少量生粉，加入清水搅拌备用。
6. 开火热锅，锅里倒入少许食用油，加水，煮沸后加虾仁、黄瓜、胡萝卜、鱿鱼、干贝、火腿，最后加入豆腐，再加入适量食盐、白糖调味，淋入少许水淀粉勾芡，轻轻推动出锅。
7. 将盛出的菜肴装入黄瓜船中。

烹饪过程建议与意见：

1. 处理鱿鱼时要注意将内脏、脊柱、墨囊剔除干净，鱿鱼须上的吸盘也要搓洗干净；
2. ⋯⋯生腌制可以去腥，且使肉质更嫩。

· 推荐园所 ·

上海市徐汇区紫薇实验幼儿园

推荐理由：

　　色彩鲜艳，激发幼儿进餐兴趣。食材不同的颜色让这道菜色面丰富、色彩鲜明，不仅让菜肴更美观，更能激发起幼儿尝试的兴趣。

　　营养均衡，满足幼儿成长所需。虾仁、鱿鱼中的蛋白质、磷、钙等元素，能促进幼儿骨骼强壮，增强免疫力，对脑部发育也有一定帮助。豆腐中的微量元素与优质蛋白易消化吸收，促进肠道蠕动及骨骼发育。黄瓜和胡萝卜更是对皮肤和眼睛有益处。

　　种类丰富，养成良好饮食习惯。此道菜融入七种食材，不仅增加了幼儿饮食的多样性，更是在自主进餐过程中引导幼儿尝试、接纳、喜爱，减少挑食、偏食的情况，促进良好饮食习惯养成。

编者的话

为深入贯彻落实《上海市学前教育与托育服务条例》精神，健全并有效落实幼儿园安全、卫生、保健等各项管理制度，全面提升托幼机构保育从业人员专业底蕴，提高幼儿园保育教育工作规范化和科学化水平，徐汇区学前教育指导中心特牵头成立徐汇区托幼机构营养膳食项目研究小组，以"幼儿发展优先"的理念，在保障食品安全这一重要前提下，开展幼儿营养膳食平衡的科学优化研究，为徐汇区托幼机构的营养保育提供可借鉴的经验和启示。

本书第一部分向大家推荐了托幼机构2-6岁幼儿在园期间一日早点、午餐及午点全年全天候带量食谱、过敏食谱、体弱加餐，及家庭幼儿晚餐等各类食谱。这些食谱具有科学性、可行性、可复制、实用性强等特点，不仅能为保健教师、营养员制定适合幼儿的健康合理的每周带量食谱提供专业指引，还能为家长解除不知如何合理安排幼儿饮食的困扰提供帮助。

本书第二部分收录了徐汇区托幼机构2023学年营养员创新菜大赛获奖的50个菜谱。这些菜谱是从46个园所合计112个参赛作品中，通过膳食搭配、膳食烹饪、色香味形、实操技能、创新创意、童真童趣五个方面的考量优选出的，不仅具有营养丰富、搭配巧妙、制作方法简易、符合幼儿食用的特点，而且还提供了适宜年龄、原料配比、制作步骤、推荐理由、操作视频，以及烹饪过程建议与意见，体现了托幼机构营养工作的专业性。不仅可以丰富幼儿园的食谱资源，给托幼机构营养工作带来启发，也为家庭提供了可借鉴的经验。

在本书编写过程中，我们得到了徐汇区妇幼保健所朱国伟主任医师等专家给予的专业指导和支持，让推荐的食谱和菜谱更具有科学性，在此表示真挚的感谢。同时我们还要感谢乌鲁木齐南路幼儿园、科技幼儿园、上海幼儿园、望德幼儿园保健团队中的每一位成员，正是源于她们第一线的实践研究和辛勤付出，才让这些成果能与大家分享。

让我们与"食"俱进，在徐汇学前教育高质量的赛道上不断创新，不断更新理念，以更科学、规范的专业要求提升保健、保育、营养三方工作质量，为幼儿的健康成长提供更优质的保育服务，将科学的营养保育惠及每一位幼儿，每一个家庭，家园携手呵护好每一位孩子的健康成长。

上海市徐汇区学前教育指导中心

图书在版编目（CIP）数据

"汇"园"食"单·幼儿园全天候带量食谱与创新菜/
上海市徐汇区学前教育指导中心编著.
—上海：上海三联书店，2024.
ISBN 978-7-5426-8619-0

Ⅰ.TS972.162

中国国家版本馆 CIP 数据核字第 2024E1D025 号

"汇"园"食"单

——幼儿园全天候带量食谱与创新菜

编　　著　上海市徐汇区学前教育指导中心

责任编辑　钱震华
装帧设计　汪要军

出版发行　上海三联书店
　　　　　中国上海市威海路 755 号
印　　刷　浙江临安曙光印务有限公司

版　　次　2024 年 11 月第 1 版
印　　次　2024 年 11 月第 1 次印刷
开　　本　787×1092　1/16
字　　数　350 千字
印　　张　20.75
书　　号　ISBN 978-7-5426-8619-0/TS·66
定　　价　128.00 元